工程图绘制

主　编 ◎ 王秀英

副主编 ◎ 谢丽芳

西南交通大学出版社
·成　都·

图书在版编目（CIP）数据

工程图绘制 / 王秀英主编. -- 成都：西南交通大学出版社，2024.1
ISBN 978-7-5643-9275-8

Ⅰ. ①工… Ⅱ. ①王… Ⅲ. ①工程制图 – 绘图技术 – 中等专业学校 – 教材 Ⅳ. ①TB23

中国国家版本馆 CIP 数据核字（2023）第 078480 号

Gongchengtu Huizhi

工程图绘制

主编　王秀英

责任编辑	李　伟
封面设计	曹天擎
出版发行	西南交通大学出版社 （四川省成都市金牛区二环路北一段 111 号 西南交通大学创新大厦 21 楼）
邮政编码	610031
营销部电话	028-87600564　　028-87600533
网址	http://www.xnjdcbs.com
印刷	四川森林印务有限责任公司
成品尺寸	210 mm × 285 mm
印张	17.5
字数	458 千
版次	2024 年 1 月第 1 版
印次	2024 年 1 月第 1 次
书号	ISBN 978-7-5643-9275-8
定价	49.00 元

课件咨询电话：028-81435775
图书如有印装质量问题　本社负责退换
版权所有　盗版必究　举报电话：028-87600562

PREFACE 前言

本书以数字化设计与制造岗位工作任务分析为基础，以相关国家职业标准为依据，以综合职业能力培养为目标，以典型工作任务为载体，以学生为中心，运用一体化课程开发技术规程，根据典型工作任务和工作过程设计课程教学内容和教学方法，按照工作过程的顺序和学生自主学习的要求进行教学设计并安排教学活动。

本书分上、下两篇，共包含九个项目。上篇为手工绘图篇（120学时），下篇为计算机绘图篇（132学时）。上篇五个项目包括项目一平面图形绘制，项目二基本几何体绘制，项目三轴测图绘制，项目四组合体绘制，项目五工程图样识读与绘制。下篇四个项目包括项目六 AutoCAD 图形绘制，项目七标准件及常用件图样识读与绘制，项目八典型零件图绘制，项目九典型零部件工程图绘制。其中，项目一至项目五着重学习制图的基本理论知识与技能，项目六主要学习 AutoCAD 软件操作技能，项目七至项目九在前期理论知识与技能学习的基础上，采用计算机绘图软件 AutoCAD 进一步深入学习标准件、零部件工程图绘制的方法与技能，由浅入深，循序渐进，从手工绘图逐步过渡到计算机绘图，全面掌握学习内容。

（1）本书配套了相应的 3D 打印模型，根据课程需要，充分利用学校现有资源灵活定制专门的教学模型。

（2）根据课程要求，本书配套了与相关内容同步的动画视频与爆炸视图，便于学生学习与理解。

本课程通过一体化教学进行，以模拟企业工程部工作要求为主，引导学生独立思考；以教师讲解为辅，补充学生主动学习缺失的内容；以模拟项目运行和目标导向来组织学生的学习活动，通过岗位轮转、问题引导、实操练习、主题研讨等方法让学生全面深入地投入到学习过程中。在一体化教学实施过程中，学生可分成4~6人/组。部门成员分工为工程师、助理工程师、技术员、质量检测员、仓管员、工程文员等。工程部需全员阅读工作页上的设计任务书，填写工作任务单，列出本次任务的工作内容、时间要求及交接工作的相关负责人。课程进行的各项内容都有专人跟进，有利于课堂组织。

本书是数字化设计与制造专业一体化系列教材之一，由深圳鹏城技师学院给予经费资助，主编干秀英与副主编谢丽芳是深圳鹏城技师学院专业教师，均来自教学一线，并具有丰富的企业实践经验与教学经验。在编写过程中，编者参阅了大量有关著述及经典教材，在此对相关作者表示衷心感谢。本书可作为大、中专院校或技工、技师院校机械类专业教材，也可作为机械制造技术、数控技术应用、模具制造等机械类专业的各级培训教材。

由于编者水平有限，书中难免存在疏漏和不足之处，诚请广大读者批评指正。

编 者
2023年10月

CONTENTS 目 录

课程简介	001
项目一　平面图形绘制	007
学习任务一　六角螺母绘制	008
学习任务二　手柄工程图绘制	020
学习任务三　拉楔图形绘制	027
项目二　基本几何体绘制	037
学习任务一　U形块三视图绘制	038
学习任务二　点线面三视图绘制	046
学习任务三　圆锥三视图绘制	053
项目三　轴测图绘制	060
学习任务一　支架正等轴测图绘制	061
学习任务二　连接盘斜二轴测图绘制	070
项目四　组合体绘制	076
学习任务一　切割圆柱体三视图绘制	077
学习任务二　两圆柱正交相贯图绘制	086
学习任务三　支架测量及其三视图绘制	092
学习任务四　轴承座三视图绘制及其尺寸标注	099
学习任务五　支座三视图补画	105
项目五　工程图样识读与绘制	112
学习任务一　组合体视图表达	113
学习任务二　机件剖视图绘制	122
学习任务三　端盖阶梯剖和连杆旋转剖视图绘制	131
学习任务四　其他表达方法绘制	136

手工绘图篇

计算机绘图篇

项目六　AutoCAD 图形绘制　145
 学习任务一　"模板 1.dwt"文件创建　146
 学习任务二　平面图形绘制　149
 学习任务三　复杂图形绘制　154
 学习任务四　阵列图形绘制　157
 学习任务五　轴承座三视图绘制　161
 学习任务六　支座组合体三视图绘制　163
 学习任务七　机件基本尺寸标注　167

项目七　标准件及常用件图样识读与绘制　171
 学习任务一　螺栓绘制与手册查阅　172
 学习任务二　齿轮绘制与手册查阅　187
 学习任务三　键、销轴、滚动轴承和弹簧绘制与手册查阅　192

项目八　典型零件图绘制　198
 学习任务一　轴套类零件图绘制　199
 学习任务二　盘盖类零件图绘制　220
 学习任务三　叉架类零件图绘制　232
 学习任务四　托架类零件图绘制　241
 学习任务五　蜗杆减速箱零件图绘制　245

项目九　典型零部件工程图绘制　249
 学习任务一　千斤顶零部件工程图绘制　251
 学习任务二　齿轮泵零部件工程图绘制　261

参考文献　274

课程简介

本课程简介主要介绍机械工程图样的用途,学习本课程应达到的知识目标,以及工作内容和评价方法等。

【学习目标】

(1)学会分析工作任务、制订工作计划、统筹安排工作进度的方法与能力。
(2)能正确使用常用的工量辅具。
(3)能徒手绘制正确的草图,通过查阅资料确定相关技术参数。
(4)能正确地将草图转换成工程图。
(5)掌握机械设计初级技能:手工绘图、计算机绘图,查阅设计资料和手册,熟悉相关技术标准和规范。
(6)通过合作解决具体问题,初步建立社会职业能力模型;强化科学严谨的工作态度;使所学工程理论与工程实践相结合;使组员间通过沟通、协调具备初步的团队合作形态;鼓励学生在学习的基础上进行必要的创新,建立可持续发展的概念。

【工作情景描述】

企业接到客户要求,因缺少原始资料,现提供样件若干,需进行现场测绘、分析,形成加工图样,交由客户确认。

技术员接到任务后,开始查阅与本次任务相关的资料,了解零件的结构和工艺要求,确定工作方案,对样件进行测量分析,绘制草图,并标注尺寸,分析选择材料,制定必要的技术要求,将草图转换为工程图;工程师复核后签字确认,交由客户确认后,将图样交相关部门归档。工作完成后按照 8S 管理规范清理场地、归置物品、将资料归档。

【建议学时】

252 课时。

【工作内容】

● 手工绘图篇

项目一　平面图形绘制
学习任务一　六角螺母绘制
学习任务二　手柄工程图绘制
学习任务三　拉楔图形绘制
项目二　基本几何体绘制
学习任务一　U 形块三视图绘制
学习任务二　点线面三视图绘制

学习任务三　圆锥三视图绘制

项目三　轴测图绘制

学习任务一　支架正等轴测图绘制

学习任务二　连接盘斜二轴测图绘制

项目四　组合体绘制

学习任务一　切割圆柱三视图绘制

学习任务二　两圆柱正交相贯图绘制

学习任务三　支架测量及其三视图绘制

学习任务四　轴承座三视图绘制及其尺寸标注

学习任务五　支座三视图补画

项目五　工程图样识读与绘制

学习任务一　组合体视图表达

学习任务二　机件剖视图绘制

学习任务三　端盖阶梯剖和连杆旋转剖视图绘制

学习任务四　其他表达方法绘制

● 计算机绘图篇

项目六　AutoCAD 图形绘制

学习任务一　"模板 1.dwt"文件创建

学习任务二　平面图形绘制

学习任务三　复杂图形绘制

学习任务四　阵列图形绘制

学习任务五　轴承座三视图绘制

学习任务六　支座组合体三视图绘制

学习任务七　机件基本尺寸标注

项目七　标准件及常用件图样识读与绘制

学习任务一　螺栓绘制与手册查阅

学习任务二　齿轮绘制与手册查阅

学习任务三　键、销轴、滚动轴承和弹簧绘制与手册查阅

项目八　典型零件图绘制

学习任务一　轴套类零件图绘制

学习任务二　盘盖类零件图绘制

学习任务三　叉架类零件图绘制

学习任务四　托架类零件图绘制

学习任务五　蜗杆减速箱零件图绘制

项目九　典型零部件工程图绘制

学习任务一　千斤顶零部件工程图绘制

学习任务二　齿轮泵零部件工程图绘制

【考核与评价】

（1）对学生的评价应基于课程标准的目标和理念。在知识与技能方面，学生完成本课程后，应达到能独立完成各类基本零件和装配图的绘制与识读。

（2）不仅要重视总结性的评价，还要重视学习过程的评价。学生要参与学习过程的评价，可以进行自我评价和学生之间的互评。

（3）教师要转变在学习评价中的裁判员角色，要成为学生学习的促进者、合作者，学习评价的指导者，学习潜能的开发者。

（4）倡导评价的多主体性和评价方式的多样化。

手工绘图篇

项目一　平面图形绘制

知识目标

（1）掌握图线、尺寸注法、字体、比例等国家标准的规定。
（2）了解绘图工具及其使用方法。

能力目标

（1）培养绘图的基本技能，要求能规范使用绘图工具，按照国家标准的规定绘制平面图形。
（2）培养认真负责、严谨细致的工作态度。
（3）培养绘制平面图形的能力。

计划学时

21学时。

工作情景描述

企业接到客户要求，需要根据客户需求完成该零件的工程图。

技术员接到任务后，开始查阅与本次任务相关的资料，了解零件的结构和工艺要求，确定工作方案，对样件进行测量分析，绘制草图，分析选择材料，制定必要的技术要求，将草图转换为标准轴测图；工程师复核后签字确认，交由客户确认后，将图样交相关部门归档。工作完成后按照8S管理规范清理场地、归置物品、将资料归档。

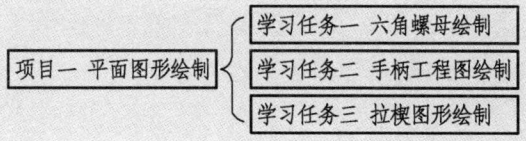

温馨小贴士

8S：整理（Seiri）、整顿（Seiton）、清扫（Seiso）、清洁（seiketsu）、素养（Shitsuke）、安全（Safety）、节约（Save）、学习（Study）。

角色分配

每组6人，分别担任工程师、助理工程师、技术员、质量检测员、仓管员、工程文员。
（1）工程师为项目主要负责人，为项目完成准备相关文献资料。

(2)技术员负责具体的技术工作,完成必要的笔录工作。

(3)质检员负责对本组和他组进行监督,依照标准检查督促操作过程中的各个环节,确保各小组按要求完成任务。

(4)仓管员负责工量辅具的保管与分发工作。

(5)工程文员负责本次任务的文书工作。

(6)助理工程师辅助工程师完成项目。

在不同的学习阶段,各成员可轮换岗位。各成员各负其责,合作完成查阅资料、准备工具、制订工作计划、测量、草绘、绘制工程图等相关任务,整个工作过程遵循 8S 操作规范。

学习任务一 六角螺母绘制

任务目标

完成本学习任务后,你应该:

【关键技能】

(1)能(会)正确选择和安全使用测量、绘图工具及仪器,并建立自觉遵守实训室设备安全操作的意识。

(2)能(会)根据国家标准《技术制图》《机械制图》中的有关规定绘制出正确的零件草图。

(3)能(会)将零件草图选用恰当的图框和比例转换为零件工程图。

(4)能(会)正确选用线型实现零件图的绘制。

【基本技能】

(1)能(会)用尺规绘制简单图形。

(2)能(会)通过查阅资料获得所需的知识。

知识目标

完成本学习任务后,你应该:

(1)掌握国家标准关于制图的基本规定。

(2)掌握各绘图工具的使用要求。

职业素养目标

完成本学习任务后,你应该:

(1)逐步养成耐心、细心、吃苦耐劳的精神。

(2)逐步养成团结协作的精神。

(3)逐步养成良好的工作责任心。

(4)逐步养成对事物的钻研探索精神。

(5)通过合作解决具体问题,学习并提升沟通、协调等社会能力。

(6)尊重他人劳动,不窃取他人成果。

计划学时

6 学时。

任务描述

企业接到客户要求，需对一批大型六角螺母进行现场测绘、分析，形成加工图样，并交由客户确认。

技术员接到任务后，开始查阅与本次任务相关的资料，了解六角螺母的结构和工艺要求，分工合作，确定工作方案，对样件进行测量分析，绘制草图，并将草图转换为工程图；工程师复核后签字确认，交由客户确认后，将图样交相关部门归档。工作完成后按照 8S 管理规范清理场地、归置物品、将资料归档。

实训地点

制图实训室。

学习准备

1. 相关知识的准备

与本次课题相关的制图知识。

2. 工量辅具的准备

（1）设备：螺母、工作台。

（2）绘图工具：三角板、A2～A4 图纸若干张、HB 铅笔、2B 铅笔、圆规、橡皮、绘图板、丁字尺等。

3. 辅具与参考资料

白板、磁铁若干、多媒体设备、话筒、网络资源、制图参考书、机械设计手册、安全操作规程、8S 管理规范制度等相关书籍。

引导问题

（1）如何绘制六边形？

（2）什么是零件工程图？

（3）思考如何画出开槽六角螺母（见图 1-1-1）的平面图。

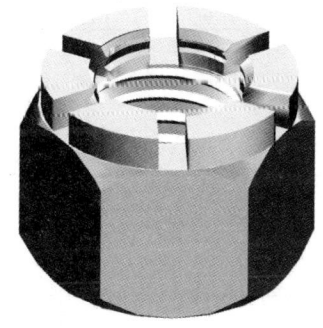

图 1-1-1　六角螺母

六角螺母

学习过程

 明确任务

阅读设计任务书,填写工作任务单(见表 1-1-1)。列出本次任务的工作内容、时间要求及交接工作的相关负责人,并根据实际情况补充完整其他内容。

表 1-1-1 工作任务单

部　　门		工作地点			
项目名称		任务周期		学时	
接收任务时间		任务完成时间			
任务来源		任务接收人			
项目工程师		质量检查员			
助理工程师		技术员			
仓库管理员		工程文员			
工作步骤	步　骤	完成的工作		起止时间	执行人
	第1步				
	第2步				
	第3步				
	第4步				
	第5步				
	第6步				
	第7步				
	第8步				
	第9步				
	第10步				
任务实施时遇到的问题:					
本次任务的成果:					
质量监督员签字 年　月　日			工程师签字 年　月　日		

项目一 平面图形绘制 011

探索与发现

一、零件图的作用和内容（查阅相关资料，填写空白的地方）

机械图样是_____和制造机械的重要技术文件，是交流技术思想的一种_____，如图 1-1-2 所示。因此，绘制机械图样，必须严格遵守机械制图国家标准中的有关_____，正确使用_____和仪器，掌握正确的_____。

国家标准对图样中包含的图幅、_____、_____字体、图线等内容做了统一的规定。

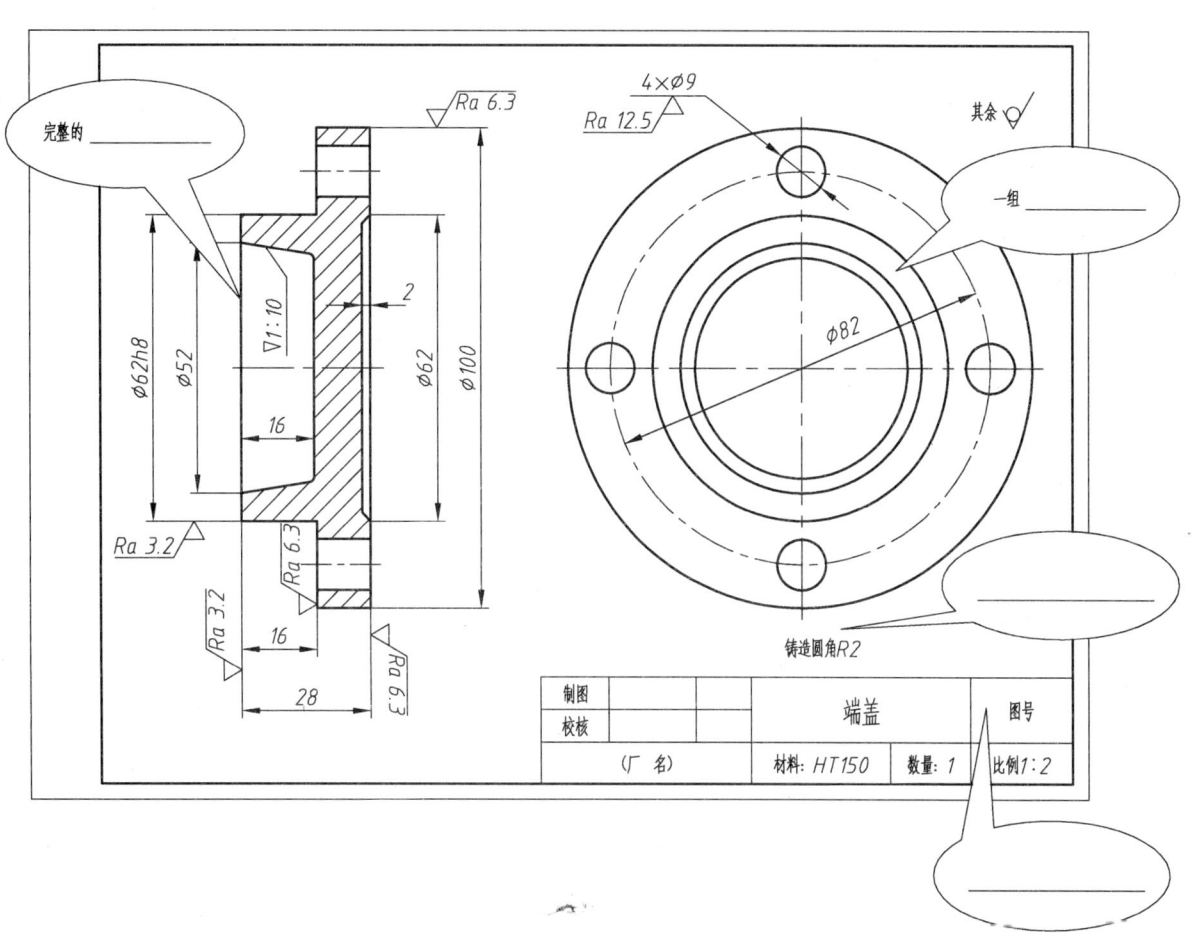

图 1-1-2　端盖工程图

二、制图的基本规定（查阅相关资料，填写空白的地方）

1. 图纸的幅面和格式（见图 1-1-3 和表 1-1-2）

图纸幅面大小有 A0、A1、____、____、A4 五种。

端盖

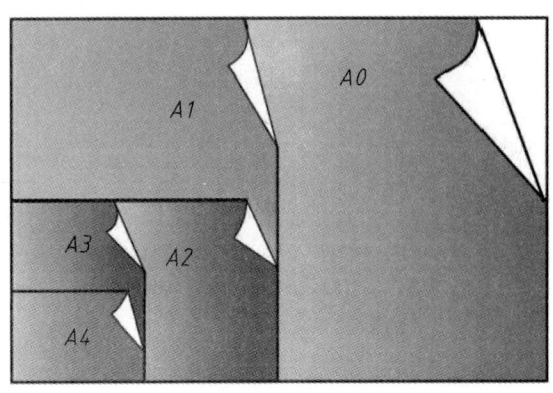

图 1-1-3　图幅

表 1-1-2　图纸幅面尺寸和图框尺寸　　　　　　　　　　　单位：mm

代　号	幅　面				
	A0	A1	A2	A3	A4
$B×L$	841×1 189	594×841	420×594		
a					
c	10				
e	20				

A4 图纸横放，留有装订边的形式见图 1-1-4_____[填（a）或（b）]，图框大小为_____。

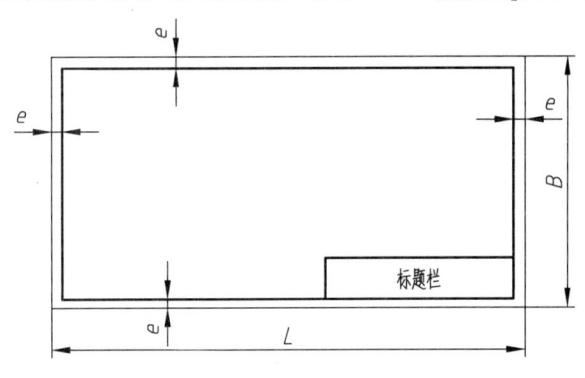
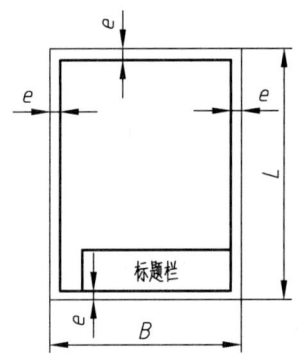

（a）不留装订边的图框格式

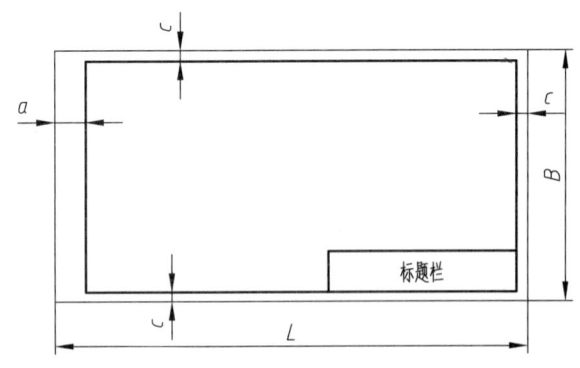
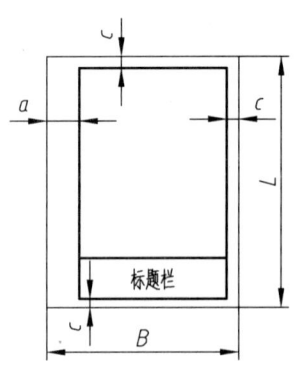

（b）留装订边的图框格式

图 1-1-4　图框格式及标题栏方位

2. 简易标题栏（见图 1-1-5）

标题栏在图纸的_____位置，简易标题栏中的图线为_____线，外框的图线为_____线，标题栏中汉字为_____体。

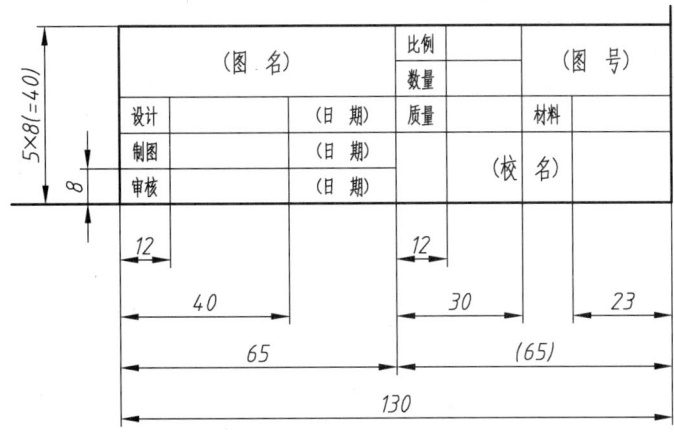

图 1-1-5　简易标题栏

3. 字　体

图样中的汉字、字母、数字要求字体工整、笔画清楚、间隔均匀、排列整齐。字母和数字可写成斜体和直体两种（见图 1-1-6）。

练一练

图 1-1-6　字体

4. 线 型

常用的基本线型有以下几种，模仿样线绘制如下线条。

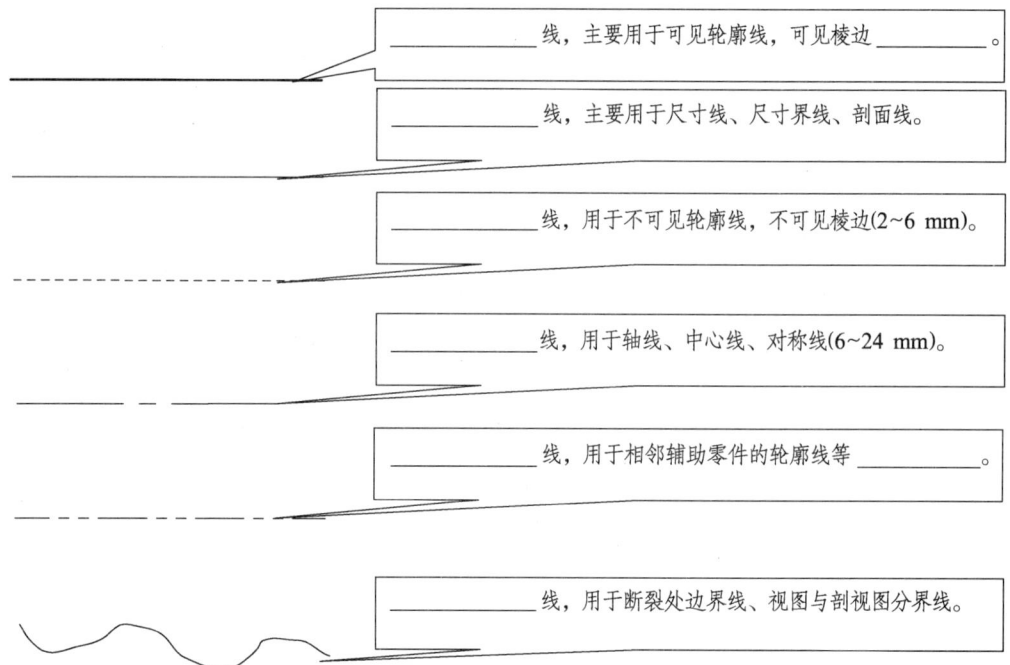

将图 1-1-7 和图 1-1-8 括号内的空白处补充完整。

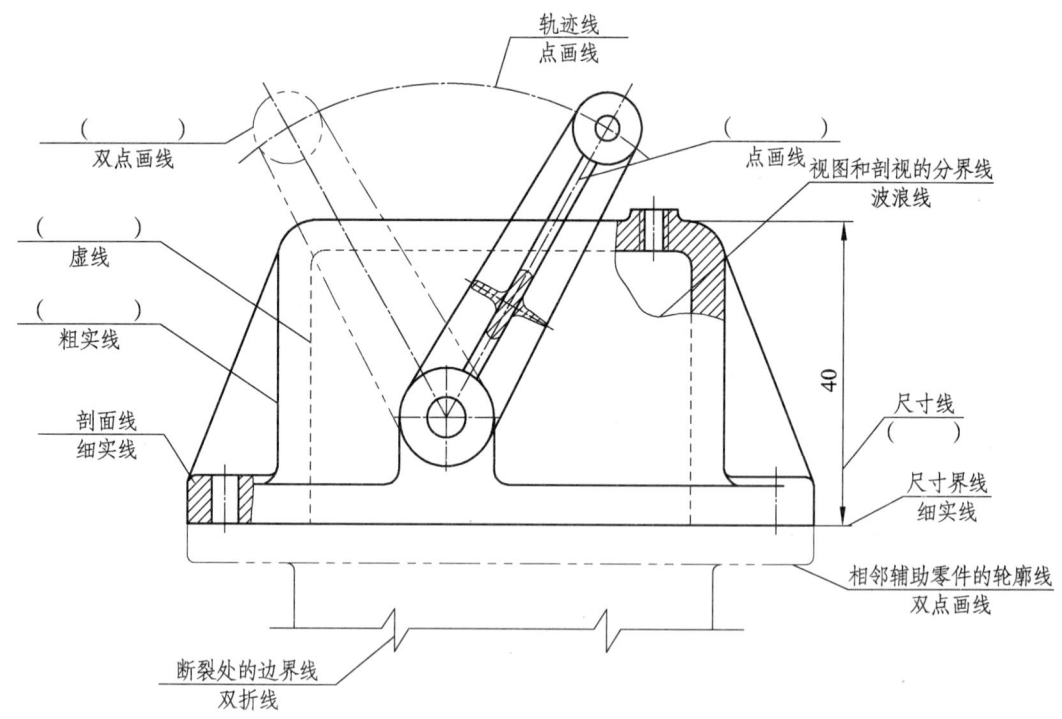

图 1-1-7　基本线型应用示例

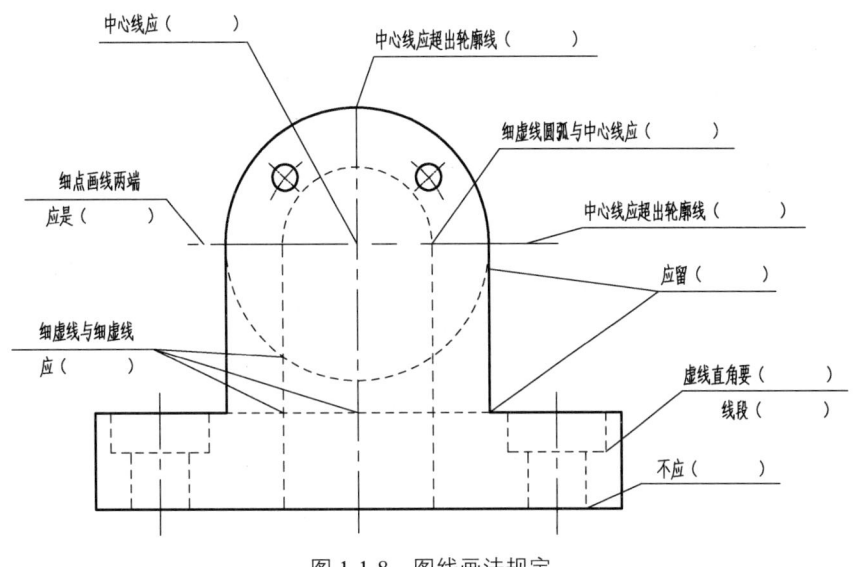

图 1-1-8 图线画法规定

三、比 例

比例是指图样中_____与其_____相应要素的线性尺寸之比。

绘制图样时，应根据实际需要从表中选择适当的绘图比例。但标注尺寸时必须按____尺寸填写。

原值比例为_____，1∶2 为_____比例，2∶1 为_____比例。

四、几何作图

1. 等分线段

请将图 1-1-9 所示的 AB 线段五等分。

A━━━━━━━━━━━━━━B

图 1-1-9 五等分直线段

2. 等分圆周

请将图 1-1-10 所示的圆三等分、六等分。

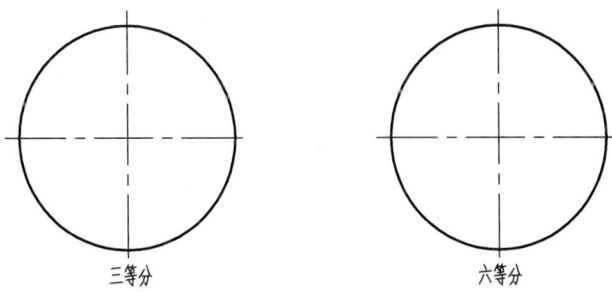

图 1-1-10 等分圆周

五、工量具的使用

绘图铅笔的一端有铅芯软硬程度的标记，H、2H、3H…表示硬铅芯，H 前面的数字越大，表示铅芯越_____（A. 软 B. 硬）；B、2B、3B…表示软铅芯，B 前面的数字越大，表示铅芯越_____（A. 软 B. 硬），如图 1-1-11 所示。HB 表示铅芯软硬适中。画粗实线常用_____铅芯的铅笔，画细线用_____铅芯的铅笔。打底稿的铅笔应该用 2H 铅笔。用圆规加深图线时，铅芯应该相应地软一号。

丁字尺和三角板的配合使用如图 1-1-12 和图 1-1-13 所示。

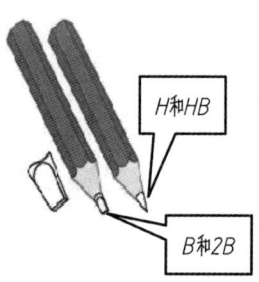

图 1-1-11　绘图铅笔

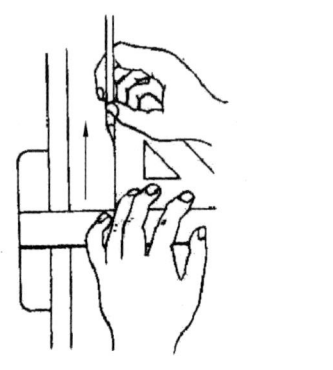 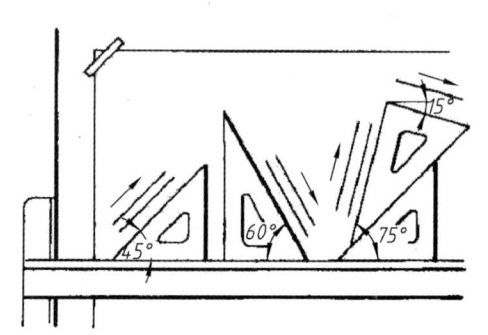

图 1-1-12　丁字尺、三角板的配合使用

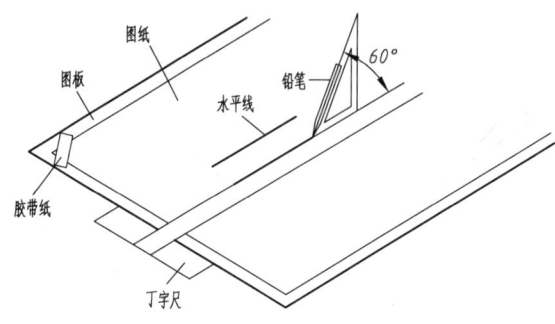

图 1-1-13　丁字尺和三角板的配合使用

练一练

参照图 1-1-14 绘制图中各角度。

项目一 平面图形绘制 017

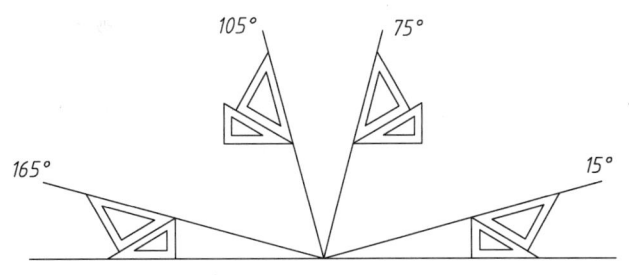

图 1-1-14 三角板的配合使用

 任务实施

在 A4 图纸上绘制如图 1-1-15 所示的六角开槽螺母的平面图。

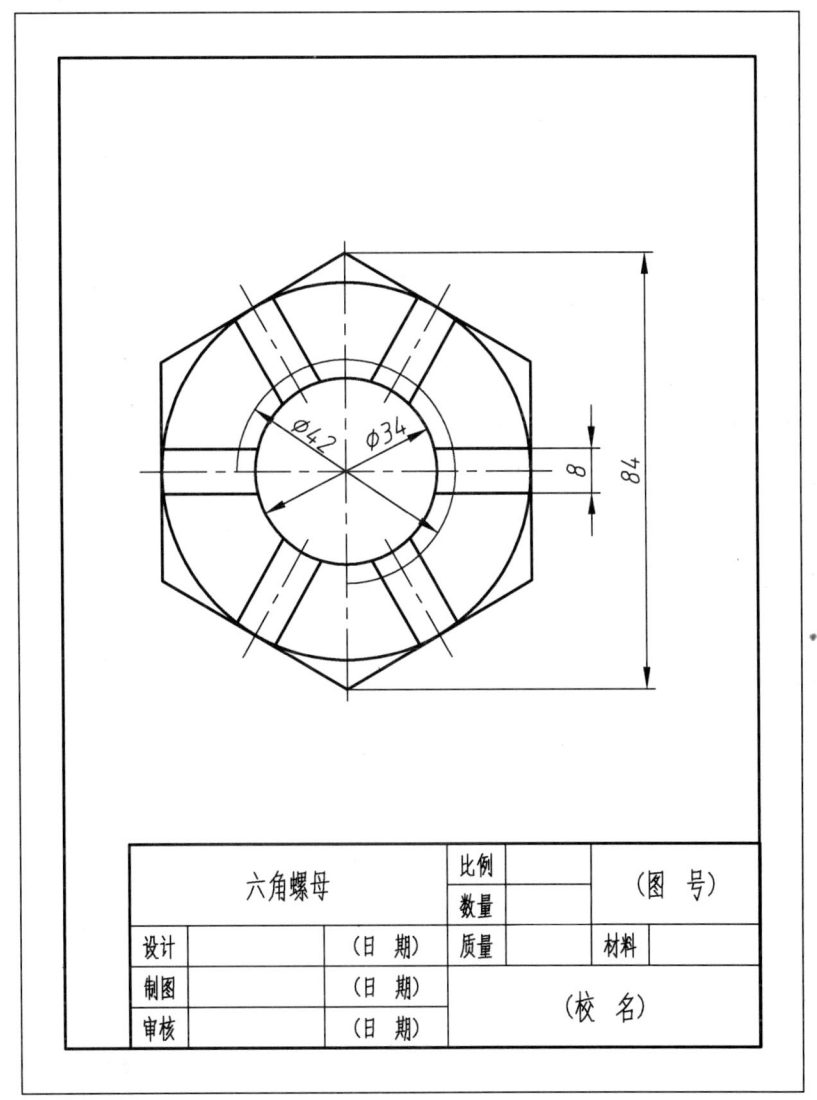

图 1-1-15 六角螺母

分组教学：各小组按照图形需求，根据工作页所提供的指导性问题依次完成各项工作任务。

一、工量具

图板、HB/2B 绘图铅笔、橡皮、三角板、丁字尺、胶带纸、圆规。

二、工作流程

步骤一：绘制一张 A4 图纸（不留装订边，竖放）。

（1）将一张 A4 图纸用胶带纸固定在图板上，如图 1-1-16 所示，用丁字尺矫正图纸底边。

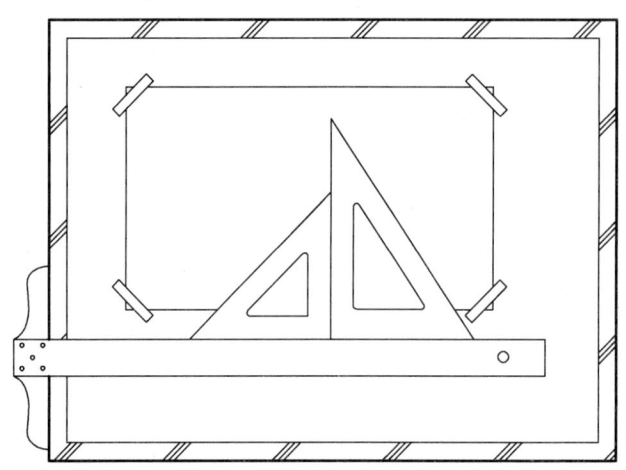

图 1-1-16　图纸的贴法

丁字尺与图板配合使用，主要用来画_____线。丁字尺由尺头和尺身构成。画图时，尺头内侧必须紧靠图板_____导边，用左手推动丁字尺上下移动。绘图时禁止用尺身下缘画线。

（2）绘制图框和标题栏，A4 图框尺寸为_____mm。

步骤二：绘制螺母（见图 1-1-15）。

（1）绘制底稿线。

在图 1-1-17 所示的 A4 图纸上确定图形的位置，定好图形的中心线，图面布置要适中、匀称，以便获得良好的图面效果。

采用细而淡的线，首先画图形的_____（A. 局部线条　B. 主要轮廓线），其次由____到_____（A. 大　B. 小），由____到_____（A. 外　B. 里），由整体到局部，画出图形的所有轮廓线。最后检查修正底稿，改正错误，补全遗漏，擦去多余的线条。

（2）加深图线。加深图线时，必须是先_____，其次_____，最后_____（A. 直线　B. 斜线　C. 曲线）。

同类图线要保持粗细均匀、深浅一致，按照水平线从____到_____（A. 上　B. 下）、垂直线从_____到_____（A. 左　B. 右）的顺序一次完成。

最后画出起止符，注写尺寸数字、说明，填写标题栏，加深图框线。

（3）修饰并校正全图。

图 1-1-17　A4 图纸

学习任务二　手柄工程图绘制

任务目标

完成本学习任务后，你应该：

【关键技能】

（1）能（会）用尺规进行圆弧连接。

（2）能（会）按照正确的绘图步骤绘制手柄工程图。

（3）能（会）正确选用线型实现零件图的绘制。

【基本技能】

（1）能（会）正确选择和安全使用测量、绘图工具及仪器，并建立自觉遵守实训室设备安全操作的意识。

（2）能（会）根据国家标准《技术制图》《机械制图》中的有关规定测绘出正确的零件草图。

知识目标

完成本学习任务后，你应该：

（1）了解圆弧连接的分类。

（2）掌握圆弧连接的分类与各连接圆弧的特性。

职业素养目标

完成本学习任务后，你应该：

（1）逐步养成耐心、细心、吃苦耐劳的精神。

（2）逐步养成团结协作的精神。

（3）逐步养成良好的工作责任心。

（4）逐步养成对事物的钻研探索精神。

（5）通过合作解决具体问题，学习并提升沟通、协调等社会能力。

（6）尊重他人劳动，不窃取他人成果。

计划学时

6学时。

任务描述

企业接到客户要求，为手轮加一手柄，需要工程部为其设计手柄工程图。

技术员接到任务后，开始查阅与本次任务相关的资料，了解手轮的结构和工艺要求，确定工作方案，设计手柄，绘制草图，制定必要的技术要求，并完成工程图绘制；工程师复核后签字确认，交由客户确认后，将图样交相关部门归档。工作完成后按照8S管理规范清理场地、归置物品、将资料归档。

实训地点

制图实训室。

 学习准备

1. 相关知识的准备

与本次课题相关的制图、测量知识。

2. 工量辅具的准备

（1）设备：挂图、工作台。

（2）绘图工具：三角板、A2～A4图纸若干张、HB铅笔、2B铅笔、圆规、橡皮、绘图板、丁字尺等。

3. 辅具与参考资料

白板、磁铁若干、多媒体设备、话筒、网络资源、制图参考书、机械设计手册、安全操作规程、8S管理规范制度、零件测绘参考资料等相关书籍。

 引导问题

（1）圆弧连接是如何分类的？
（2）圆弧连接分为哪三个步骤？
（3）如何绘制手柄（见图1-2-1）工程图？

图 1-2-1　手柄　　　　　手柄

 学习过程

 明确任务

阅读设计任务书，填写工作任务单（见表 1-2-1）。列出本次任务的工作内容、时间要求及交接工作的相关负责人，并根据实际情况补充完整其他内容。

表 1-2-1　工作任务单

部　　门		工作地点	
项目名称		任务周期	学时
接收任务时间		任务完成时间	
任务来源		任务接收人	
项目工程师		质量检查员	
助理工程师		技术员	
仓库管理员		工程文员	

续表

工作步骤	步骤	完成的工作	起止时间	执行人
	第1步			
	第2步			
	第3步			
	第4步			
	第5步			
	第6步			
	第7步			
	第8步			
	第9步			
	第10步			

任务实施时遇到的问题：

本次任务的成果：

质量监督员签字	工程师签字	
年　月　日	年　月　日	

探索与发现

一、连接弧的作用

在图1-2-2中填写连接弧的作用。

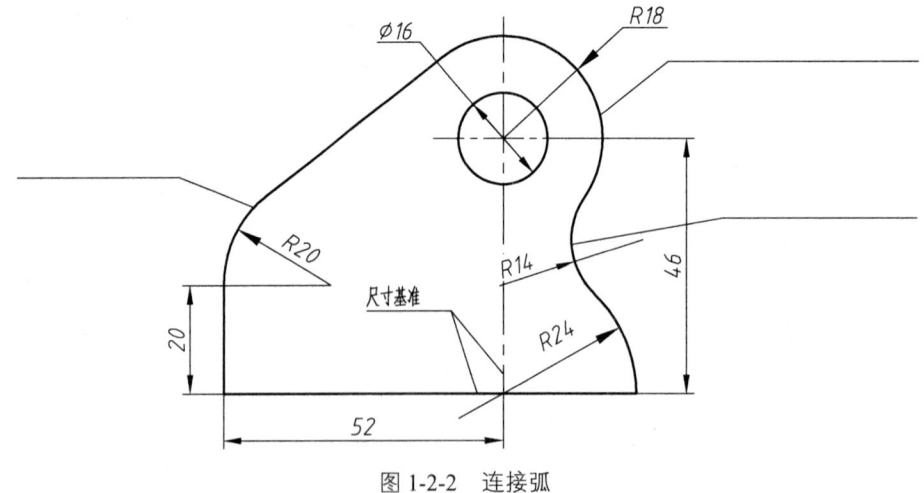

图1-2-2　连接弧

二、连接弧的类型

圆弧连接的形式有三种：两直线间的圆弧连接、_____的圆弧连接、_____的圆弧连接。

三、用半径为 R 的圆弧连接两已知直线（见图 1-2-3）

作图步骤：

（1）作两条辅助线分别与两已知直线平行且相距 R，交点 O 即为连接圆弧的圆心。

（2）由点 O 分别向两已知直线作垂线，垂足即切点。

（3）以点 O 为圆心、R 为半径画连接圆弧。

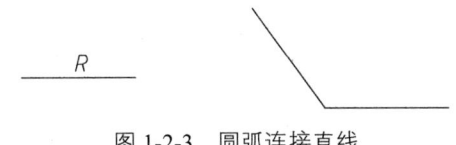

图 1-2-3　圆弧连接直线

四、用半径为 R 的圆弧连接两已知圆弧（外切，见图 1-2-4）

（1）以 O_1 为圆心、R_1+R 为半径画圆弧。

（2）以 O_2 为圆心、R_2+R 为半径画圆弧，两圆弧相交于一点 O_3。

（3）分别连接 O_1O_3、O_2O_3，求得两个切点。

（4）以 O_3 为圆心、R 为半径画连接圆弧。

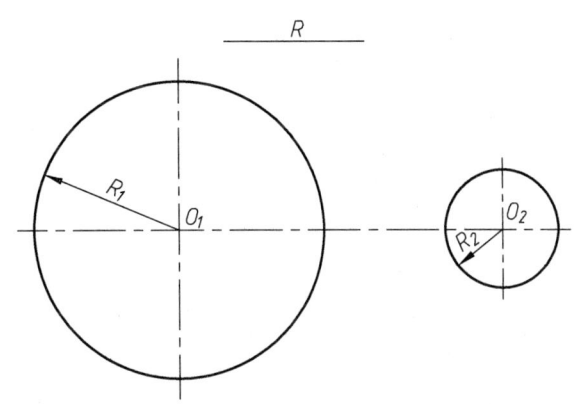

图 1-2-4　圆弧连接两圆弧（外连接）

五、用半径为 R 的圆弧连接两已知圆弧（内切，见图 1-2-5）

（1）以 O_1 为圆心、$R-R_1$ 为半径画圆弧。

（2）以 O_2 为圆心、$R-R_2$ 为半径画圆弧，两圆弧相交于一点 O_3。

（3）分别连接 O_3O_1、O_3O_2 并延长求得两个切点。

（4）以 O_3 为圆心、R 为半径画连接圆弧。

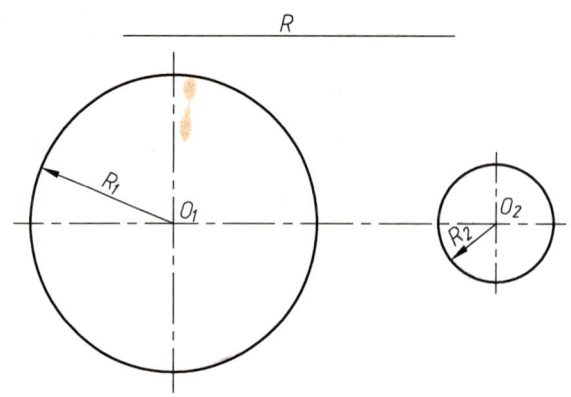

图 1-2-5　圆弧连接两圆弧（内连接）

练一练

（1）已知线段：具有_____尺寸。
（2）中间线段：具有_____尺寸。
（3）连接线段：具有_____尺寸。
（4）定形尺寸：确定_____尺寸。
（5）定位尺寸：确定_____尺寸。
（6）尺寸基准：尺寸_____起点。
（7）参照图 1-2-6 绘制连接圆弧。

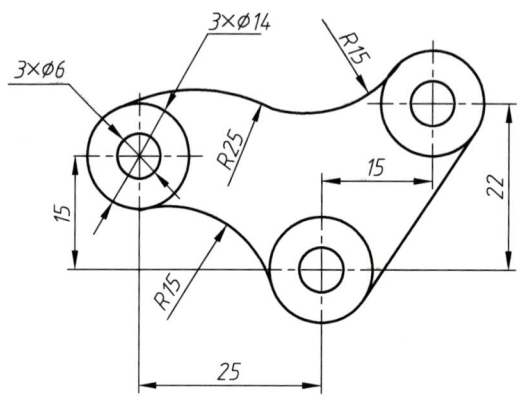

图 1-2-6　手柄工程图

任务实施

参照图 1-2-1 所示的手柄，在 A4 图纸上绘制如图 1-2-7 所示的手柄工程图。

分组教学：各小组按照图形需求，根据工作页所提供的指导性问题依次完成各项工作任务。

每组 6 人，分别担任工程师、助理工程师、技术员、质量检测员、仓管员、工程文员。

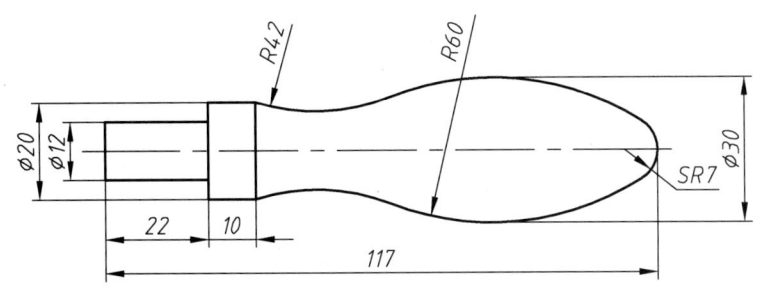

作图步骤：
（1）画基准线；
（2）画已知线段；
（3）画中间线段；
（4）画连接线段；
（5）擦作图线，检查，描深；
（6）标注尺寸。

图 1-2-7　手柄工程图

一、工量具

图板、HB/2B 绘图铅笔、橡皮、三角板、丁字尺、胶带纸、圆规。

二、工作流程

（1）绘制一张 A4 图纸（不留装订边，横放，见图 1-2-8）。
（2）在 A4 图纸上绘制手柄工程图。

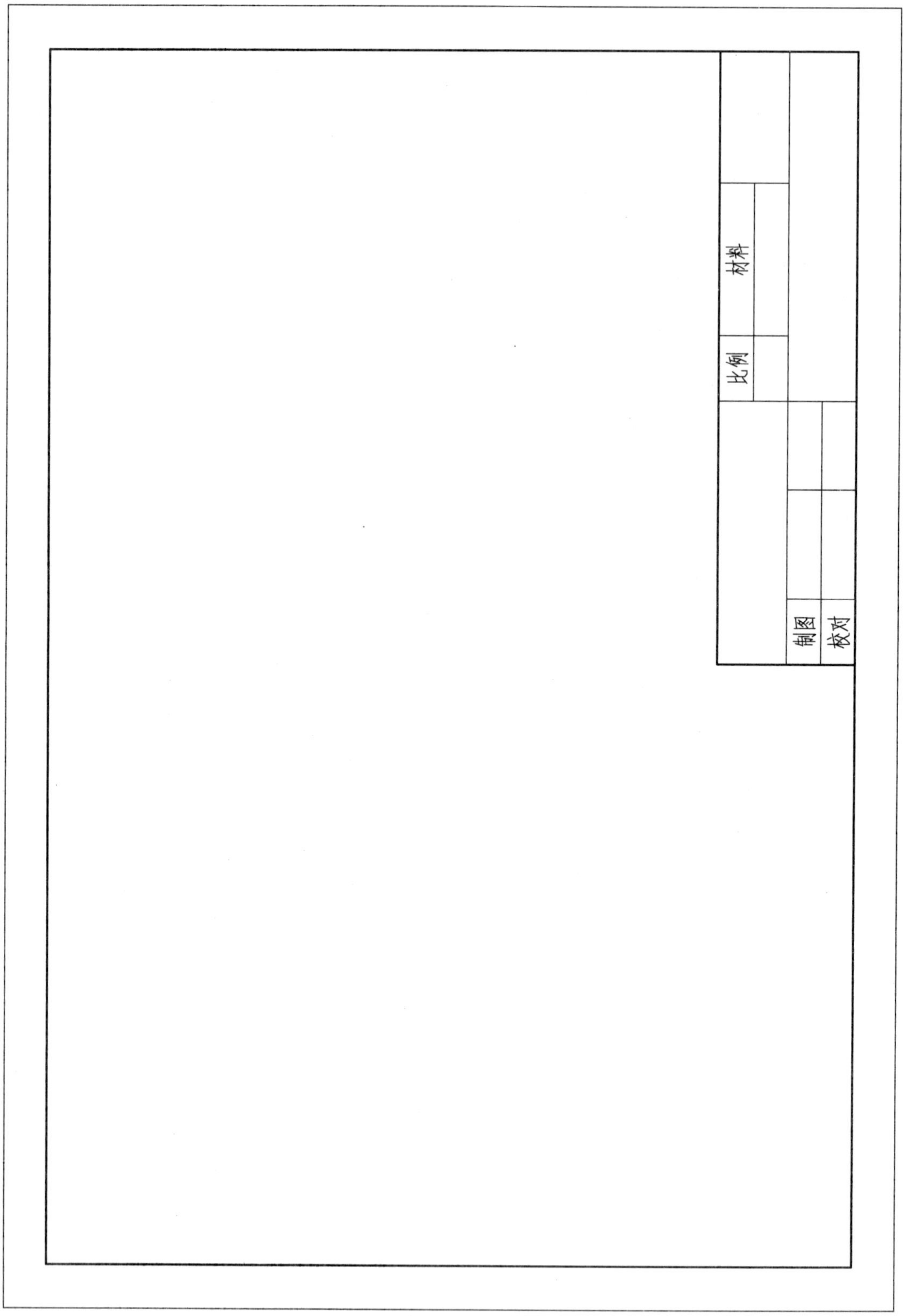

图 1-2-8 图纸

学习任务三　拉楔图形绘制

任务目标

完成本学习任务后，你应该：

【关键技能】
（1）能（会）用尺规绘制锥度和斜度。
（2）能（会）完成工程图的尺寸标注。

【基本技能】
（1）能（会）绘制简单的工程图。
（2）能（会）绘制含有锥度和斜度的工程图。

知识目标

完成本学习任务后，你应该：
（1）掌握图形尺寸标注的要求与概念。
（2）掌握锥度和斜度的概念。

职业素养目标

完成本学习任务后，你应该：
（1）逐步养成耐心、细心、吃苦耐劳的精神。
（2）逐步养成团结协作的精神。
（3）逐步养成良好的工作责任心。
（4）逐步养成对事物的钻研探索精神。
（5）通过合作解决具体问题，学习并提升沟通、协调等社会能力。
（6）尊重他人劳动，不窃取他人成果。

计划学时

6学时。

任务描述

企业接到客户要求，完成模具中拉楔零件的设计。

技术员接到任务后，开始查阅与本次任务相关的资料，了解拉楔零件在模具中的作用以及该零件的结构和工艺要求，然后确定设计方案，绘制草图，并标注尺寸，完成工程图绘制；工程师复核后签字确认，交由客户确认后，将图样交相关部门归档。工作完成后按照8S管理规范清理场地、归置物品、将资料归档。

实训地点

制图实训室。

学习准备

1. 相关知识的准备

与本次课题相关的制图、测量知识。

2. 工量辅具的准备

（1）设备：挂图、工作台。

（2）绘图工具：三角板、A2～A4图纸若干张、HB铅笔、2B铅笔、圆规、橡皮、绘图板、丁字尺等。

3. 辅具与参考资料

白板、磁铁若干、多媒体设备、话筒、网络资源、制图参考书、机械设计手册、安全操作规程、8S管理规范制度、零件测绘参考资料等相关书籍。

引导问题

（1）斜度的概念和符号。

（2）思考如何绘制拉楔图形（见图1-3-1）。

（3）锥度的概念和符号。

图1-3-1 拉楔立体图

拉楔立体图

学习过程

明确任务

阅读设计任务书，填写工作任务单（见表1-3-1）。列出本次任务的工作内容、时间要求及交接工作的相关负责人，并根据实际情况补充完整其他内容。

表 1-3-1　工作任务单

部　门		工作地点	
项目名称		任务周期	学时
接收任务时间		任务完成时间	
任务来源		任务接收人	
项目工程师		质量检查员	
助理工程师		技术员	
仓库管理员		工程文员	

	步骤	完成的工作	起止时间	执行人
工作步骤	第1步			
	第2步			
	第3步			
	第4步			
	第5步			
	第6步			
	第7步			
	第8步			
	第9步			
	第10步			

任务实施时遇到的问题：

本次任务的成果：

质量监督员签字 年　月　日	工程师签字 年　月　日

探索与发现

一、斜度和锥度

（1）斜度是指一直线（或平面）对另一直线（或平面）的_____（A. 倾斜　B. 垂直）程度，斜度=tanα=$H:L$=1：L/H，其符号为_____，如图1-3-2（a）所示。

030 手工绘图篇

练一练

根据图 1-3-2（b）给定的数据，在下面空白处完成斜度 1∶5 的图形的绘制。

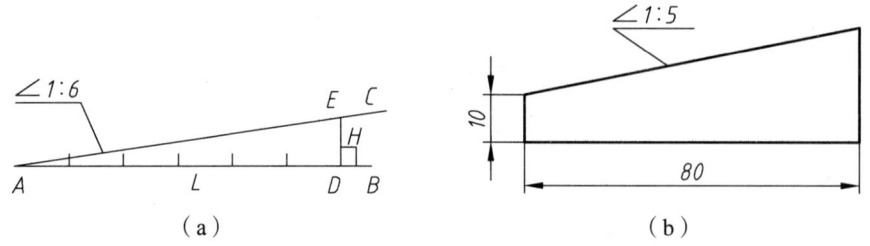

图 1-3-2 斜度

（2）锥度是指圆锥的＿＿＿＿＿＿与高度之比，或是圆锥台的底圆直径与＿＿＿＿＿＿直径之差与高度之比，通常写成＿＿＿＿＿＿（A.1∶n　B.n∶1）的形式，其符号为＿＿＿＿＿＿，如图 1-3-3（a）所示。

根据图 1-3-3（b）给定的数据，在下面空白处完成锥度 1∶5 图形的绘制。

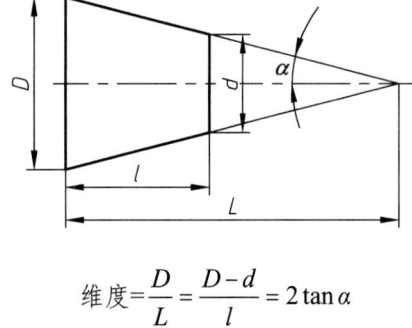

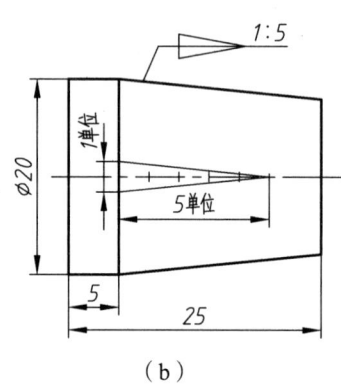

$$锥度 = \frac{D}{L} = \frac{D-d}{l} = 2\tan\alpha$$

（a） （b）

图 1-3-3 锥度

二、徒手绘制草图（见图 1-3-4）

徒手绘图的要点有：

（1）手腕和手指微触纸面，画短线以手腕运笔，画长线移动手臂运笔。

（2）目视笔尖和终点，匀速运笔。

（3）水平线自___向___（A. 左　B. 右）；垂直线自____而____（A. 上　B. 下）。

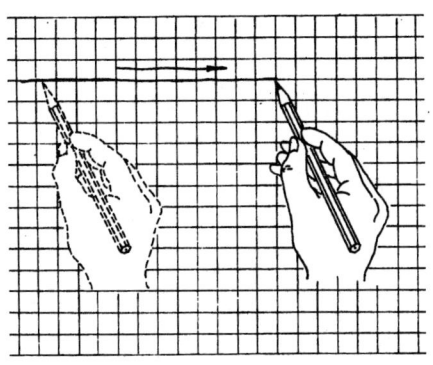

图 1-3-4　徒手绘制草图

练一练

徒手绘制图 1-3-5 所示的图形。

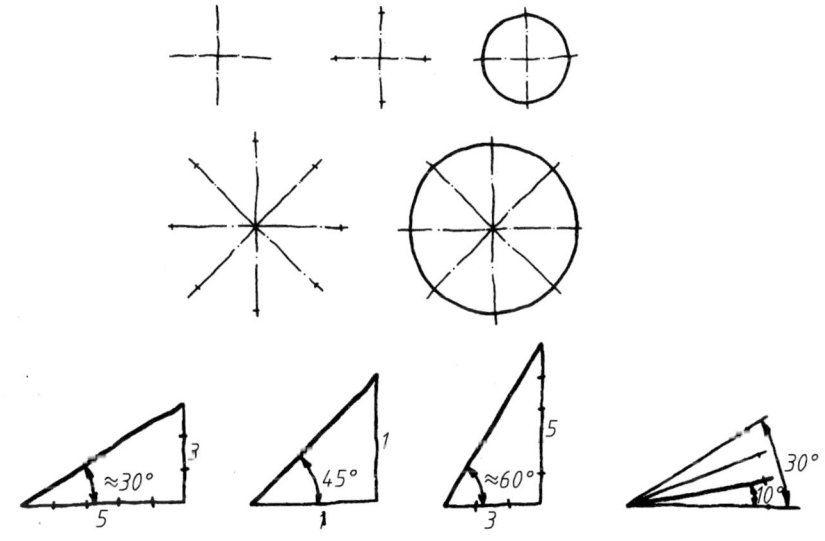

图 1-3-5　徒手绘图

三、尺寸标注

1. 尺寸标注注意事项

（1）每一个尺寸都由_____、_____、_____和_____四个要素组成，如图 1-3-6 所示。

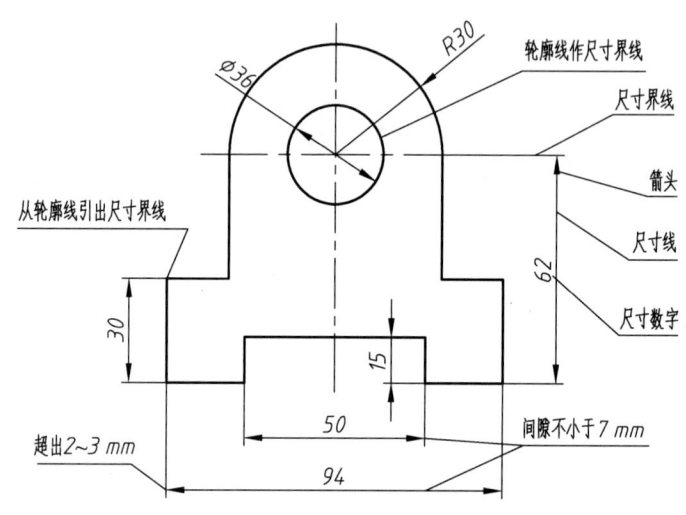

图 1-3-6　尺寸标注

（2）尺寸标注要求做到：正确、_____、清晰、_____、_____。

（3）尺寸数值为机件的_____，与绘图比例及绘图的准确度_____（无关、有关）。

（4）图样上的尺寸单位为_____时，字样不必注出。

（5）尺寸线用_____线绘制，尺寸线不能用其他图线代替，也不得与其他图线_____。

（6）尺寸线必须与所注的线段_____，并与轮廓线间距 10 mm，互相平行的两尺寸线间距均为_____mm。

（7）尺寸线与尺寸界线之间应尽量避免____。小尺寸在_____，大尺寸在_____。

（8）半径、直径、角度与弧长的尺寸起止符号必须用_____表示。

（9）同一张图样上的直线尺寸应采用_____种终端符号。

（10）角度的尺寸数字写成_____方向，如图 1-3-7 所示。

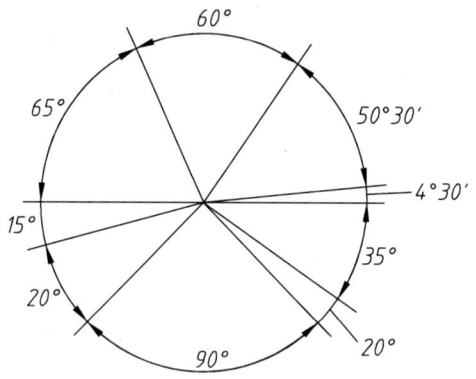

图 1-3-7　角度尺寸标注

（11）标注线性尺寸时，水平尺寸数字标在尺寸线_____，字头朝_____；竖直尺寸数字标在尺寸线_____，字头朝____；倾斜方向的尺寸，字头应有向上的趋势，如图 1-3-8 所示。

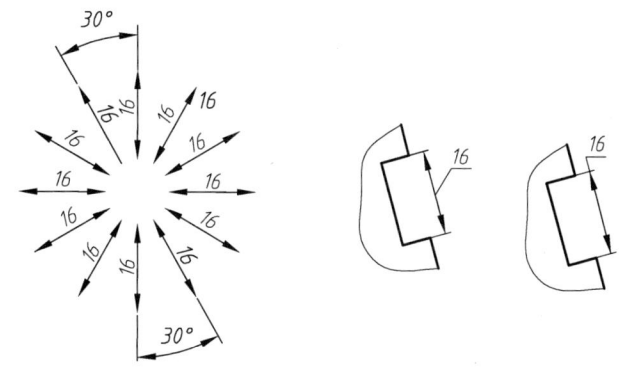

图 1-3-8 尺寸标注范围

2. 常见尺寸注法

（1）尽量避免在图示_____范围内标注尺寸。

（2）非水平数字_____（A. 允许　B. 不允许）水平注写在尺寸线中断处（见图 1-3-9）。

（3）尺寸数字_____（A. 可以　B. 不可以）被任何图线通过。

（4）尺寸线不能用其他图线代替，也不得与其他图线_____或画在其他图线的延长线上。

（5）直径与半径注法（标注图 1-3-10 所示的直径或半径，量取图形的直径或半径并取整）。

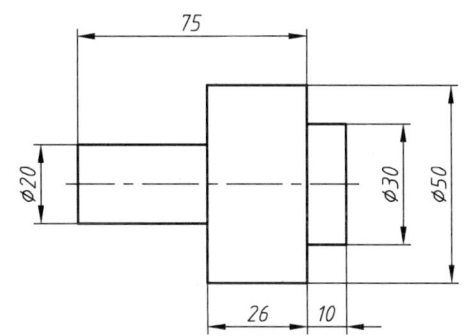

图 1-3-9　非水平数字尺寸标注

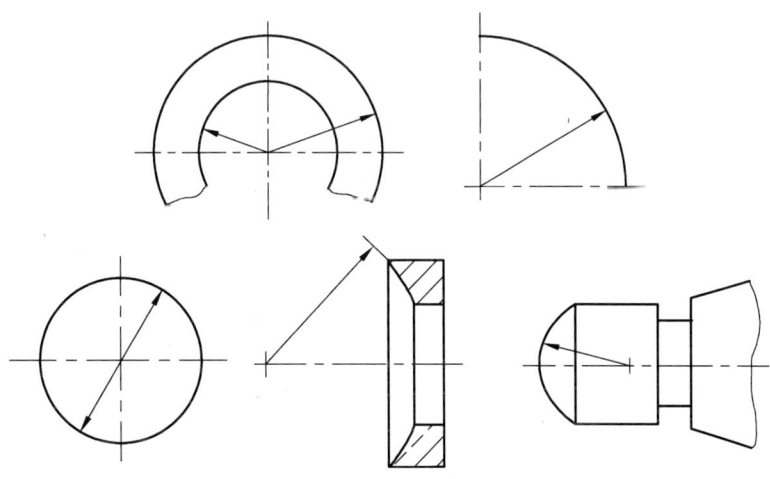

图 1-3-10　直径与半径标注

（6）小尺寸的注法（此处有 5 个空，请填写，见图 1-3-11）。

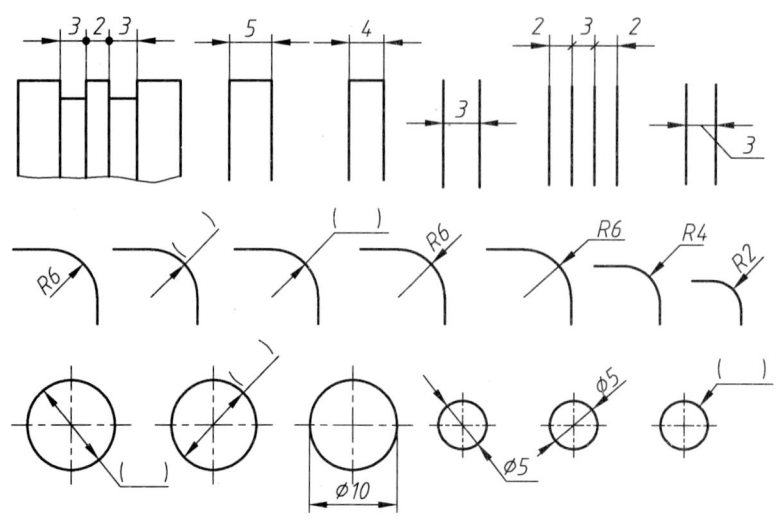

图 1-3-11　小尺寸标注

（7）均布孔的尺寸注法（标注 6 个直径为 $\phi5$ 均匀分布的孔，见图 1-3-12）。

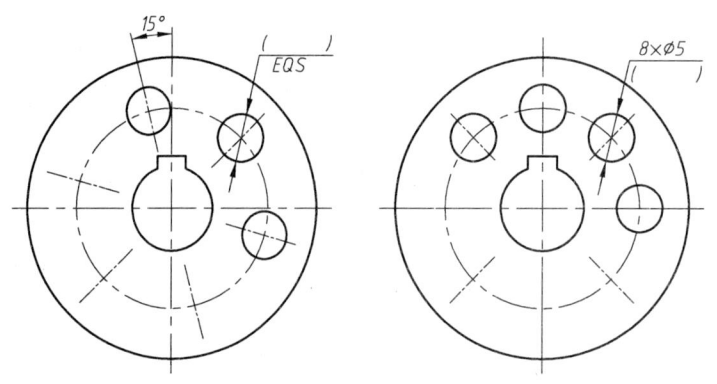

图 1-3-12　均布孔标注

（8）对称图形注法（标注直径为 $\phi5$ 的两孔长度方向中心距为 30，见图 1-3-13）。

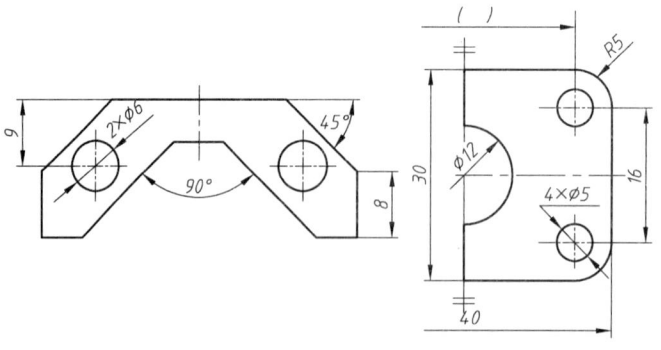

图 1-3-13　对称图形尺寸标注

任务实施

在 A4 图纸上绘制如图 1-3-14 所示的拉楔图形,并标注尺寸。

分组教学:各小组按照图形需求,根据工作页所提供的指导性问题依次完成各项工作任务。

每组 6 人,分别担任工程师、助理工程师、技术员、质量检测员、仓管员、工程文员。

一、工量具

图板、HB/2B 绘图铅笔、橡皮、三角板、丁字尺、胶带纸、圆规。

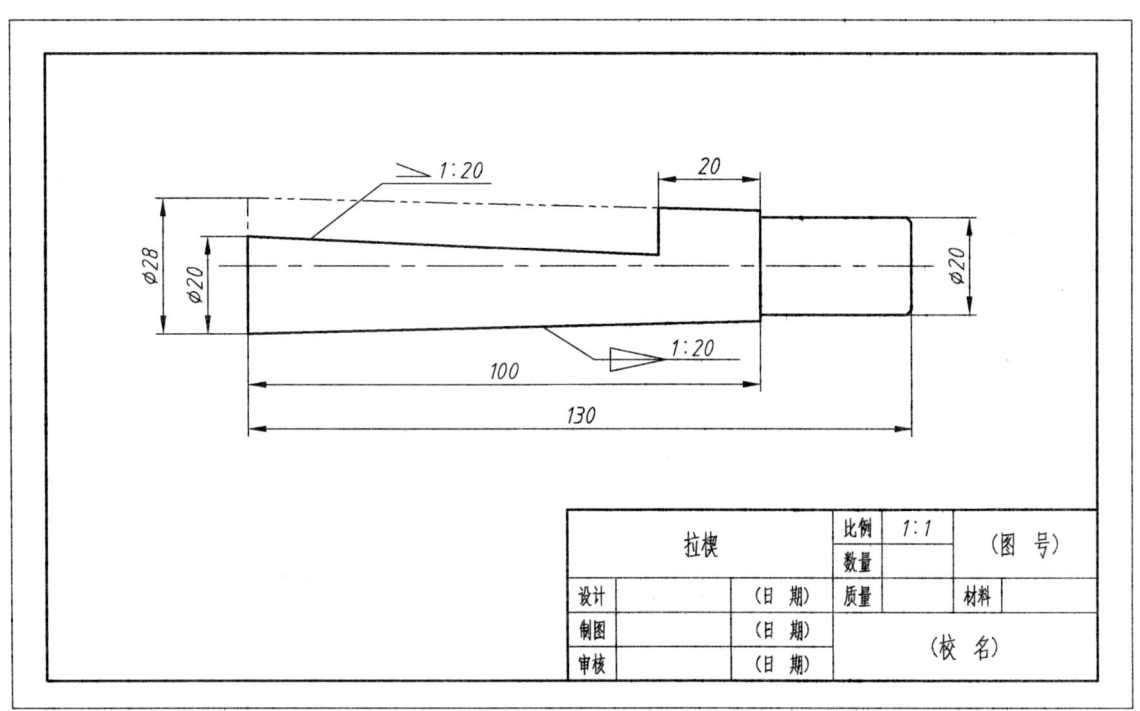

图 1-3-14 拉楔工程图

二、工作流程

步骤一:绘制一张 A4 图纸(不留装订边,横放,见图 1-3-15)。

(1)将一张 A4 图纸用胶带纸固定在图板上,用丁字尺矫正图纸底边。

(2)绘制图框和标题栏,A4 图框横装。

步骤二:绘制拉楔图形。

(1)选择绘图比例。

(2)绘制底稿线。确定图形的位置,定好图形的中心线,图面布置要适中、匀称,以便获得良好的图面效果。

最后检查修正底稿,改正错误,补全遗漏,擦去多余的线条。

(3)加深图线。

(4)修饰并校正全图。

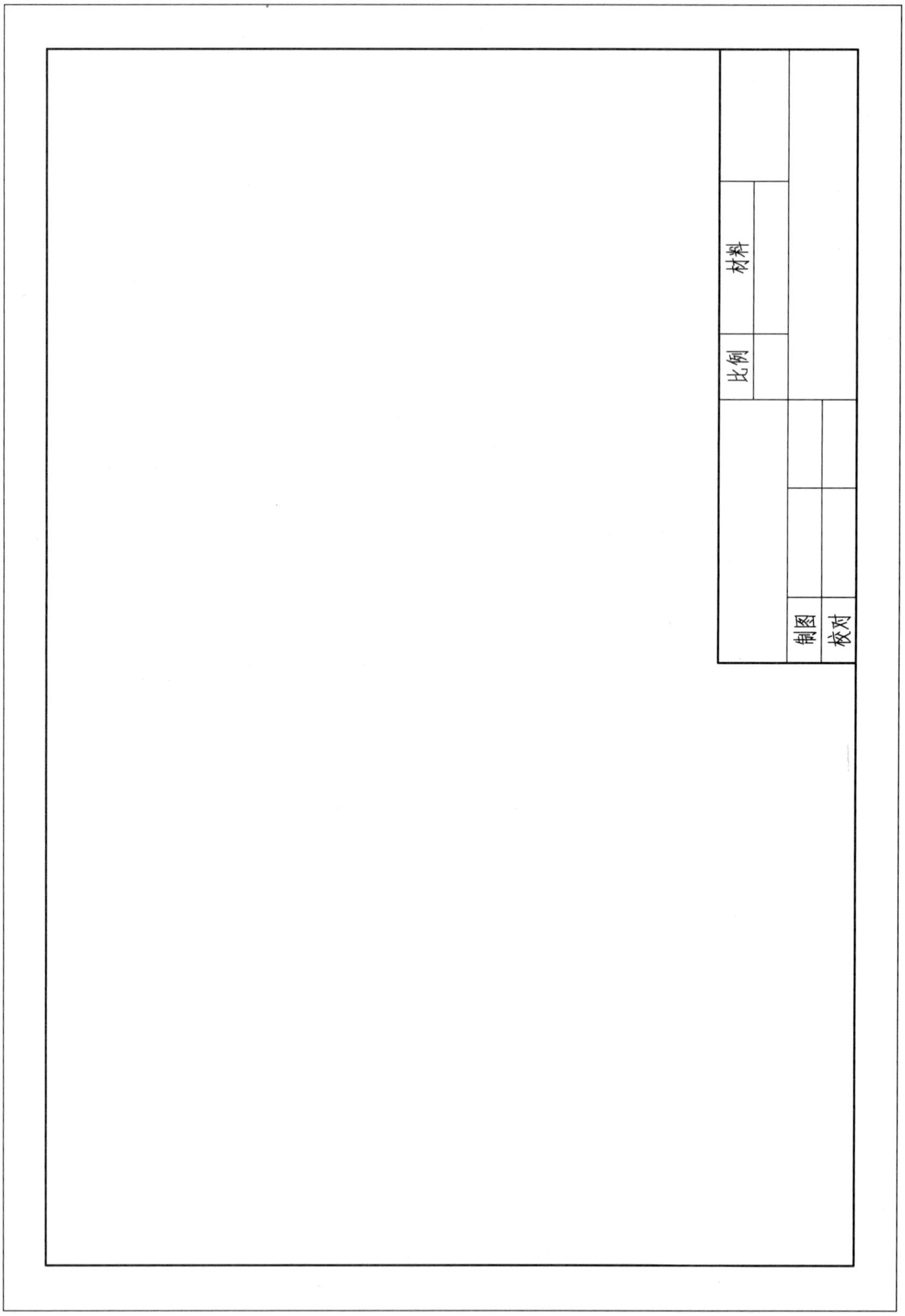

图 1-3-15 A4 图纸

项目二 基本几何体绘制

知识目标

（1）了解投影的概念。
（2）掌握正投影的概念。
（3）掌握三视图的概念及投影规律。

能力目标

（1）能绘制简单物体的三视图。
（2）初步培养空间想象能力，能根据简单物体的两视图绘制第三视图。
（3）能够描述出三视图的投影规律。

计划学时

18学时。

工作情景描述

企业接到客户给出的要求，需要根据客户需求完成几何体零件的三视图。

技术员接到任务后，开始查阅与本次任务相关的资料，了解零件的组成，确定绘制方案，对样件进行测量分析，制定必要的技术要求，完成工程图；工程师复核后签字确认，交由客户确认后，将图样交相关部门归档。工作完成后按照8S管理规范清理场地、归置物品、将资料归档。

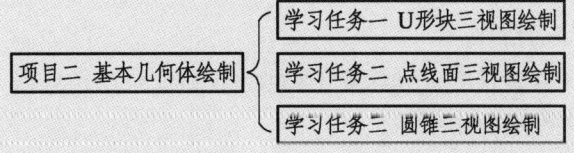

角色分配

每组6人，分别担任工程师、助理工程师、技术员、质量检测员、仓管员、工程文员。
（1）工程师为项目主要负责人，为项目完成准备相关文献资料。
（2）技术员负责具体的技术工作，完成必要的笔录工作。
（3）质检员负责对本组和他组进行监督，依照标准检查督促操作过程中的各个环节，确保各小组按要求完成任务。
（4）仓管员负责工量辅具的保管与分发工作。

（5）工程文员负责本次任务的文书工作。

（6）助理工程师辅助工程师完成项目。

在不同的学习阶段，各成员可轮换岗位。各成员各负其责，合作完成查阅资料、准备工具、制订工作计划、测量、草绘、绘制工程图等相关任务，整个工作过程遵循 8S 操作规范。

学习任务一　U 形块三视图绘制

任务目标

完成本学习任务后，你应该：

【关键技能】

（1）能（会）分析三视图不同边对应空间物体的位置。

（2）能（会）根据三视图的投影规律绘制三视图。

【基本技能】

（1）能（会）具备初步的空间想象力。

（2）能（会）绘制 U 形块三视图。

知识目标

完成本学习任务后，你应该：

（1）知道三视图的基本投影规律。

（2）掌握空间投影体系的概念，知道空间投影体系的形成过程。

职业素养目标

完成本学习任务后，你应该：

（1）逐步养成耐心、细心、吃苦耐劳的精神。

（2）逐步养成团结协作的精神。

（3）逐步养成良好的工作责任心，自觉遵守实训室设备安全操作规程。

（4）逐步养成对事物的钻研探索精神。

（5）通过合作解决具体问题，学习并提升沟通、协调等社会能力。

（6）尊重他人劳动，不窃取他人成果。

计划学时

6 学时。

实训地点

制图实训室。

学习准备

1. 相关知识的准备

与本次课题相关的制图、测量知识。

2. 工量辅具的准备

（1）设备：U形块、工作台。

（2）测量工具：游标卡尺、千分尺、角尺、塞尺、钢板尺、记号笔等。

（3）绘图工具：三角板、A2～A4图纸若干张、HB铅笔、2B铅笔、圆规、橡皮、绘图板、丁字尺等。

3. 辅具与参考资料

白板、磁铁若干、多媒体设备、话筒、网络资源、制图参考书、机械设计手册、安全操作规程、8S管理规范制度、零件测绘参考资料等相关书籍。

引导问题

（1）三视图包括哪几个视图？

（2）连线找出图 2-1-1 中与立体对应的三视图。

（3）如何绘制 U 形块的三视图？

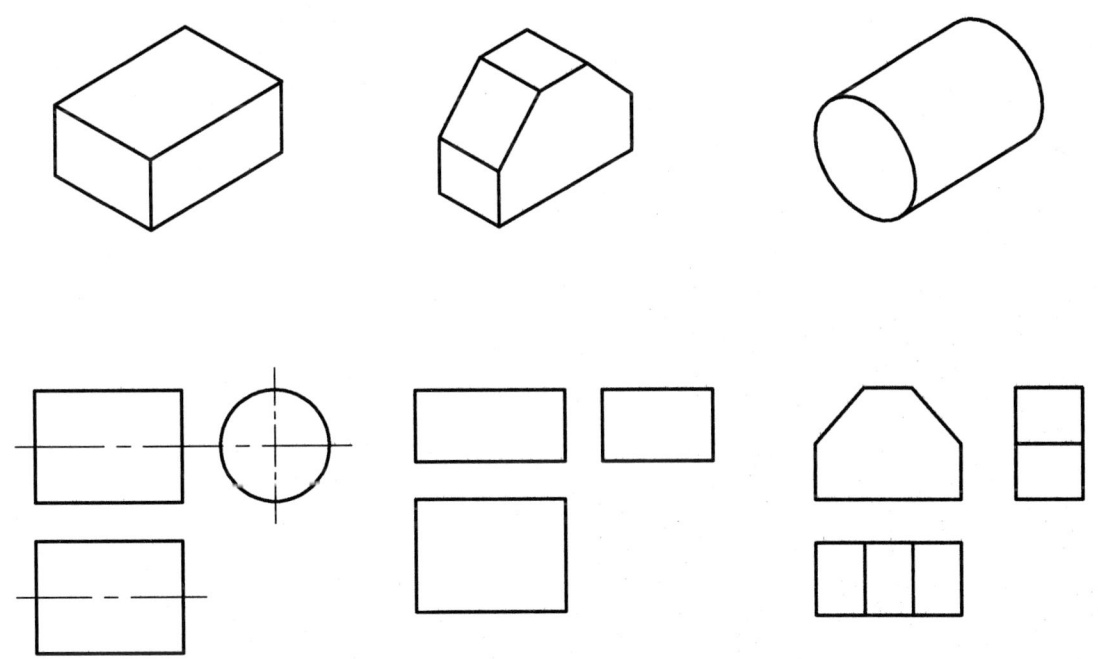

图 2-1-1　三视图连线

学习过程

 明确任务

阅读设计任务书,填写工作任务单(见表 2-1-1)。列出本次任务的工作内容、时间要求及交接工作的相关负责人,并根据实际情况补充完整其他内容。

表 2-1-1　工作任务单

部　　门		工作地点	
项目名称		任务周期	学时
接收任务时间		任务完成时间	
任务来源		任务接收人	
项目工程师		质量检查员	
助理工程师		技术员	
仓库管理员		工程文员	
工作步骤	步　骤	完成的工作	起止时间	执行人
	第1步			
	第2步			
	第3步			
	第4步			
	第5步			
	第6步			
	第7步			
	第8步			
	第9步			
	第10步			
任务实施时遇到的问题:				
本次任务的成果:				
质量监督员签字　　　　　　　　年　月　日		工程师签字　　　　　　　　年　月　日		

探索与发现

（1）投影线与投影面垂直的平行投影法称为_____，该方法能真实地反映与投影面平行的物体表面的形状（见图 2-1-2）。

（2）三视图（见图 2-1-3 和图 2-1-4）包括主视图、_____和_____，它们对应的投影面分别是_____、侧投影面和_____，代号分别是_____、_____、_____。

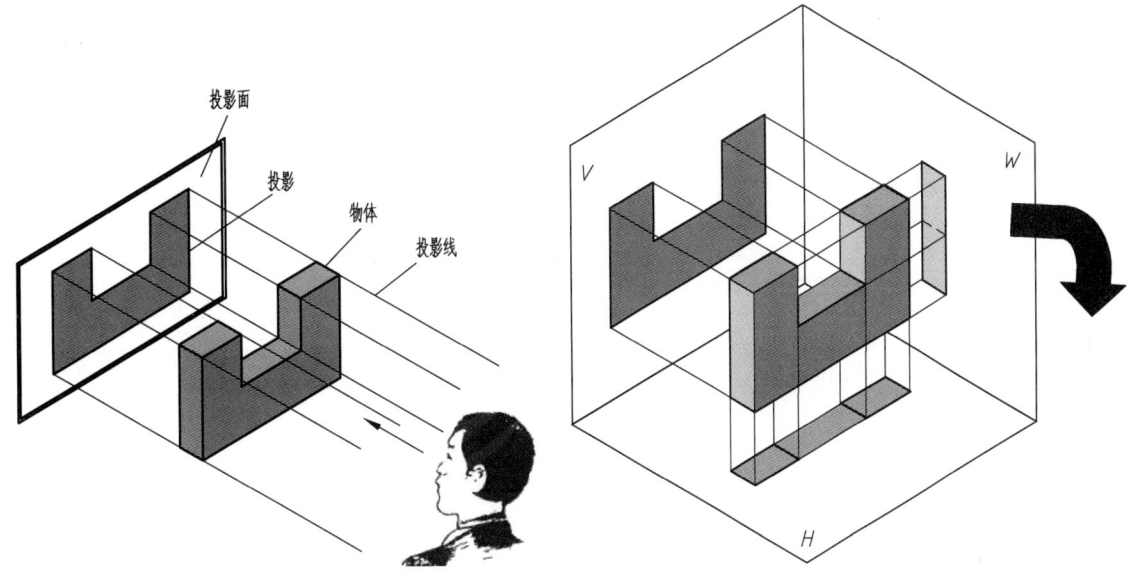

图 2-1-2　正视图投影　　　　　图 2-1-3　三投影体系

三投影体系

图 2-1-4　U 形块的三视图

（3）在图 2-1-5 所示的圆圈里填写三视图的相对位置关系。

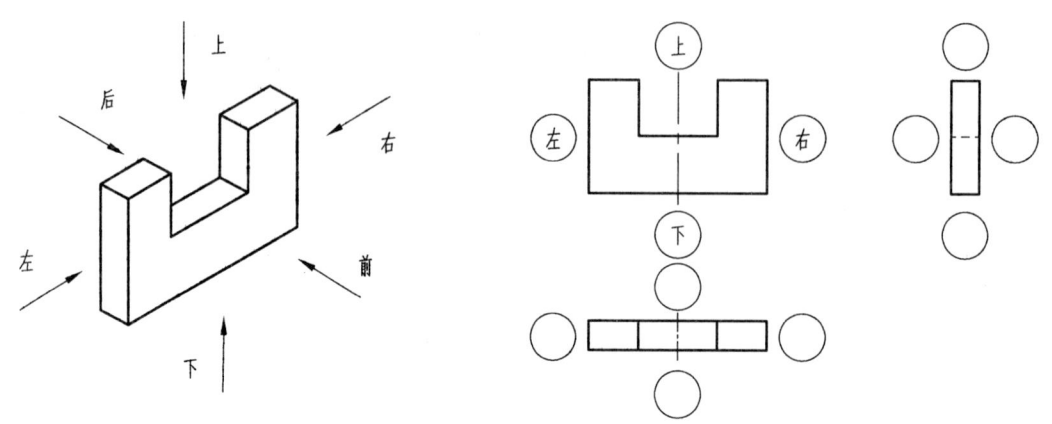

图 2-1-5　三视图投影位置关系

（4）三视图的投影规律是主俯视图长对正、_____和_____，如图 2-1-6 所示。

（5）主视图反应物体的长和_____，俯视图反应物体的_____和_____，左视图反应物体的_____和_____。

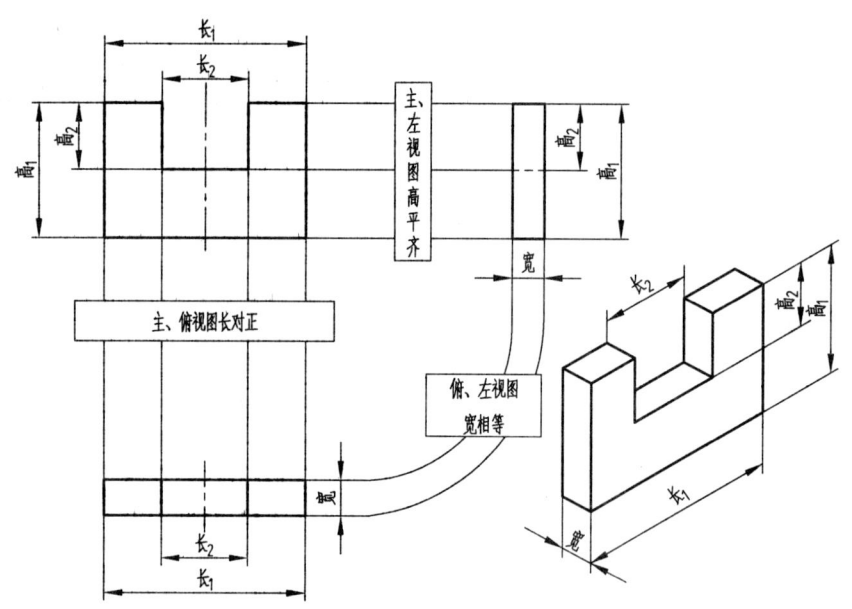

图 2-1-6　三视图投影关系

任务实施

在图 2-1-7 中绘制 U 形块的三视图。

分组教学：各小组按照图形需求，根据工作页所提供的指导性问题依次完成各项工作任务。

每组 6 人，分别担任工程师、助理工程师、技术员、质量检测员、仓管员、工程文员。

图 2-1-7　U 形块三视图

拓展训练

（1）根据图形尺寸按照 1∶1 绘制图 2-1-8 所示的几何体的三视图，并标明相对位置关系。

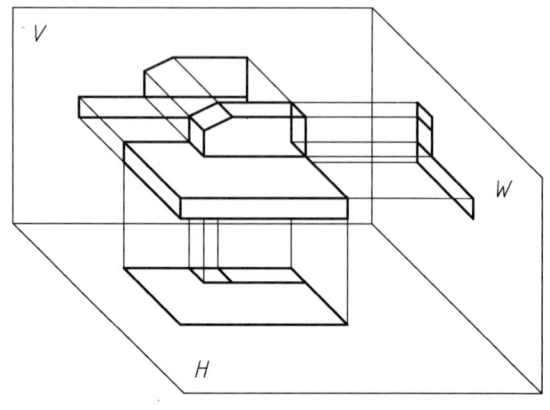

图 2-1-8　几何体

（2）根据图形尺寸按照 1∶1 绘制图 2-1-9 所示的 L 形板的三视图，并标明相对位置关系。

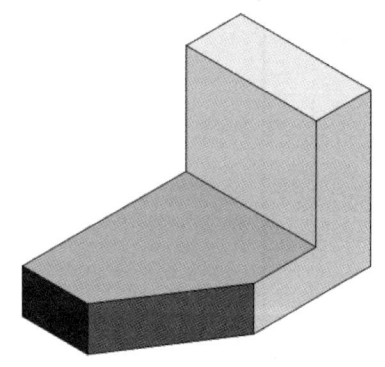

图 2-1-9　L 形块

L 形块

（3）补画俯视图（见图 2-1-10）。

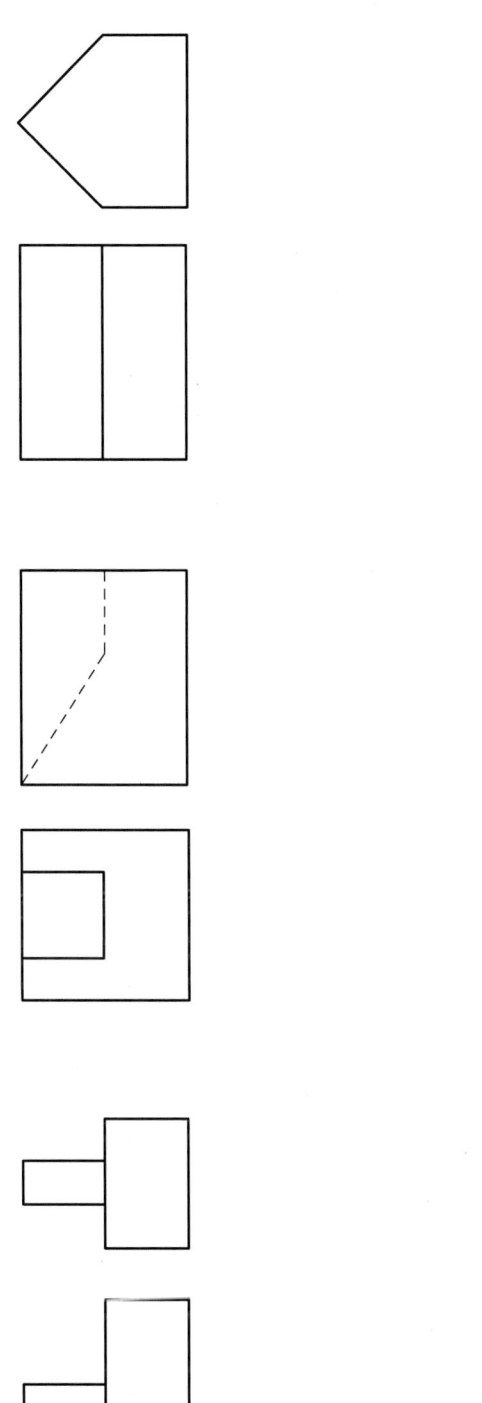
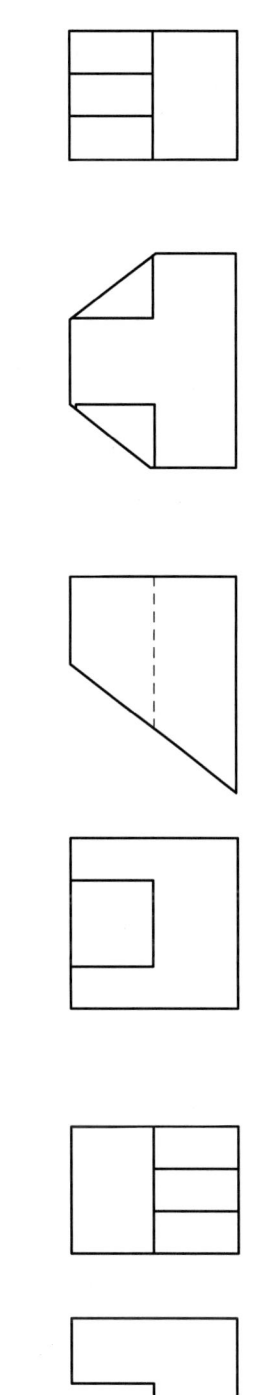

图 2-1-10　补画俯视图

学习任务二　点线面三视图绘制

任务目标

完成本学习任务后，你应该：

【关键技能】

（1）能（会）绘制点、线、面的三视图。

（2）能（会）绘制六棱柱三视图，并根据六棱柱表面已知点找到未知点的位置。

（3）能（会）标注基本几何体的尺寸。

【基本技能】

（1）能（会）应用三视图投影规律绘制简单三视图。

（2）能（会）深刻理解三坐标投影体系的形成过程。

知识目标

完成本学习任务后，你应该：

（1）掌握点、线、面三者投影的关系。

（2）掌握表面已知点与所在几何体的位置关系。

（3）掌握点、线、面的投影规律。

职业素养目标

完成本学习任务后，你应该：

（1）逐步养成耐心、细心、吃苦耐劳的精神。

（2）逐步养成团结协作的精神。

（3）逐步养成良好的工作责任心。

（4）逐步养成对事物的钻研探索精神。

（5）通过合作解决具体问题，学习并提升沟通、协调等社会能力。

（6）尊重他人劳动，不窃取他人成果。

计划学时

6学时。

实训地点

制图实训室。

学习准备

1. 相关知识的准备

与本次课题相关的制图、测量知识。

2. 工量辅具的准备

(1) 设备：六棱柱、工作台。

(2) 测量工具：游标卡尺、千分尺、角尺、塞尺、钢板尺、记号笔等。

(3) 绘图工具：三角板、A2~A4 图纸若干张、HB 铅笔、2B 铅笔、圆规、橡皮、绘图板、丁字尺等。

3. 辅具与参考资料

白板、磁铁若干、多媒体设备、话筒、网络资源、制图参考书、机械设计手册、安全操作规程、8S 管理规范制度、零件测绘参考资料等相关书籍。

 引导问题

参照图 2-2-1 回答下列问题：

(1) 点的投影规律是什么？

(2) 直线的投影特性是什么？

(3) 平面的投影特性是什么？

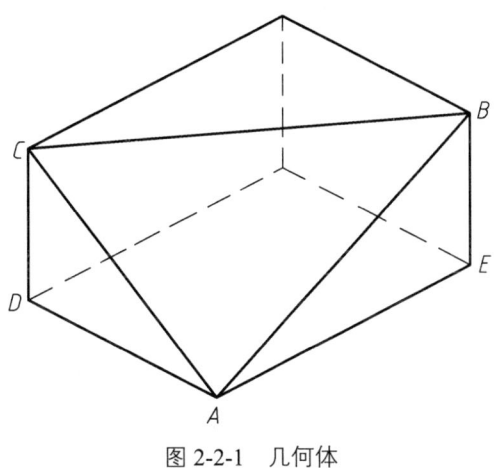

图 2-2-1　几何体

学习过程

 明确任务

阅读设计任务书，填写工作任务单（见表 2-2-1）。列出本次任务的工作内容、时间要求及交接工作的相关负责人，并根据实际情况补充完整其他内容。

表 2-2-1　工作任务单

部　　门		工作地点	
项目名称		任务周期	学时
接收任务时间		任务完成时间	
任务来源		任务接收人	
项目工程师		质量检查员	
助理工程师		技术员	
仓库管理员		工程文员	

	步　骤	完成的工作	起止时间	执行人
工作步骤	第1步			
	第2步			
	第3步			
	第4步			
	第5步			

	步　骤	完成的工作	起止时间	执行人
工作步骤	第6步			
	第7步			
	第8步			
	第9步			
	第10步			

任务实施时遇到的问题：

本次任务的成果：

质量监督员签字	年　月　日	工程师签字	年　月　日

探索与发现

一、点的投影

（1）空间点 A（见图 2-2-2）在水平投影面（H）投影得到水平投影_____；将点 A 向正投影面（V）投影得到正面投影_____，将点 A 向侧投影面投影得到侧面投影_____。

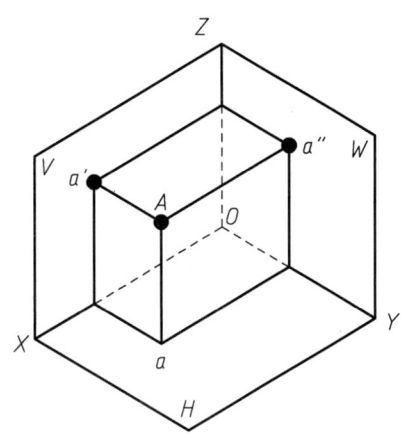

图 2-2-2　点在空间中的投影位置

（2）如果两个点的投影重合，不可见点的字母应_____。

练一练

已知点 E 的 V 面投影 e' 和 W 面投影 e''（见图 2-2-3），求作 H 面投影 e。

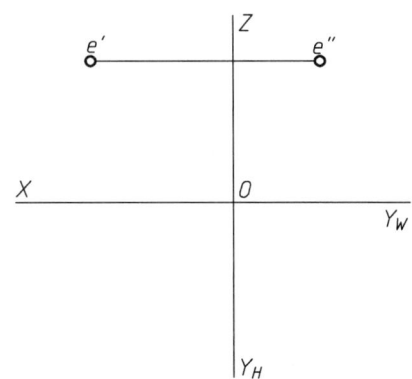

图 2-2-3　点的三视图投影

二、直线的投影

（1）直线垂直于投影面，投影重合为一点——_____性（见图 2-2-4）。
（2）直线平行于投影面，投影反映线段实长——_____性（见图 2-2-4）。
（3）直线倾斜于投影面，投影比空间线段短——_____性（见图 2-2-4）。

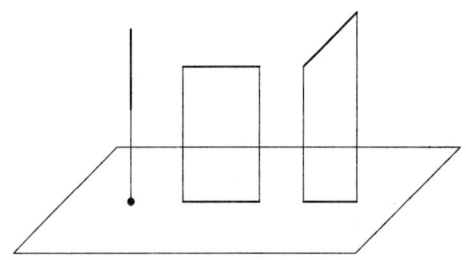

图 2-2-4 直线的投影特性

（4）求直线上的一点 C 在俯视图和左视图上的位置（见图 2-2-5）。

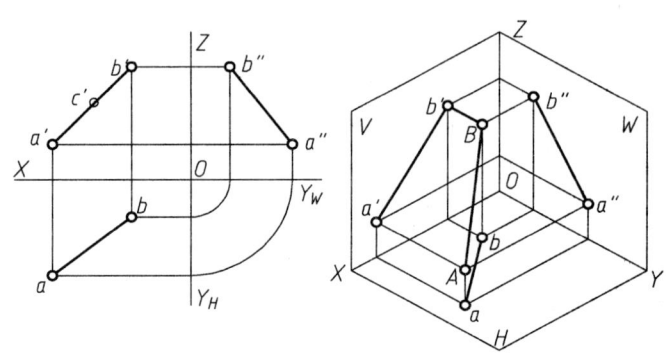

图 2-2-5 一般位置直线投影

三、面的投影

（1）平面的投影特性分别是_____。

（2）分别标明图 2-2-6 所示的各线和面的名称（铅垂线、水平面等）。

AB_____ ABCD_____

AD_____ CBGH_____

AF_____ DCHE_____

DE_____ ADE_____

BG_____ ABGF_____

CH_____

GH_____

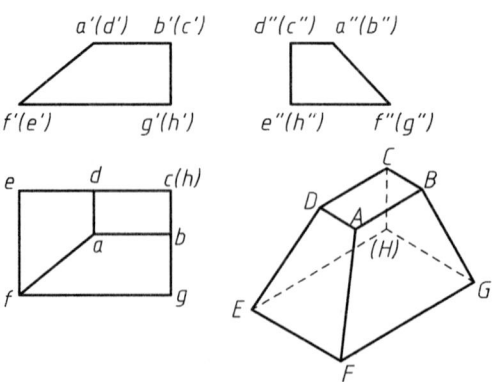

图 2-2-6 直线和平面的名称

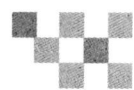

练一练

分别绘制 $A(10, 20, 15)$、$B(15, 10, 5)$、$C(5, 15, 8)$ 三点在 H、V、W 平面内的坐标点，并进行相应的标注，如图 2-2-7 所示。

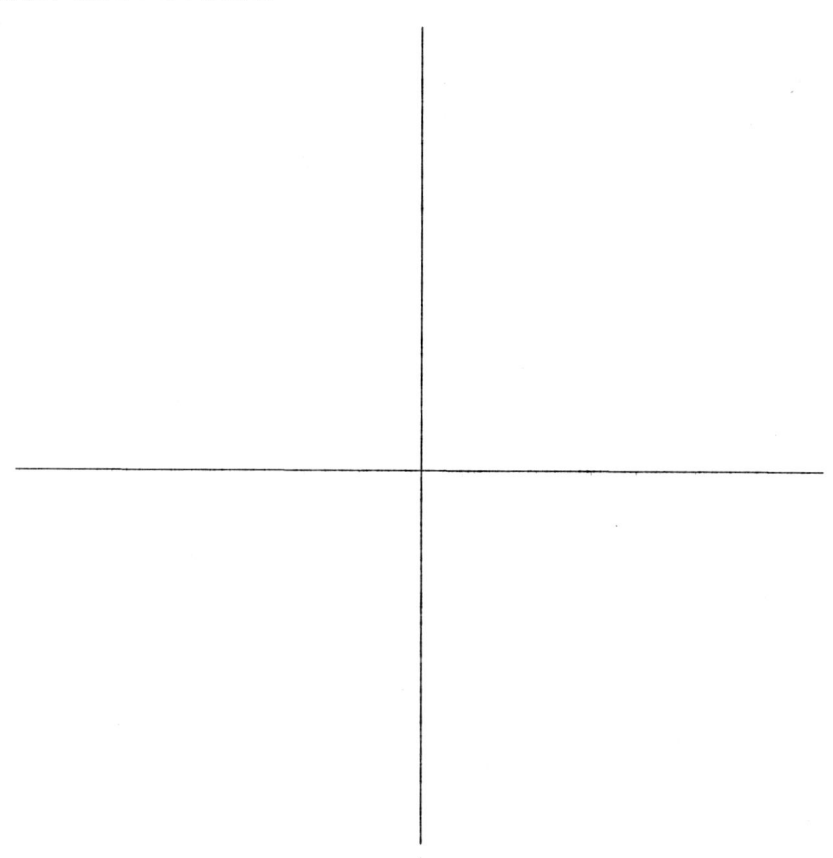

图 2-2-7 点、线、面三视图的绘制

四、基本几何体的投影

（1）绘制六棱柱三视图（六棱柱外接圆直径 $\phi 30$，高 10）。

（2）补全图 2-2-8 所示尺寸线上的尺寸（量取图形尺寸并取整）。

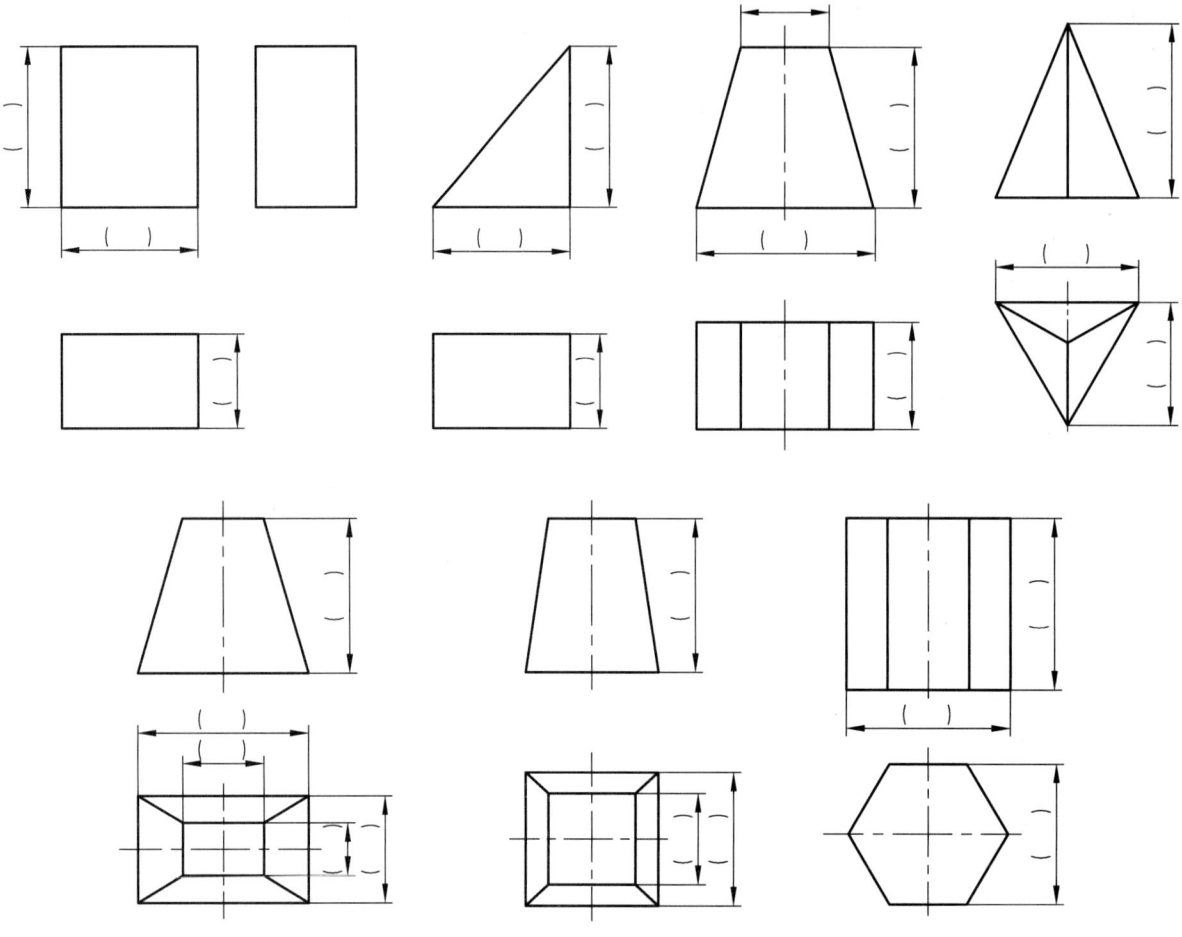

图 2-2-8　平面立体的尺寸标注

项目二 基本几何体绘制 053

学习任务三 圆锥三视图绘制

任务目标

完成本学习任务后,你应该:
【关键技能】
(1)能(会)绘制圆柱的三视图。
(2)能(会)正确绘制圆锥三视图。
(3)能(会)根据圆柱表面已经给定的点找到未知的点。
(4)能(会)根据圆锥表面已经给定的点找到未知的点。
(5)能(会)标注回转基本几何体的尺寸。
【基本技能】
(1)能(会)应用三视图投影规律绘制直线三视图。
(2)能(会)根据条件求解未知直线或直线上的点。

知识目标

完成本学习任务后,你应该:
(1)根据三视图投影规律理解圆锥三视图的形成过程。
(2)能(会)掌握几何体的投影规律。

职业素养目标

完成本学习任务后,你应该:
(1)逐步养成耐心、细心、吃苦耐劳的精神。
(2)逐步养成团结协作的精神。
(3)逐步养成良好的工作责任心。
(4)逐步养成对事物的钻研探索精神。
(5)通过合作解决具体问题,学习并提升沟通、协调等社会能力。
(6)尊重他人劳动,不窃取他人成果。

计划学时

6学时。

实训地点

制图实训室。

学习准备

1. 相关知识的准备

与本次课题相关的制图、测量知识。

2. 工量辅具的准备

（1）设备：六棱柱、工作台。

（2）测量工具：游标卡尺、千分尺、角尺、塞尺、钢板尺、记号笔等。

（3）绘图工具：三角板、A2～A4图纸若干张、HB铅笔、2B铅笔、圆规、橡皮、绘图板、丁字尺等。

3. 辅具与参考资料

白板、磁铁若干、多媒体设备、话筒、网络资源、制图参考书、机械设计手册、安全操作规程、8S管理规范制度、零件测绘参考资料等相关书籍。

引导问题

（1）圆锥面的素线是什么？

（2）如何在圆锥表面（见图2-3-1）取点？

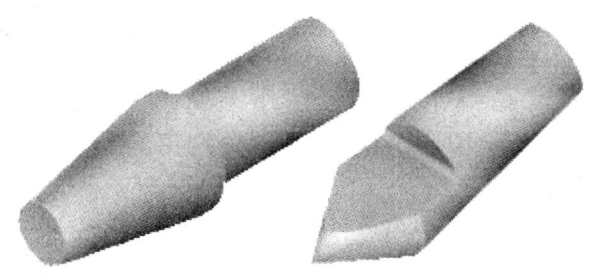

图2-3-1　回转体

学习过程

明确任务

阅读设计任务书，填写工作任务单（见表2-3-1）。列出本次任务的工作内容、时间要求及交接工作的相关负责人，并根据实际情况补充完整其他内容。

表 2-3-1　工作任务单

部　门		工作地点		
项目名称		任务周期		学时
接收任务时间		任务完成时间		
任务来源		任务接收人		
项目工程师		质量检查员		
助理工程师		技术员		
仓库管理员		工程文员		

	步　骤	完成的工作	起止时间	执行人
工作步骤	第 1 步			
	第 2 步			
	第 3 步			
	第 4 步			

	步　骤	完成的工作	起止时间	执行人
工作步骤	第 5 步			
	第 6 步			
	第 7 步			
	第 8 步			
	第 9 步			
	第 10 步			

任务实施时遇到的问题：

本次任务的成果：

质量监督员签字		工程师签字	
	年　月　日		年　月　日

 探索与发现

（1）绘制水平线在水平面的投影（见图 2-3-2）。

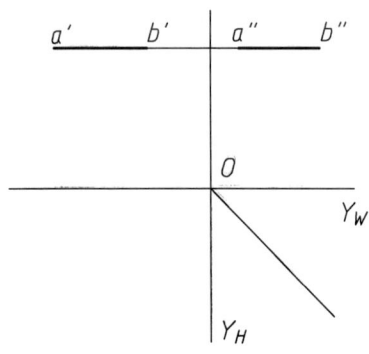

图 2-3-2　水平线投影

（2）已知点 K 在线段 AB 上（见图 2-3-3），求点 K 的正面投影。

解法一：应用第三投影。　　　　　解法二：应用定比定理。

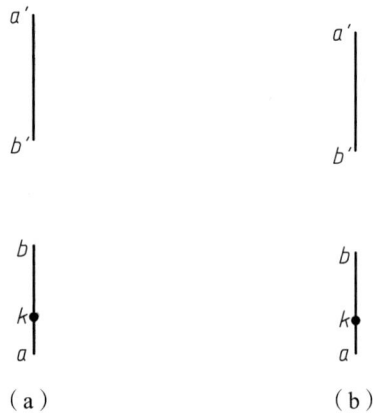

图 2-3-3　线段上的点

（3）过点 C 作水平线 CD 与 AB 相交（见图 2-3-4）。

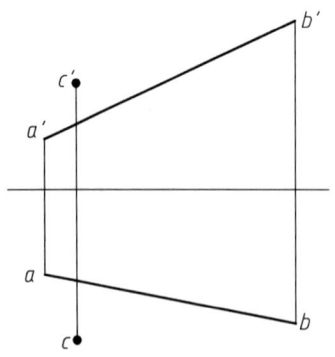

图 2-3-4　已知点求直线

（4）已知点 K 在平面 ABC 上，求点 K 的水平投影（利用平面的积聚性求解，见图 2-3-5）。

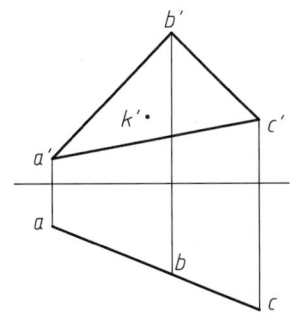

图 2-3-5　平面上的点

（5）在平面 ABC 内作一条水平线，使其到 H 面的距离为 20 mm（见图 2-3-6）。

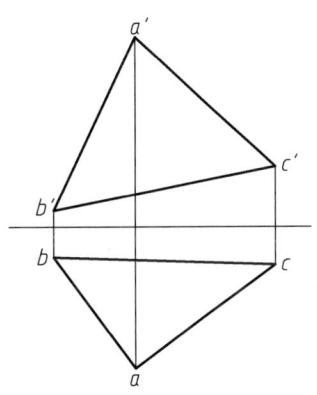

图 2-3-6　平面上的直线

（6）补画圆柱体的俯视图与左视图，并在圆柱面上取点 A（见图 2-3-7）。

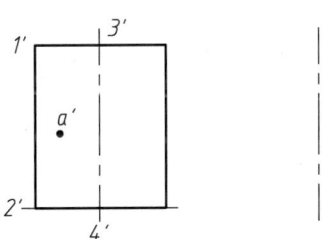

图 2-3-7　圆柱体视图

058 手工绘图篇

（7）补全尺寸线上的尺寸（量取图形尺寸并取整，见图2-3-8）。

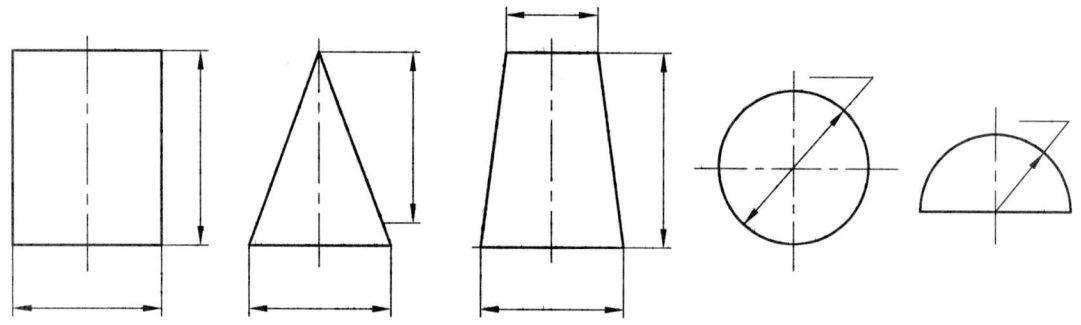

图 2-3-8 曲面立体的尺寸标注

 任务实施

在图 2-3-10 中补画图 2-3-9 所示的圆锥体的三视图，并在圆锥表面取点 K、N（自取）。

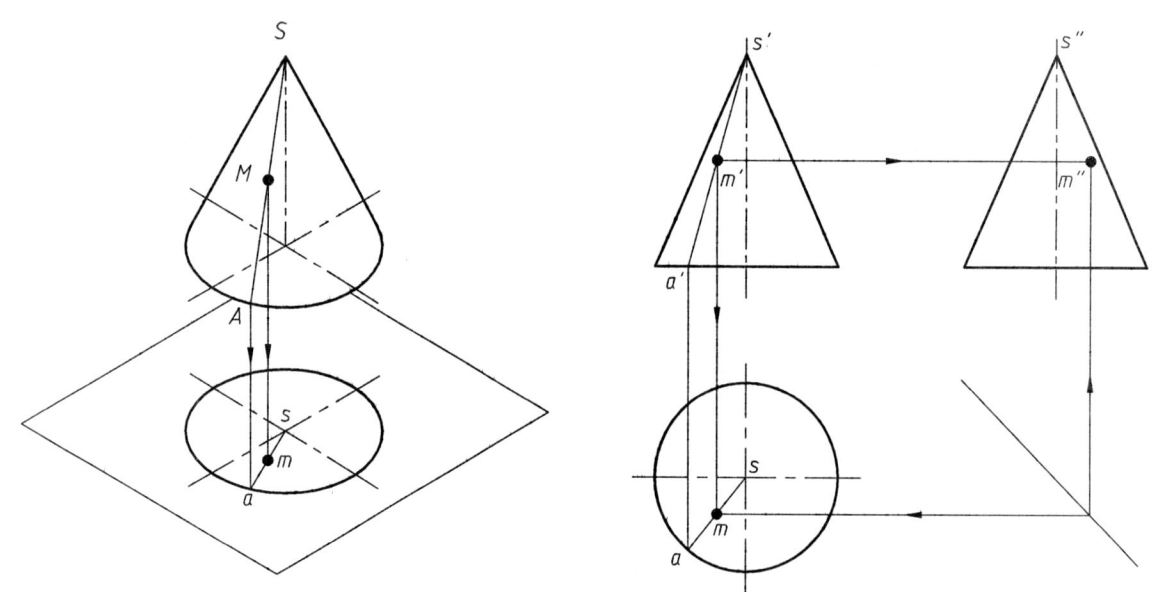

图 2-3-9 圆锥投影视图

分组教学：各小组按照图形需求，根据工作页所提供的指导性问题依次完成各项工作任务。
每组 6 人，分别担任工程师、助理工程师、技术员、质量检测员、仓管员、工程文员。

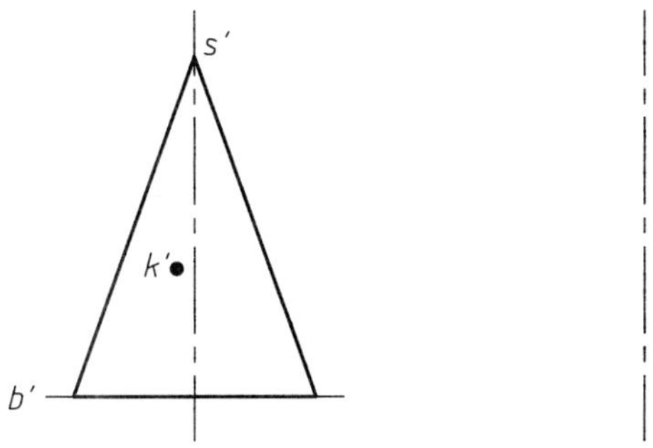

图 2-3-10 补画圆锥三视图

项目三　轴测图绘制

知识目标

（1）了解正等轴测图的投影原理。
（2）掌握正等轴测图的轴间角和轴向变形系数。
（3）了解斜二轴测图的投影原理。

能力目标

（1）培养绘制简单平面立体正等轴测图的能力。
（2）培养绘制圆柱体正等轴测图的能力。
（3）培养绘制组合体正等轴测图的能力。
（4）培养绘制斜二轴测图的绘图能力。
（5）进一步培养学生的读图能力。

计划学时

18学时。

工作情景描述

某数字化设计公司为党建宣传做准备，需要一批支架，目前已有支架三视图，但缺少正等轴测图，希望在一日内完成支架正等轴测图形的绘制以便宣传使用。企业接到客户给出的零件，需要根据客户要求完成该零件的轴测图。

技术员接到任务后，开始查阅资料，了解客户需求，确定工作方案，对三视图进行测量分析，绘制草图，分析选择材料，制定必要的技术要求，完成支架标准轴测图绘制；工程师复核后签字确认，交由客户确认后，将图样交相关部门归档。工作完成后按照8S管理规范清理场地、归置物品、将资料归档。

```
                    ┌── 学习任务一　支架正等轴测图绘制
项目三 轴测图绘制 ──┤
                    └── 学习任务二　连接盘斜二轴测图绘制
```

角色分配

每组 6 人，分别担任工程师、助理工程师、技术员、质量检测员、仓管员、工程文员。

（1）工程师为项目主要负责人，为项目完成准备相关文献资料。

（2）技术员负责具体的技术工作，完成必要的笔录工作。

（3）质检员负责对本组和他组进行监督，依照标准检查督促操作过程中的各个环节，确保各小组按要求完成任务。

（4）仓管员负责工量辅具的保管与分发工作。

（5）工程文员负责本次任务的文书工作。

（6）助理工程师辅助工程师完成项目。

在不同的学习阶段，各成员可轮换岗位。各成员各负其责，合作完成查阅资料、准备工具、制订工作计划、测量、草绘、绘制工程图等相关任务，整个工作过程遵循 8S 操作规范。

学习任务一　支架正等轴测图绘制

任务目标

完成本学习任务后，你应该：

【关键技能】

（1）能（会）绘制简单平面立体正等轴测图。

（2）能（会）绘制圆柱体正等轴测图。

（3）能（会）绘制组合体正等轴测图。

【基本技能】

（1）能（会）绘制简单平面立体正等轴测图。

（2）能（会）绘制圆柱体正等轴测图。

知识目标

完成本学习任务后，你应该：

（1）了解正等轴测图的投影原理。

（2）掌握正等轴测图的轴间角和轴向变形系数。

职业素养目标

完成本学习任务后，你应该：

（1）逐步养成耐心、细心、吃苦耐劳的精神。

（2）逐步养成团结协作的精神。

（3）逐步养成良好的工作责任心。

（4）逐步养成对事物的钻研探索精神。
（5）通过合作解决具体问题，学习并提升沟通、协调等社会能力。
（6）尊重他人劳动，不窃取他人成果。

 计划学时

12 学时。

 实训地点

制图实训室。

 学习准备

（1）带有计算机与网络资源的制图一体化实训室，要求场地宽敞（可容纳 50 人）、光线清晰、常温 20 ℃左右。
（2）网络资源：学习强国/慕课/《画法几何与技术制图基础》。
（3）教学工作页：《工程图绘制》。
（4）3D 打印的教学模型，每组若干。
（5）量具：游标卡尺、钢直尺、记号笔等，每组一套。
（6）绘图工具：三角板、A4 图纸若干张、HB 铅笔、2B 铅笔、圆规、橡皮、绘图板等，每人一套。
（7）其他辅具与参考资料：黑板、磁铁若干、多媒体设备、话筒、制图参考书、机械设计手册等相关书籍、安全操作规程。

 引导问题

（1）什么是轴测图？
（2）什么是正等轴测图？
（3）正等轴测图有哪些特点（参见图 3-1-1）？

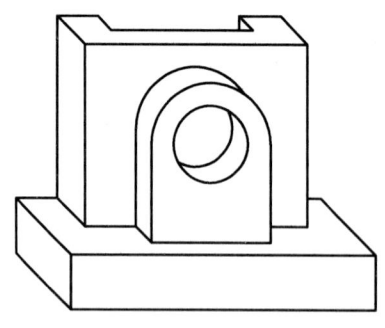

图 3-1-1　支架立体图

学习过程

 明确任务

阅读设计任务书,填写工作任务单(见表 3-1-1)。列出本次任务的工作内容、时间要求及交接工作的相关负责人,并根据实际情况补充完整其他内容。

表 3-1-1　工作任务单

部　门		工作地点		
项目名称		任务周期		学时
接收任务时间		任务完成时间		
任务来源		任务接收人		
项目工程师		质量检查员		
助理工程师		技术员		
仓库管理员		工程文员		
工作步骤	步　骤	完成的工作	起止时间	执行人
	第1步			
	第2步			
	第3步			
	第4步			
	第5步			
	第6步			
	第7步			
	第8步			
	第9步			
	第10步			
任务实施时遇到的问题:				
本次任务的成果:				
质量监督员签字		工程师签字		
	年　月　日			年　月　日

 探索与发现

学习视频：学习强国/慕课/《画法几何与技术制图基础》9.2 轴测图简介。

（1）思考什么是正等轴测图，完成如下填空题。

① 轴测轴上的单位长度与空间直角坐标轴上的单位长度的比值，称为_____。

② 在正等轴测图中，OX、OY、OZ 轴上的变形系数均为 0.82，为简化作图，在实际绘图时取_____；即凡与坐标轴平行的直线，在轴测图上都按视图上的_____画出。轴间角：$\angle X_1O_1Y_1 = \angle X_1O_1Z_1 = \angle Y_1O_1Z_1 =$_____。

（2）根据图 3-1-2 所示的六面体三视图，按照 1∶1 的比例绘制六面体的正等轴测图。

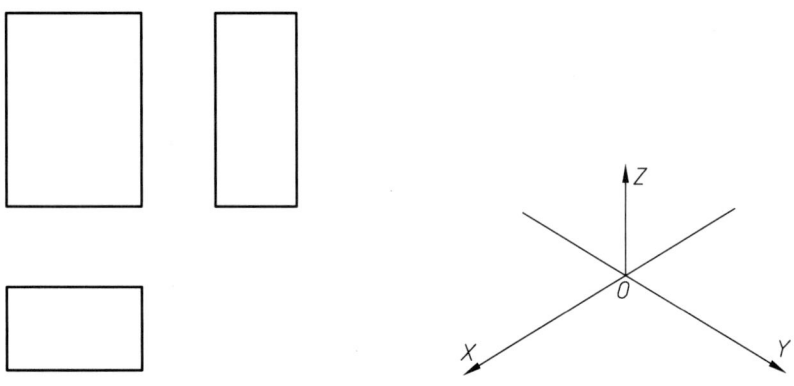

图 3-1-2　六面体三视图

练一练

（1）根据图 3-1-3 所示的六面体三视图，按照 1∶1 的比例绘制六棱柱的正等轴测图。

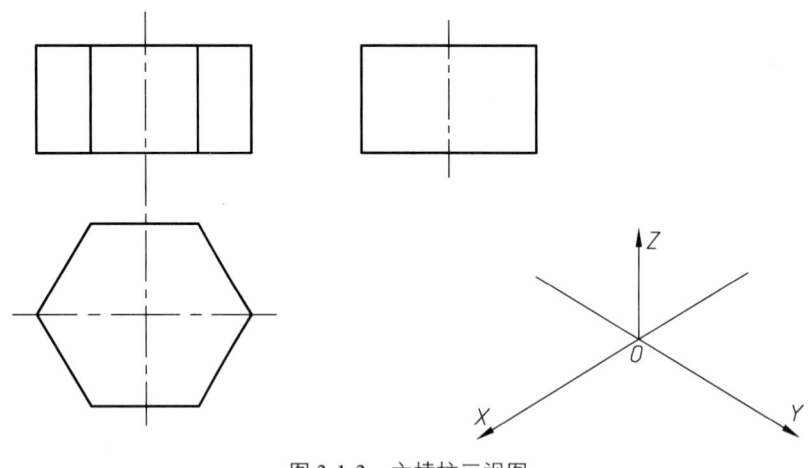

图 3-1-3　六棱柱三视图

（2）根据图 3-1-4 所示的零件的三视图，按照 1∶1 的比例绘制组合体的正等轴测图。

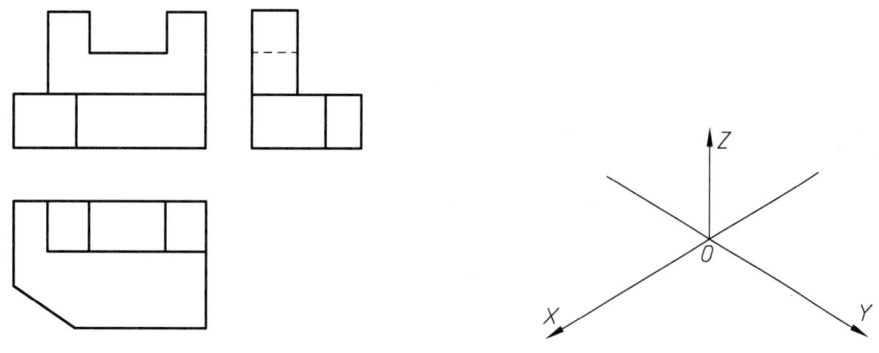

图 3-1-4　组合体三视图

（3）根据图 3-1-5 所示的零件三视图，按照 1∶1 的比例绘制圆台的正等轴测图。

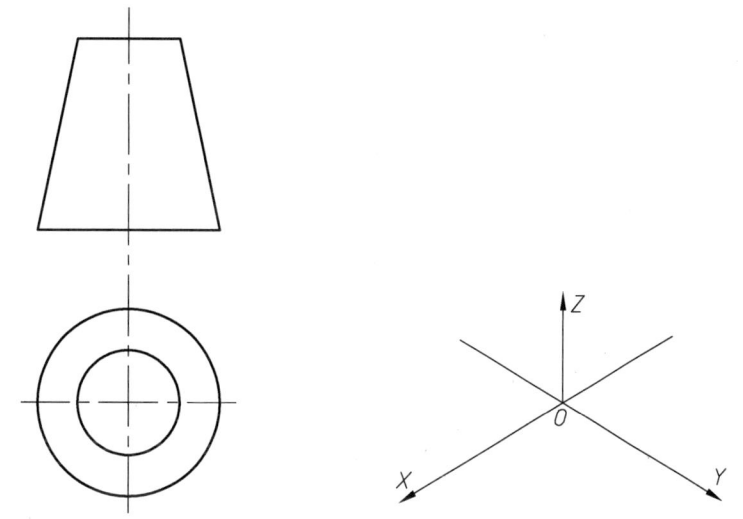

图 3-1-5　圆台三视图

（4）根据图 3-1-6 所示的零件三视图，按照 1∶1 的比例绘制圆弧几何体的正等轴测图。

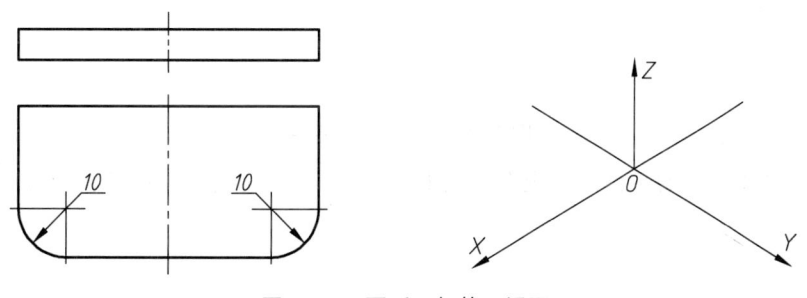

图 3-1-6　圆弧几何体三视图

任务实施

一、活动内容

测量给定的模型，按照适当的比例绘制支架的正等轴测图。

二、支架正等轴测图绘制步骤

步骤一：测量模型，将尺寸标注在图 3-1-7 所示的支架三视图中。
步骤二：在三视图中画坐标轴（见图 3-1-8）。
步骤三：画轴测轴。

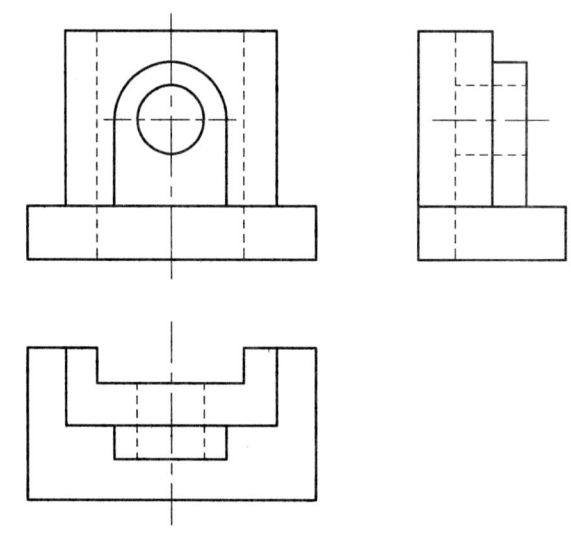

图 3-1-7 支架三视图

图 3-1-8　支架正等轴测图

步骤四：如图 3-1-9 所示，绘制支架底座的轴测图 100×50×10。

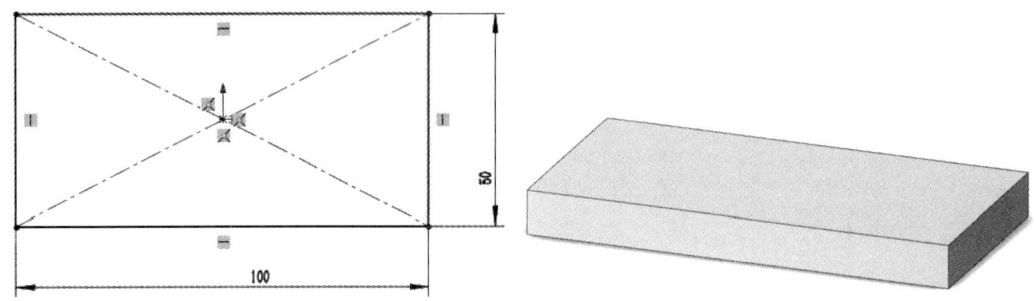

图 3-1-9　绘制底座的轴测图

步骤五：如图 3-1-10 所示，绘制后立板轴测图，尺寸为 50×20×50，注意后立板要居中并靠边。

步骤六：如图 3-1-11 所示，绘制后立板的立槽，尺寸为 25×10×60。

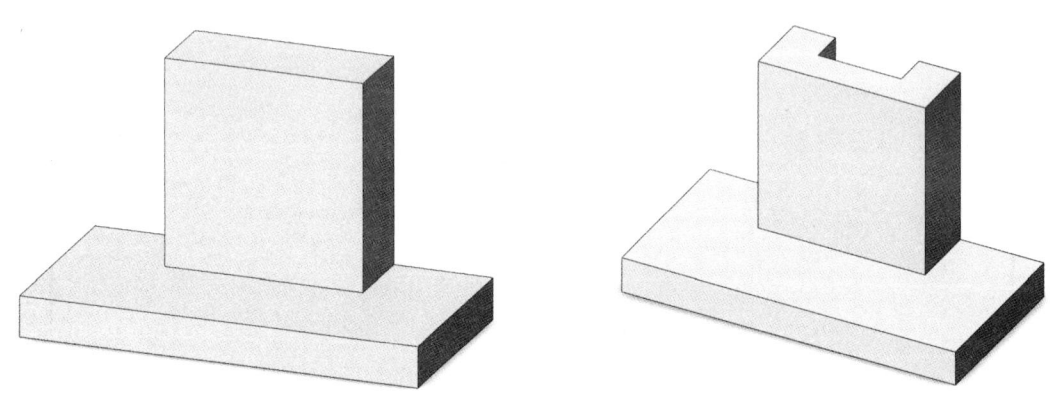

图 3-1-10　后立板轴测图的绘制　　　　图 3-1-11　后立板立槽的绘制

步骤七：如图 3-1-12 所示，绘制前立板轴测图，尺寸为 25×10×42.5。

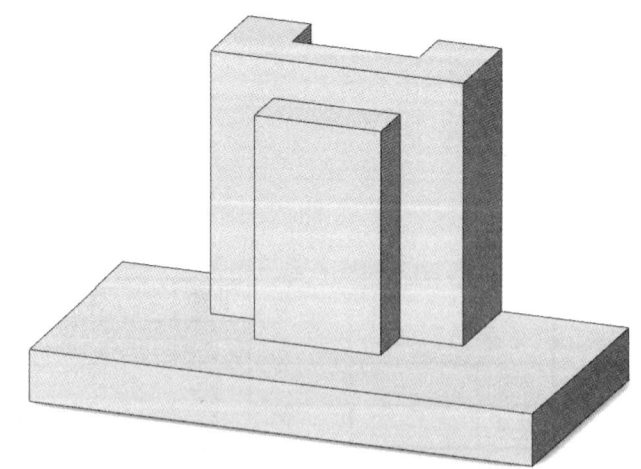

图 3-1-12　绘制前立板轴测图

步骤八：如图 3-1-13 所示，绘制孔的正等轴测图，尺寸为 ϕ15，圆心距离两边分别为 12.5。

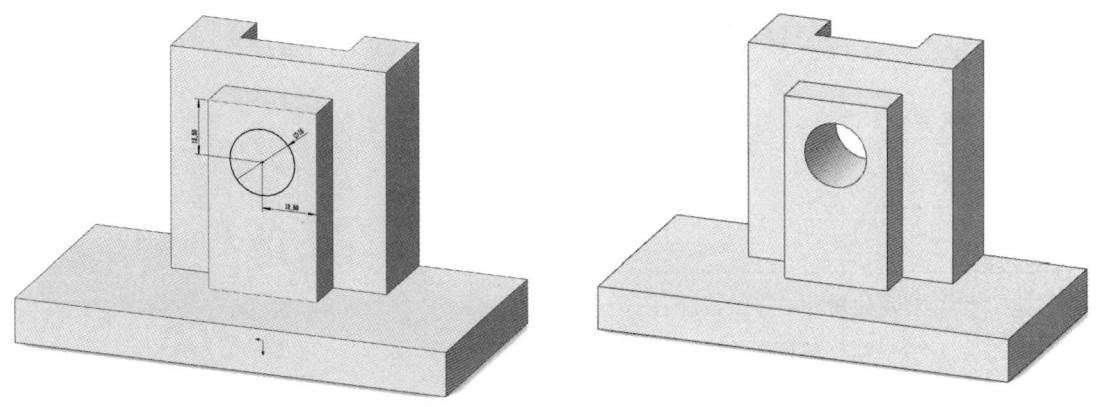

图 3-1-13　绘制孔的正等轴测图

步骤九：如图 3-1-14 所示，绘制圆角的正等轴测图。

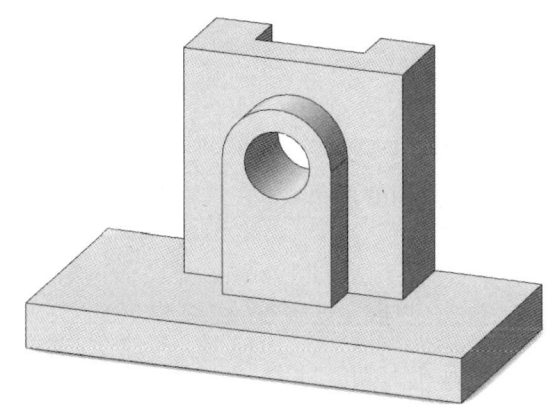

图 3-1-14　绘制圆角的正等轴测图

步骤十：拓展训练。

如图 3-1-15 所示，完成底座圆角正等轴测图的绘制。

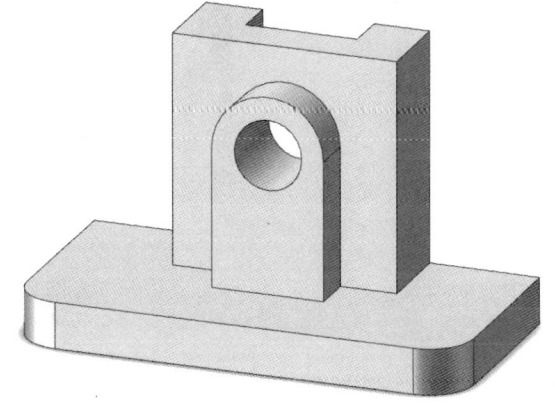

图 3-1-15　底座圆角正等轴测图的绘制

支架轴测图

学习任务二　连接盘斜二轴测图绘制

任务目标

完成本学习任务后，你应该：

【关键技能】

（1）能（会）绘制简单平面斜二轴测图。

（2）能（会）绘制圆柱体斜二轴测图。

（3）能（会）绘制组合体斜二轴测图。

【基本技能】

（1）能（会）绘制简单平面斜二轴测图。

（2）能（会）绘制圆柱体斜二轴测图。

知识目标

完成本学习任务后，你应该：

（1）了解斜二轴测图的投影原理。

（2）掌握斜二轴测图的轴间角和轴向变形系数。

职业素养目标

完成本学习任务后，你应该：

（1）逐步养成耐心、细心、吃苦耐劳的精神。

（2）逐步养成团结协作的精神。

（3）逐步养成良好的工作责任心。

（4）逐步养成对事物的钻研探索精神。

（5）通过合作解决具体问题，学习并提升沟通、协调等社会能力。

（6）尊重他人劳动，不窃取他人成果。

计划学时

6学时。

 实训地点

制图实训室。

 学习准备

1. 相关知识的准备

与本次课题相关的轴测图知识。

2. 工量辅具的准备

（1）资料：工作页、教材。

（2）设备：工作台、多媒体设备、白板、磁铁若干、话筒、实物投影仪。

（3）模型：六面体、圆柱体、六棱柱。

（4）绘图工具：三角板、A2~A4图纸若干张、HB铅笔、2B铅笔、圆规、橡皮、绘图板、丁字尺等。

3. 参考资料

桌牌、胸牌、网络资源、制图参考书、安全操作规程、8S管理规范制度、零件测绘参考资料等相关书籍。

4. 其他

带有计算机与网络资源的制图一体化实训室，要求场地宽敞（可容纳50人）、光线清晰、常温20 ℃左右。

引导问题

（1）什么是斜二轴测图？

（2）斜二轴测图与正等轴测图的区别是什么？

（3）斜二轴测图有哪些特点（参见图3-2-1）？

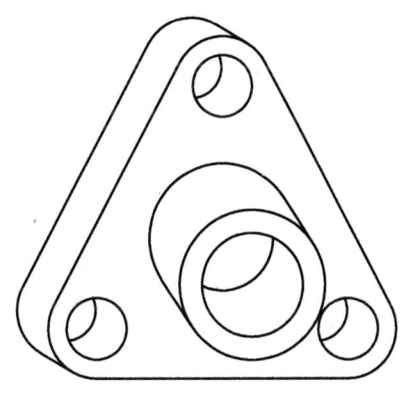

图3-2-1 连接盘立体图

学习过程

明确任务

阅读设计任务书，填写工作任务单（见表3-2-1）。列出本次任务的工作内容、时间要求及交接工作的相关负责人，并根据实际情况补充完整其他内容。

表 3-2-1　工作任务单

部　　门		工作地点	
项目名称		任务周期	学时
接收任务时间		任务完成时间	
任务来源		任务接收人	
项目工程师		质量检查员	
助理工程师		技术员	
仓库管理员		工程文员	

	步　骤	完成的工作	起止时间	执行人
工作步骤	第1步			
	第2步			
	第3步			
	第4步			
	第5步			
	第6步			
	第7步			
	第8步			
	第9步			
	第10步			

任务实施时遇到的问题：

本次任务的成果：

质量监督员签字		工程师签字	
	年　月　日		年　月　日

探索与发现

（1）O_1X_1 轴和 O_1Z_1 轴的轴向变形系数为_____；O_1Y_1 轴的轴向变形系数为_____，参见图 3-2-2。

（2）轴间角：$\angle X_1O_1Y_1 = \angle Y_1O_1Z_1 =$ _____，$\angle X_1O_1Z_1 =$ _____。

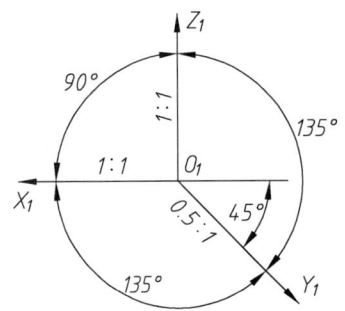

图 3-2-2　斜二轴测图参数

练一练

（1）根据图 3-2-3 所示的轴架三视图，按照 1∶1 的比例绘制轴架的斜二轴测图。

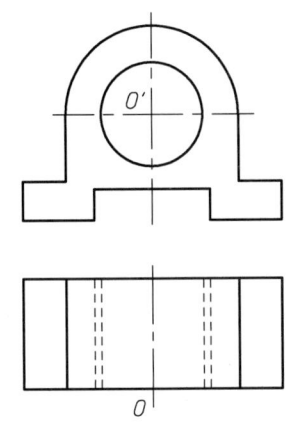

图 3-2-3　轴架三视图

（2）根据图 3-2-4 所示的圆筒三视图，按照 1∶1 的比例绘制组合体的斜二轴测图。

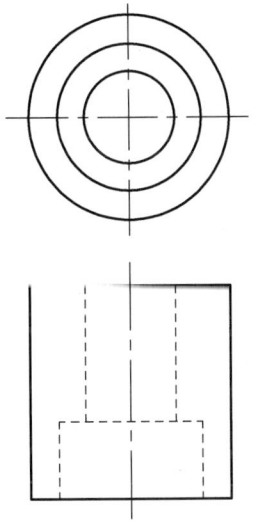

图 3-2-4　组合体三视图

（3）根据图 3-2-5 所示的方形垫片的三视图，按照 1∶1 的比例绘制其斜二轴测图。

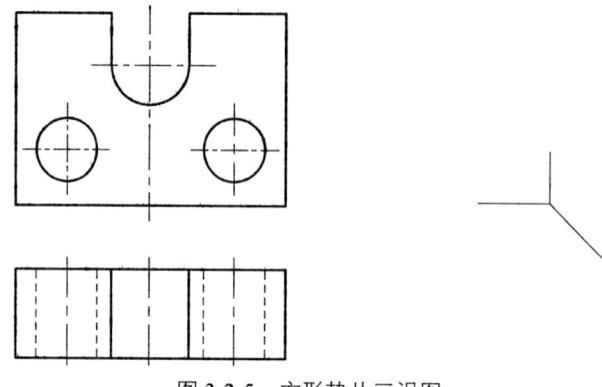

图 3-2-5 方形垫片三视图

任务实施

一、活动内容

测量给定的模型，按照适当的比例绘制连接盘斜二轴测图。

二、作图步骤

（1）量取图 3-2-6 所示的连接盘三视图的尺寸。

连接盘

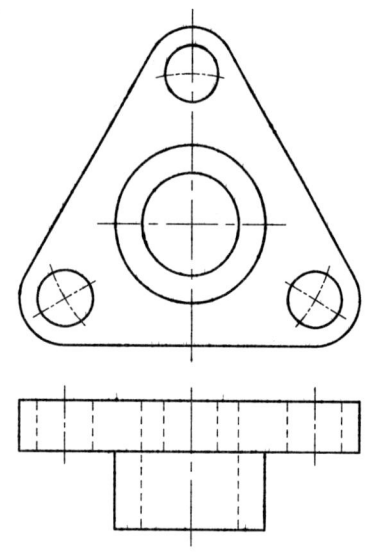

图 3-2-6 连接盘三视图

（2）在三视图中画坐标轴（见图 3-2-7）。
（3）画轴测轴。
（4）绘制连接板。
（5）绘制圆筒。
（6）绘制大圆孔。
（7）擦除辅助线，描深可见轮廓线。

图 3-2-7 连接盘斜二轴测图

项目四　组合体绘制

知识目标

（1）掌握叠加类组合体、切割类组合体、综合类组合体的概念。
（2）了解组合体常见的表面连接关系。

能力目标

（1）培养形体分析能力。
（2）培养绘制各种组合体三视图的能力。
（3）培养空间想象能力。

计划学时

30 学时。

工作情景描述

企业接到客户的要求，根据提供的样件改进轴承座支架，需要一天后完成工程图纸的绘制。

技术员接到任务后，开始查阅轴承座资料，了解客户提供轴承座的应用场合，明确其结构和工艺要求，确定改进方案，对样件进行详细分析，绘制草图，标定参数，制定必要的技术要求，然后将草图转换为工程图；工程师复核后签字确认，交由客户确认后，将图样交相关部门归档。工作完成后按照 8S 管理规范清理场地、归置物品、将资料归档。

项目四 组合体绘制
- 学习任务一　切割圆柱三视图绘制
- 学习任务二　两圆柱正交相贯图绘制
- 学习任务三　支架测量及其三视图绘制
- 学习任务四　轴承座三视图绘制及其尺寸标注
- 学习任务五　支座三视图补画

角色分配

每组 6 人，分别担任工程师、助理工程师、技术员、质量检测员、仓管员、工程文员。
（1）工程师为项目主要负责人，为项目完成准备相关文献资料。
（2）技术员负责具体的技术工作，完成必要的笔录工作。
（3）质检员负责对本组和他组进行监督，依照标准检查督促操作过程中的各个环节，确保各小组按要求完成任务。
（4）仓管员负责工量辅具的保管与分发工作。

（5）工程文员负责本次任务的文书工作。

（6）助理工程师辅助工程师完成项目。

在不同的学习阶段，各成员可轮换岗位。各成员各负其责，合作完成查阅资料、准备工具、制订工作计划、测量、草绘、绘制工程图等相关任务，整个工作过程遵循8S操作规范。

学习任务一　切割圆柱体三视图绘制

任务目标

完成本学习任务后，你应该：

【关键技能】

（1）能（会）正确应用45°斜线法或圆规量取法补画切口俯视图。

（2）能（会）正确应用描点法绘制斜切圆柱左视图。

【基本技能】

（1）能（会）应用45°斜线法绘制三视图。

（2）能（会）应用描点法绘制三视图。

知识目标

完成本学习任务后，你应该：

（1）掌握45°斜线法或圆规量取法的概念。

（2）掌握描点法的概念。

职业素养目标

完成本学习任务后，你应该：

（1）逐步养成耐心、细心、吃苦耐劳的精神。

（2）逐步养成团结协作的精神。

（3）逐步养成良好的工作责任心。

（4）逐步养成对事物的钻研探索精神。

（5）通过合作解决具体问题，学习并提升沟通、协调等社会能力。

（6）尊重他人劳动，不窃取他人成果。

计划学时

6学时。

 实训地点

制图实训室。

学习准备

1. 相关知识的准备

与本次课题相关的轴测图知识。

2. 工量辅具的准备

（1）资料：工作页、教材。

（2）设备：工作台、多媒体设备、白板、磁铁若干、话筒、实物投影仪。

（3）模型：六面体、圆柱体、六棱柱。

（4）绘图工具：三角板、A2～A4图纸若干张、HB铅笔、2B铅笔、圆规、橡皮、绘图板、丁字尺等。

3. 参考资料

桌牌、胸牌、网络资源、制图参考书、安全操作规程、8S管理规范制度、零件测绘参考资料等相关书籍。

4. 其他

带有计算机与网络资源的制图一体化实训室，要求场地宽敞（可容纳50人）、光线清晰、常温20 ℃左右。

学习过程

引导问题

（1）平面截切圆柱会产生哪几种截交线？
（2）简述用45°辅助线法绘制切口圆柱的步骤。
（3）如何绘制切口圆柱（见图4-1-1）三视图？

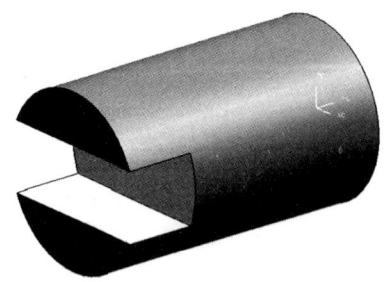

图4-1-1　圆柱截切体

明确任务

阅读设计任务书，填写工作任务单（见表4-1-1）。列出本次任务的工作内容、时间要求及交接工作的相关负责人，并根据实际情况补充完整其他内容。

项目四　组合体绘制

表 4-1-1　工作任务单

部　　门		工作地点	
项目名称		任务周期	学时
接收任务时间		任务完成时间	
任务来源		任务接收人	
项目工程师		质量检查员	
助理工程师		技术员	
仓库管理员		工程文员	

	步　　骤	完成的工作	起止时间	执行人
工作步骤	第 1 步			
	第 2 步			
	第 3 步			
	第 4 步			
	第 5 步			
	第 6 步			
	第 7 步			
	第 8 步			
	第 9 步			
	第 10 步			

任务实施时遇到的问题：

本次任务的成果：

质量监督员签字		工程师签字	
	年　月　日		年　月　日

080 手工绘图篇

 探索与发现

用线条连接圆柱截切体及其三视图(见图 4-1-2)。

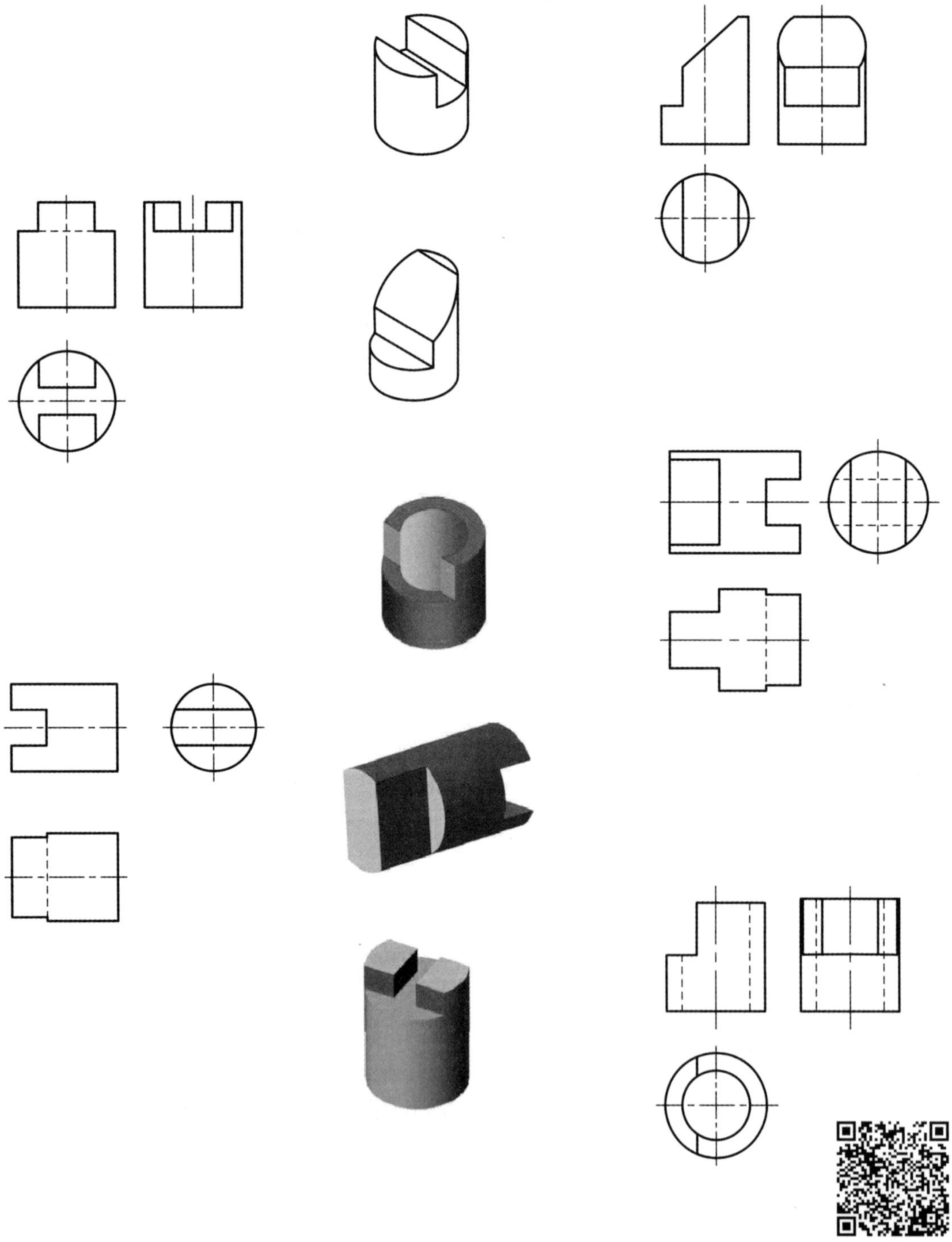

图 4-1-2 圆柱截切体及其三视图　　圆柱截切体

项目四 组合体绘制 081

练一练

(1) 用描点法绘制斜截圆柱的左视图(见图 4-1-3)。

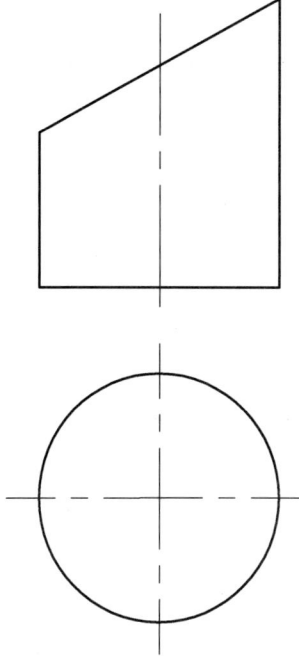

图 4-1-3 斜截圆柱的三视图

(2) 给出俯视图(见图 4-1-4),想象一下它的主视图(不限数量)。

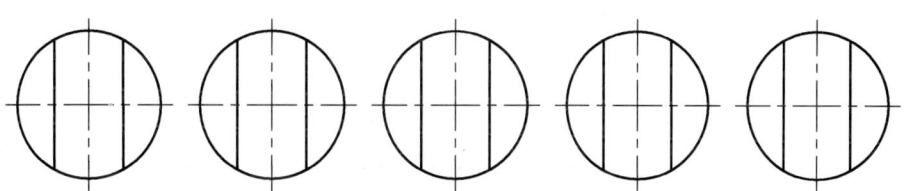

图 4-1-4 补画主视图

082　手工绘图篇

 任务实施

用圆规量取法绘制如图 4-1-5 所示的切口圆柱的俯视图。

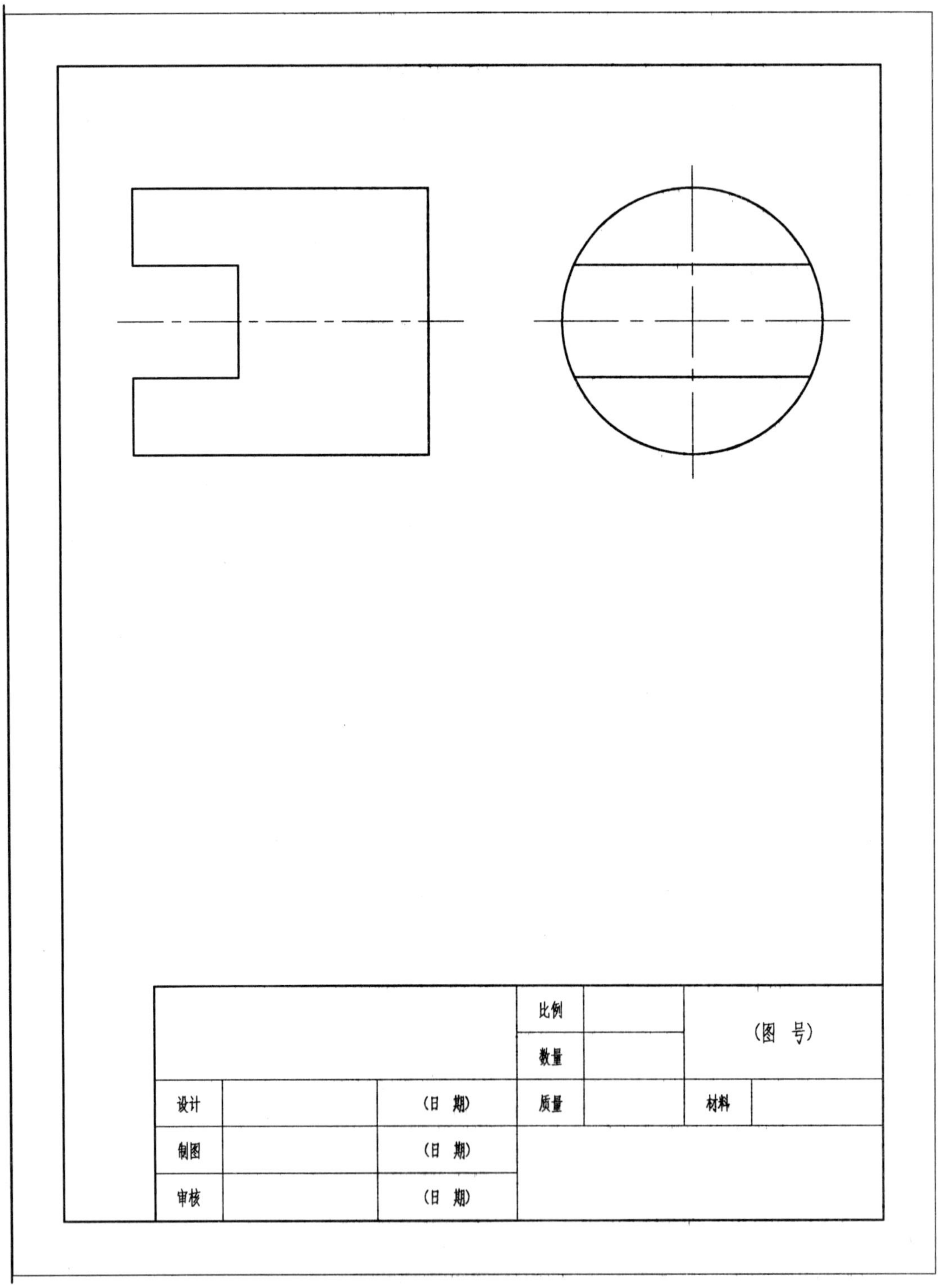

图 4-1-5　切口圆柱水平投影

 拓展训练

请补全以下切割圆柱体的第三视图（见图 4-1-6、图 4-1-7）。

（1）

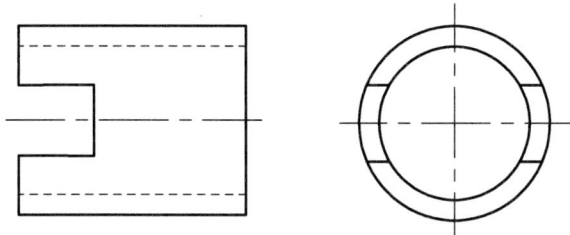

图 4-1-6　带孔的切口圆柱三视图　　　　带孔的切口圆柱

（2）

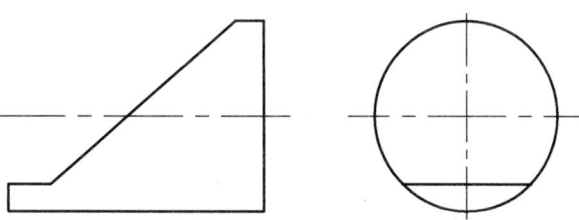

（3）

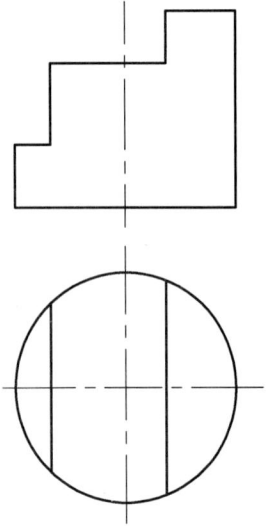

（4）

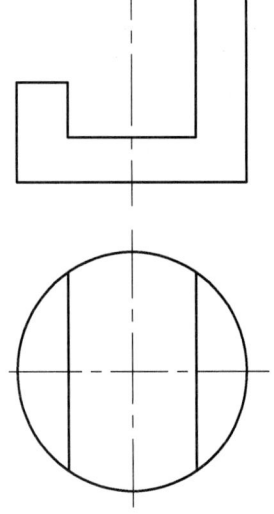

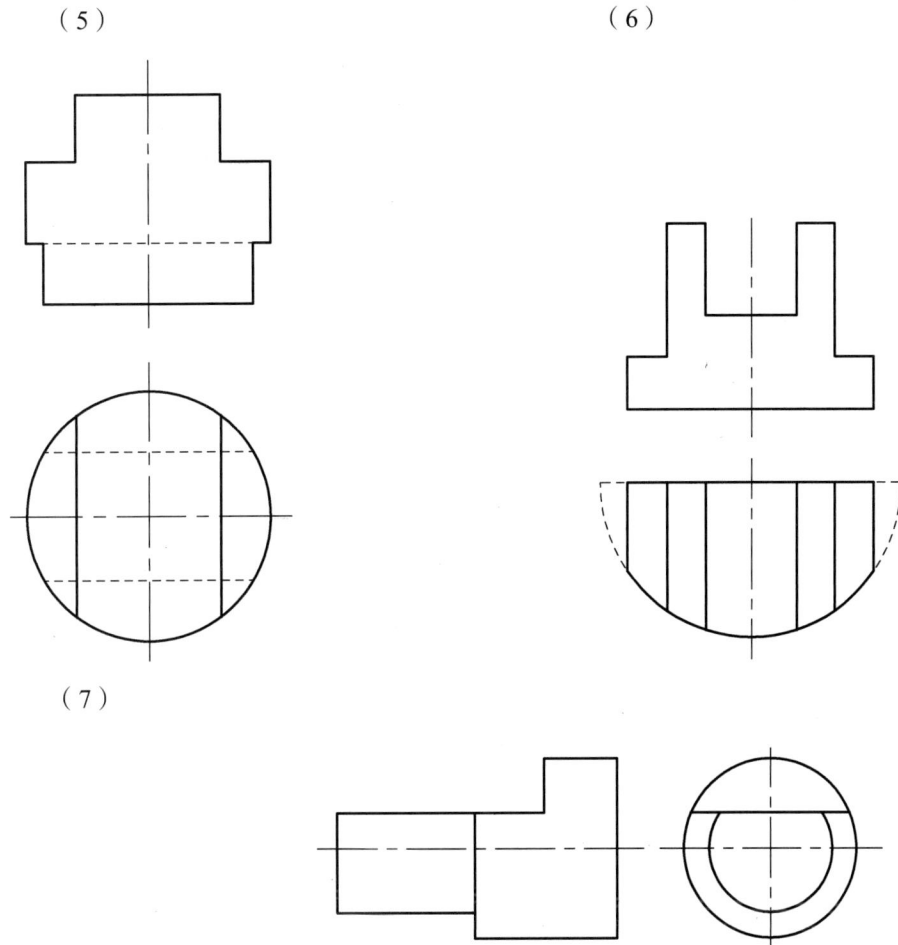

图 4-1-7　补画第三视图

学习任务二 两圆柱正交相贯图绘制

任务目标

完成本学习任务后,你应该:

【关键技能】

(1)能(会)应用三视图的投影规律判断相贯线的形状与位置。

(2)能(会)正确应用描点法绘制相贯圆柱的相贯线。

【基本技能】

(1)能(会)应用45°斜线法绘制三视图。

(2)能(会)应用描点法绘制三视图。

知识目标

完成本学习任务后,你应该:

(1)掌握相贯线的概念。

(2)掌握相贯体的概念。

职业素养目标

完成本学习任务后,你应该:

(1)逐步养成耐心、细心、吃苦耐劳的精神。

(2)逐步养成团结协作的精神。

(3)逐步养成良好的工作责任心。

(4)逐步养成对事物的钻研探索精神。

(5)通过合作解决具体问题,学习并提升沟通、协调等社会能力。

(6)尊重他人劳动,不窃取他人成果。

计划学时

6学时。

实训地点

制图实训室。

学习准备

1. 相关知识的准备

与本次课题相关的制图、测量知识。

2. 工量辅具的准备

（1）设备：螺母、工作台。

（2）绘图工具：三角板、A2～A4 图纸若干张、HB 铅笔、2B 铅笔、圆规、橡皮、绘图板、丁字尺等。

3. 辅具与参考资料

白板、磁铁若干、多媒体设备、话筒、网络资源、制图参考书、机械设计手册、安全操作规程、8S 管理规范制度、零件测绘参考资料等相关书籍。

引导问题

（1）简述相贯线的概念。

（2）简述绘制圆柱相贯线的步骤。

（3）如何绘制两相贯圆柱（见图 4-2-1）、三视图？

学习过程

明确任务

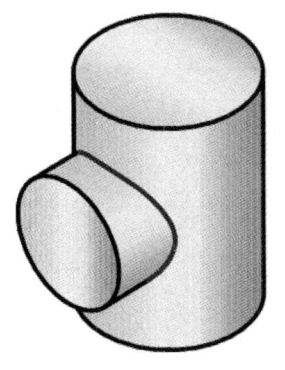

图 4-2-1　相贯圆柱　　相贯圆柱

阅读设计任务书，填写工作任务单（见表 4-2-1）。
列出本次任务的工作内容、时间要求及交接工作的相关负责人，并根据实际情况补充完整其他内容。

表 4-2-1　工作任务单

部　　门		工作地点		
项目名称		任务周期		学时
接收任务时间		任务完成时间		
任务来源		任务接收人		
项目工程师		质量检查员		
助理工程师		技术员		
仓库管理员		工程文员		
	步　　骤	完成的工作	起止时间	执行人
工作步骤	第 1 步			
	第 2 步			
	第 3 步			
	第 4 步			
	第 5 步			

续表

工作步骤	步 骤	完成的工作	起止时间	执行人
	第 6 步			
	第 7 步			
	第 8 步			
	第 9 步			
	第 10 步			

任务实施时遇到的问题：

本次任务的成果：

质量监督员签字		工程师签字	
	年 月 日		年 月 日

探索与发现

1. 相贯体及相贯线的概念

相贯体——两相交的_____；

相贯线——相交立体表面的_____。

2. 立体相贯三种情况（填写对应图号，见图 4-2-2）

平面体与平面体相贯_____；

平面体与曲面体相贯_____；

曲面体与曲面体相贯_____。

相贯体

（a）平面体相贯

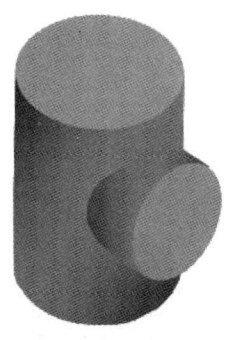
(b)两圆柱相贯

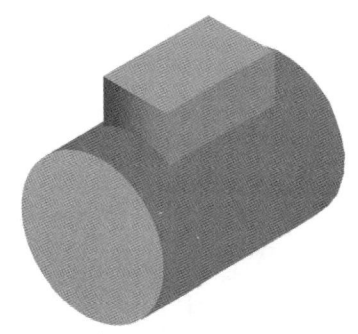
(c)圆柱和六面体相贯

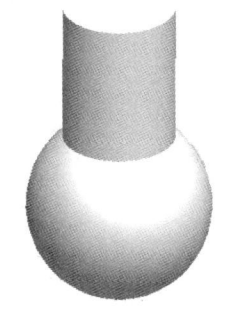
(d)圆柱和球体相贯

(e)圆柱和圆柱相贯

图 4-2-2　相贯体

练一练

（1）画长方体与圆柱正交的相贯线（保留作图痕迹，见图 4-2-3）。

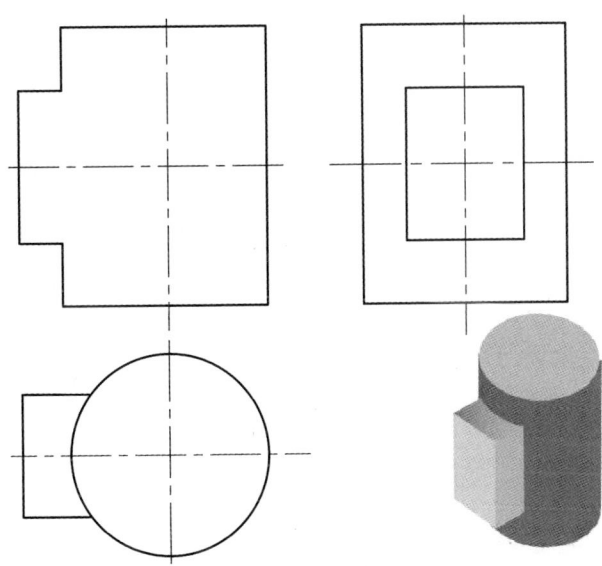

图 4-2-3　长方体与圆柱正交相贯

（2）参照表 4-2-2，练习两相贯圆柱体三视图的绘制。

表 4-2-2 两相贯圆柱体

尺寸变化	$D_1 > D_2$	$D_1 = D_2$	$D_1 < D_2$
立体图			
三视图			

任务实施

用描点法绘制如图 4-2-4 所示的圆柱主视图的相贯线（请保留作图痕迹）。

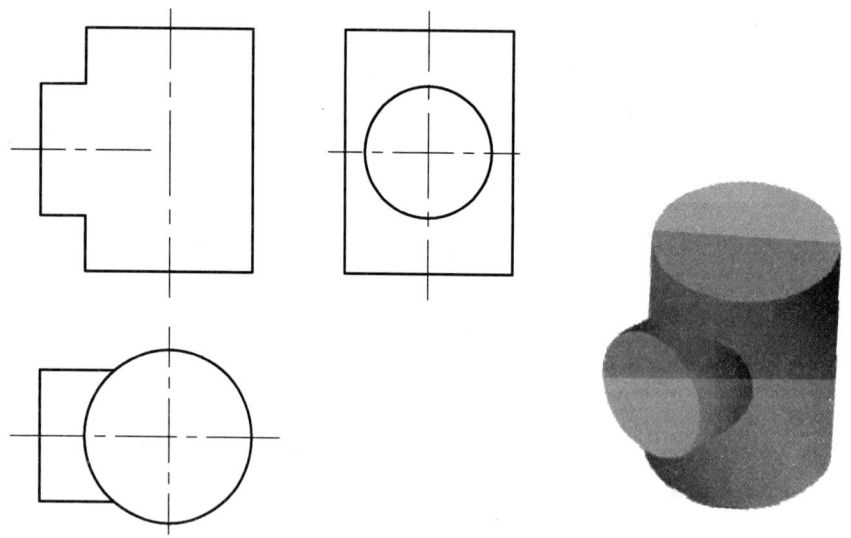

图 4-2-4 相贯圆柱的三视图

拓展训练

请用描点法绘制圆柱穿孔相贯线（见图 4-2-5、图 4-2-6）。

（1）

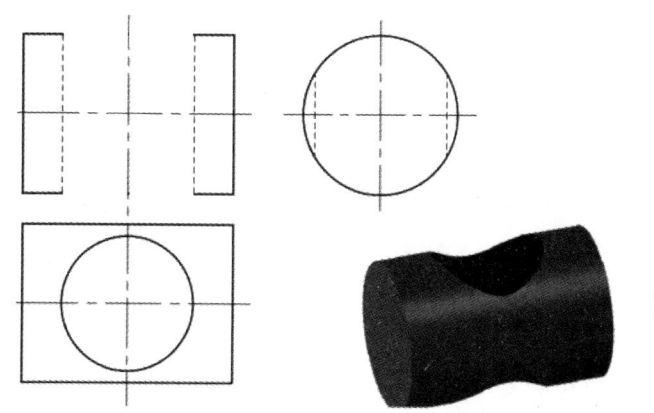

圆柱穿孔相贯线

图 4-2-5　圆柱穿孔相贯线三视图

（2）

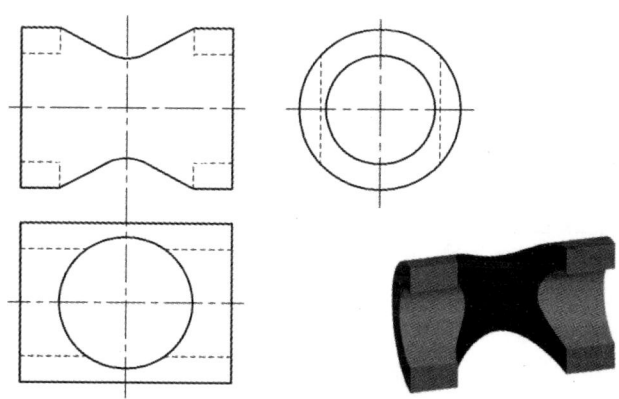

图 4-2-6　圆柱穿孔相贯线

（3）参照表 4-2-3，拓展练习两圆柱穿孔相贯线的绘制。

表 4-2-3　两圆柱穿孔相贯线

形　式	轴上圆柱孔	不等径圆柱孔	等径圆柱孔
投影图			

学习任务三　支架测量及其三视图绘制

任务目标

完成本学习任务后，你应该：

【关键技能】

（1）能（会）根据三视图的投影规律绘制叠加类组合体。

（2）能（会）根据三视图的投影规律绘制切割类组合体。

【基本技能】

（1）能（会）熟练应用三视图投影规律绘制三视图。

（2）能（会）应用正确的方法绘制简单图形的轴测图。

知识目标

完成本学习任务后，你应该：

（1）理解形体分析法的概念。

（2）掌握三视图测绘的概念。

职业素养目标

完成本学习任务后，你应该：

（1）逐步养成耐心、细心、吃苦耐劳的精神。

（2）逐步养成团结协作的精神。

（3）逐步养成良好的工作责任心。

（4）逐步养成对事物的钻研探索精神。

（5）通过合作解决具体问题，学习并提升沟通、协调等社会能力。

（6）尊重他人劳动，不窃取他人成果。

计划学时

6学时。

实训地点

制图实训室。

学习准备

1. 相关知识的准备

与本次课题相关的制图、测量知识。

2. 工量辅具的准备

（1）设备：支架、工作台。

（2）测量工具：游标卡尺、千分尺、角尺、塞尺、钢板尺、记号笔等。

（3）绘图工具：三角板、A2~A4 图纸若干张、HB 铅笔、2B 铅笔、圆规、橡皮、绘图板、丁字尺等。

3. 辅具与参考资料

白板、磁铁若干、多媒体设备、话筒、网络资源、制图参考书、机械设计手册、安全操作规程、8S 管理规范制度、零件测绘参考资料等相关书籍。

学习过程

引导问题

（1）组合体分为哪几种？

（2）简述绘制叠加类组合体的步骤。

（3）如何绘制支架（见图 4-3-1）的三视图？

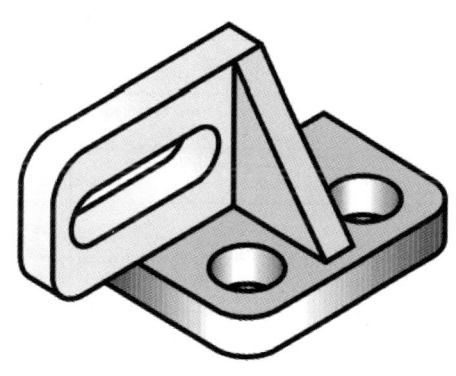

图 4-3-1　支架

支架

明确任务

阅读设计任务书，填写工作任务单（见表 4-3-1）。列出本次任务的工作内容、时间要求及交接工作的相关负责人，并根据实际情况补充完整其他内容。

表 4-3-1　工作任务单

部　门		工作地点	
项目名称		任务周期	学时
接收任务时间		任务完成时间	
任务来源		任务接收人	
项目工程师		质量检查员	
助理工程师		技术员	
仓库管理员		工程文员	

工作步骤	步　骤	完成的工作	起止时间	执行人
	第1步			
	第2步			
	第3步			
	第4步			
	第5步			
	第6步			
	第7步			
	第8步			
	第9步			
	第10步			

任务实施时遇到的问题：

本次任务的成果：

质量监督员签字	年　月　日	工程师签字	年　月　日

探索与发现

（1）由几个基本几何体叠加而成的组合体称为_____，如图_____。
（2）在一个基本几何体上切割去某些形体而形成的组合体称为_____，如图_____。
（3）既有叠加，又有切割的组合体称为_____，如图_____。

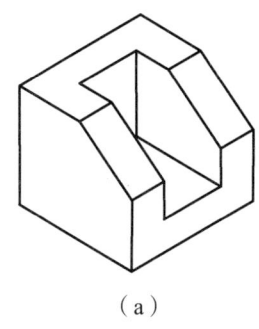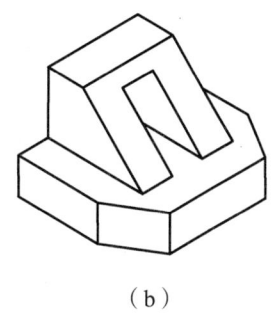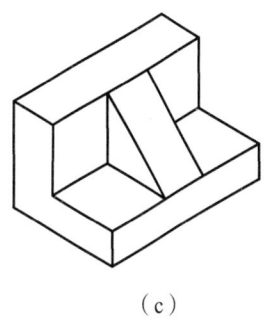

（a）　　　　　　　　　（b）　　　　　　　　　（c）

图 4-3-2　组合体

（4）绘制组合体三视图的步骤：形体分析，选择_____，选择_____，确定_____，依次画出_____，检查描深。

（5）两形体表面平齐连成一个平面，连接处_____（A. 有；B. 没有）线，两形体表面不共面，连接处_____（A. 有；B. 没有）线。

（6）用线条连接图 4-3-3 中对应的图形。

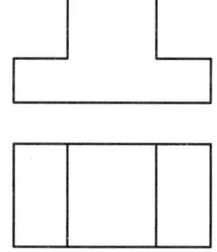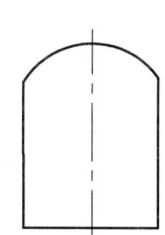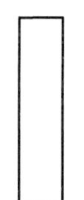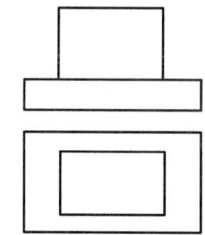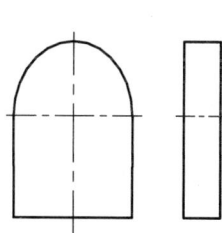

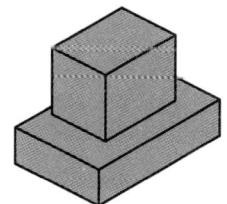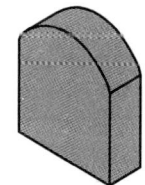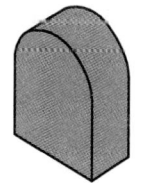

图 4-3-3　相切无线、相交有线视图

任务实施

测量并选用合适的比例在图 4-3-4 中绘制图 4-3-1 所示支架的三视图。

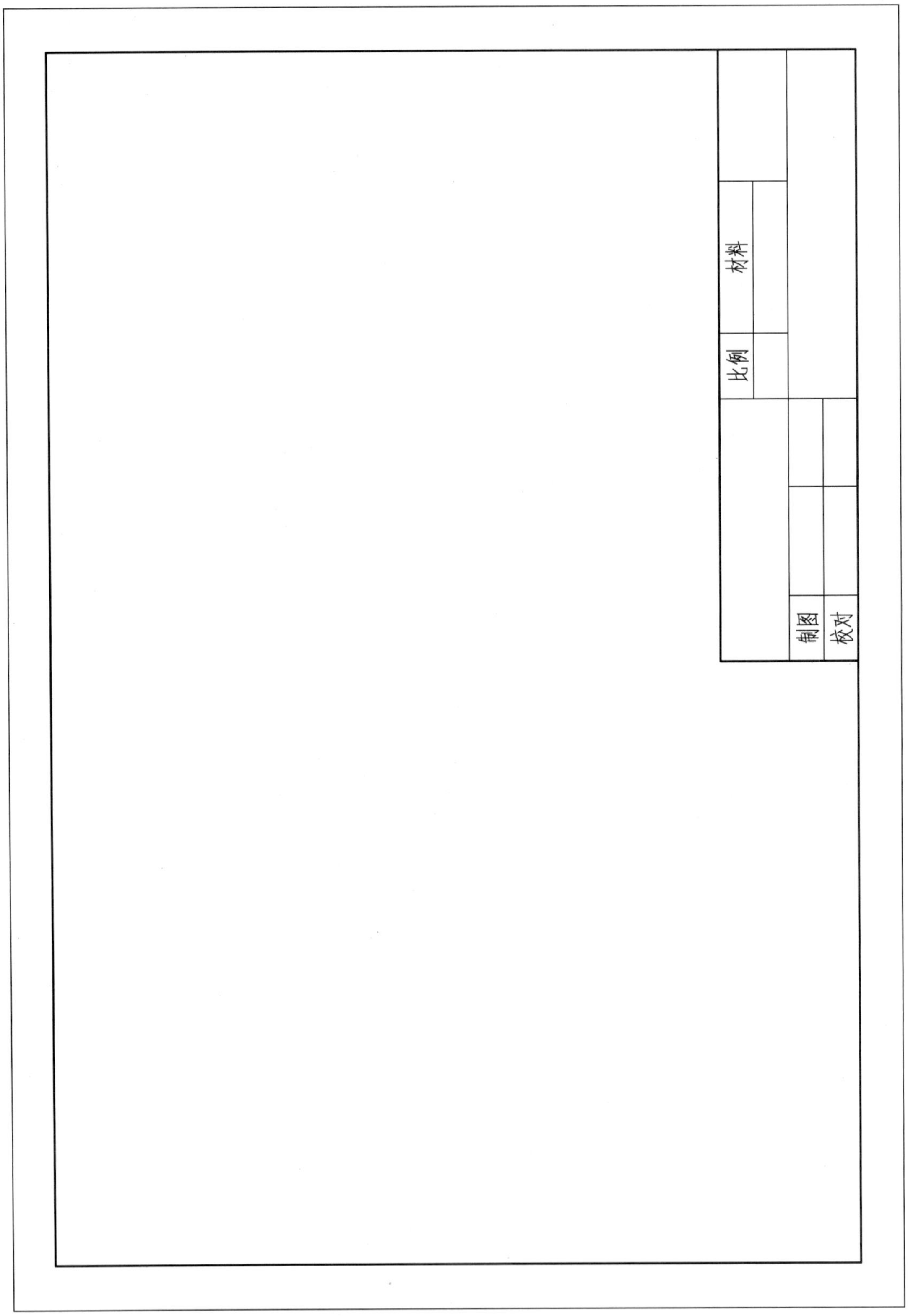

图 4-3-4　支架三视图

 拓展训练

（1）绘制切割类组合体的三视图（尺寸从图中量取并取整，见图 4-3-5）。

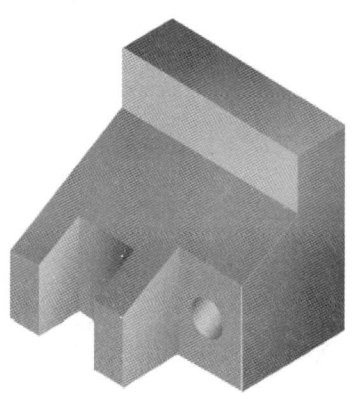

图 4-3-5　切割类组合体三视图

切割类组合体

（2）通过俯视图，构思出几个不同的组合体（画出其主视图，见图 4-3-6）。

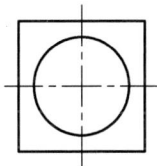 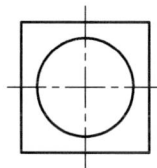 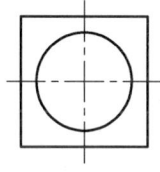 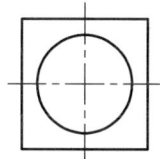 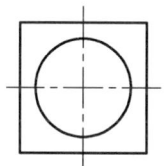

图 4-3-6　补画主视图

（3）通过两个视图，补画第三视图（见图 4-3-7）。

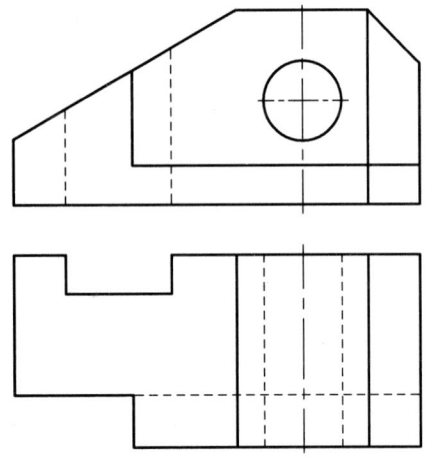

(a)

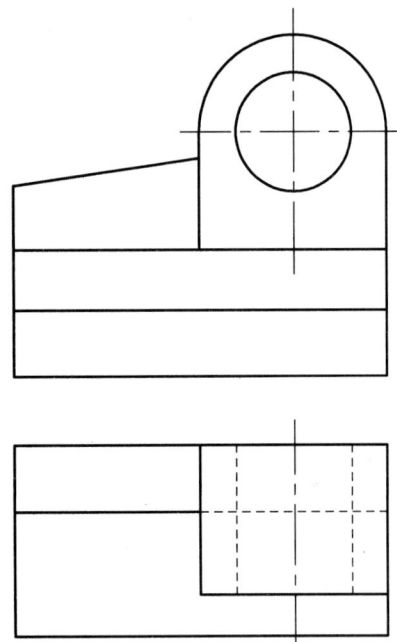

(b)

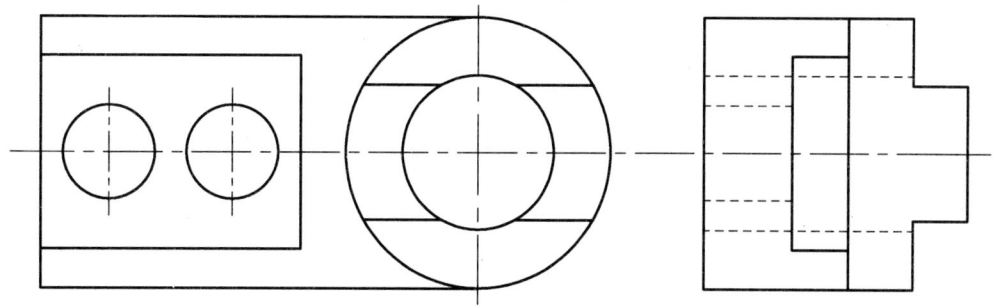

(c)

图 4-3-7　补画第三视图

学习任务四　轴承座三视图绘制及其尺寸标注

任务目标

完成本学习任务后，你应该：

【关键技能】

（1）能（会）根据国家标准标注组合体尺寸。

（2）能（会）根据图形分析确定定型尺寸、定位尺寸及总体尺寸。

【基本技能】

（1）能（会）熟练应用尺寸标注的基本方法与技能。

（2）能（会）根据图形合理布局尺寸标注的位置。

知识目标

完成本学习任务后，你应该：

（1）理解国家标准关于组合体尺寸标注的要求。

（2）掌握定型尺寸、定位尺寸及总体尺寸的概念。

职业素养目标

完成本学习任务后，你应该：

（1）逐步养成耐心、细心、吃苦耐劳的精神。
（2）逐步养成团结协作的精神。
（3）逐步养成良好的工作责任心。
（4）逐步养成对事物的钻研探索精神。
（5）通过合作解决具体问题，学习并提升沟通、协调等社会能力。
（6）尊重他人劳动，不窃取他人成果。

学习准备

1. 相关知识的准备

与本次课题相关的制图知识。

2. 工量辅具的准备

（1）设备：支座、压板、工作台。
（2）测量工具：游标卡尺、千分尺、角尺、塞尺、钢板尺、记号笔等。
（3）绘图工具：三角板、A2～A4图纸若干张、HB铅笔、2B铅笔、圆规、橡皮、绘图板、丁字尺等。

3. 辅具与参考资料

白板、磁铁若干、多媒体设备、话筒、网络资源、制图参考书、机械设计手册、安全操作规程、8S管理规范制度、零件测绘参考资料等相关书籍。

计划学时

6学时。

实训地点

制图实训室。

学习过程

引导问题

（1）思考组合体的绘图步骤。
（2）如何选择主视图？

明确任务

阅读设计任务书,填写工作任务单(见表 4-4-1)。列出本次任务的工作内容、时间要求及交接工作的相关负责人,并根据实际情况补充完整其他内容。

表 4-4-1 工作任务单

部 门		工作地点		
项目名称		任务周期		学时
接收任务时间		任务完成时间		
任务来源		任务接收人		
项目工程师		质量检查员		
助理工程师		技术员		
仓库管理员		工程文员		
工作步骤	步 骤	完成的工作	起止时间	执行人
	第1步			
	第2步			
	第3步			
	第4步			
	第5步			
	第6步			
	第7步			
	第8步			
	第9步			
	第10步			
任务实施时遇到的问题:				
本次任务的成果:				
质量监督员签字		年 月 日	工程师签字	年 月 日

探索与发现

一、组合体的尺寸标注

（1）组合体的尺寸标注包括_____、定位尺寸和_____。

（2）在表 4-4-2 中填写尺寸标注中常用符号和缩写词。

表 4-4-2　标注符号或缩略词

名称	符号或缩写词	名称	符号或缩写词
直径		均布	
半径		正方形	
圆球直径		深度	
圆球半径		沉孔或锪平	
厚度		埋头孔	
45°倒角			

（3）标注图 4-4-1 中的尺寸（量取并取整）。

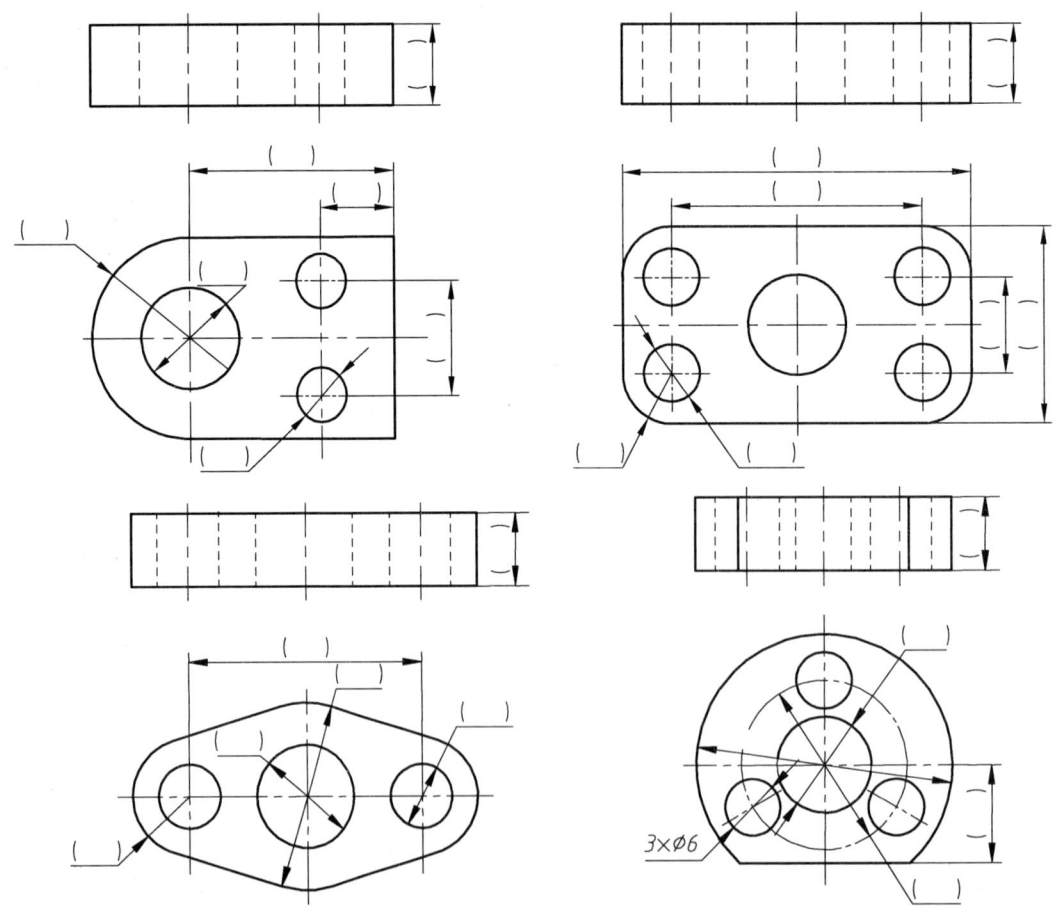

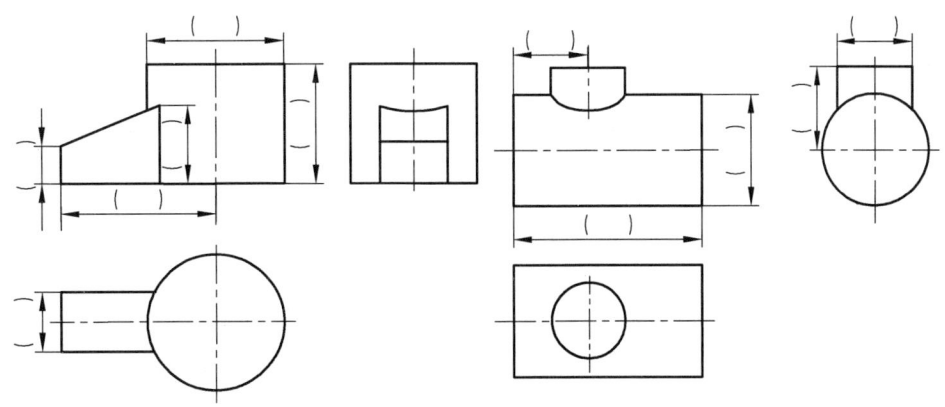

图 4-4-1 组合体尺寸标注

二、轴承座尺寸标注

采用形体分析法对轴承座（见图 4-4-2）进行形体分析，并在图 4-4-3 中标注各个分解体的尺寸。

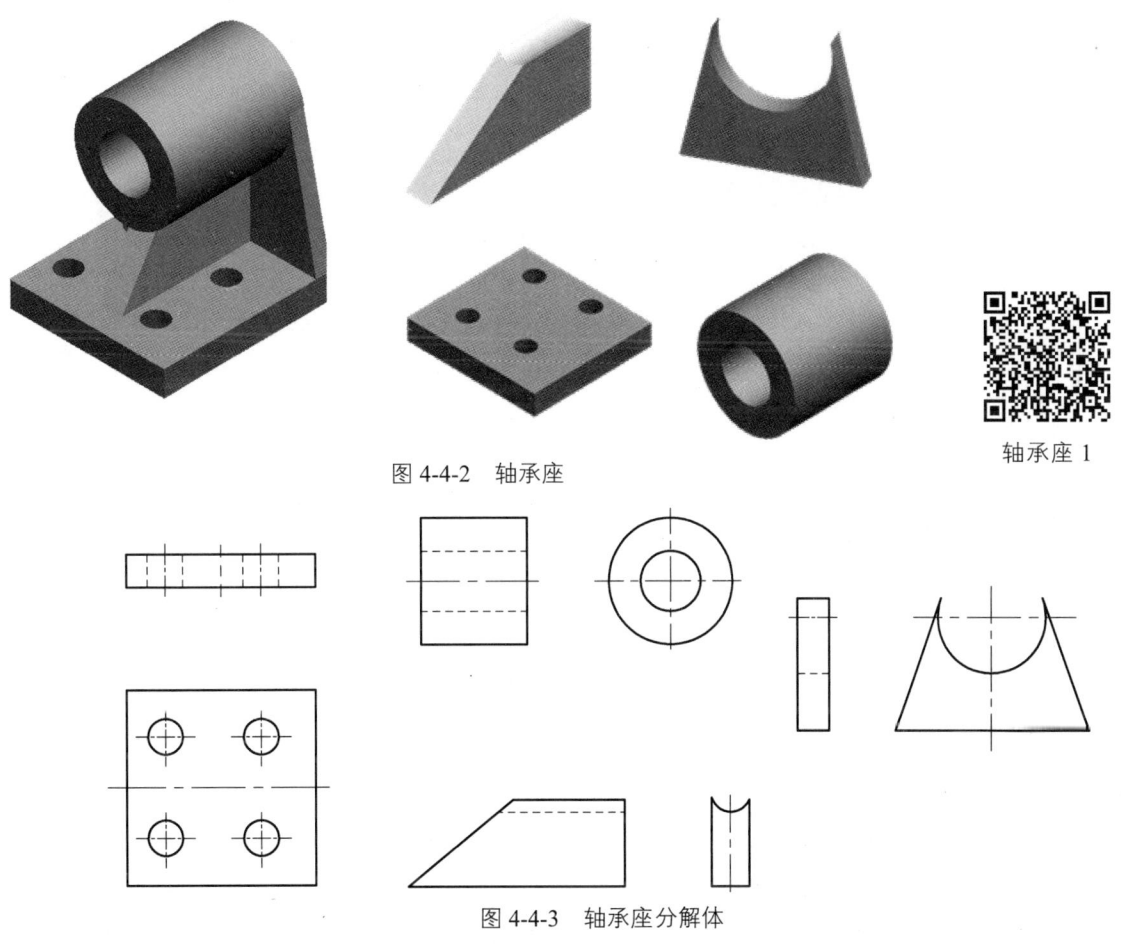

图 4-4-2 轴承座

轴承座 1

图 4-4-3 轴承座分解体

任务实施

选用合适的比例绘制如图 4-4-2 所示支座的三视图，并标注尺寸。各小组按照图形需求，根据图 4-4-3 所提供的尺寸在图 4-4-4 中完成工作任务。

图 4-4-4 轴承座三视图

学习任务五　支座三视图补画

任务目标

完成本学习任务后,你应该:

【关键技能】

(1)能(会)根据三视图的投影规律补画机座漏线条。

(2)能(会)根据三视图的投影规律补画压板第三视图。

【基本技能】

(1)能(会)熟练应用三视图投影规律绘制三视图。

(2)能(会)根据给定的部分图形想象出物体的形状。

知识目标

完成本学习任务后,你应该:

(1)掌握补画组合体漏线条的概念。

(2)掌握补画组合体第三视图的概念。

职业素养目标

完成本学习任务后,你应该:

(1)逐步养成耐心、细心、吃苦耐劳的精神。

(2)逐步养成团结协作的精神。

(3)逐步养成良好的工作责任心。

(4)逐步养成对事物的钻研探索精神。

(5)通过合作解决具体问题,学习并提升沟通、协调等社会能力。

(6)尊重他人劳动,不窃取他人成果。

计划学时

6学时。

实训地点

制图实训室。

学习准备

1. 相关知识的准备

与本次课题相关的制图、测量知识。

2. 工量辅具的准备

（1）设备：支座、压板、工作台。

（2）测量工具：游标卡尺、千分尺、角尺、塞尺、钢板尺、记号笔等。

（3）绘图工具：三角板、A2～A4 图纸若干张、HB 铅笔、2B 铅笔、圆规、橡皮、绘图板、丁字尺等。

3. 辅具与参考资料

白板、磁铁若干、多媒体设备、话筒、网络资源、制图参考书、机械设计手册、安全操作规程、8S 管理规范制度、零件测绘参考资料等相关书籍。

4. 其 他

带有计算机与网络资源的制图一体化实训室，要求场地宽敞（可容纳 50 人）、光线清晰、常温 20 ℃ 左右。

学习过程

引导问题

（1）补画组合体漏线条依据什么规律？

（2）思考如何补画图 4-5-1 所示支座的漏线。

（3）想象图 4-5-2 所示的不同左视图对应的几何体形状。

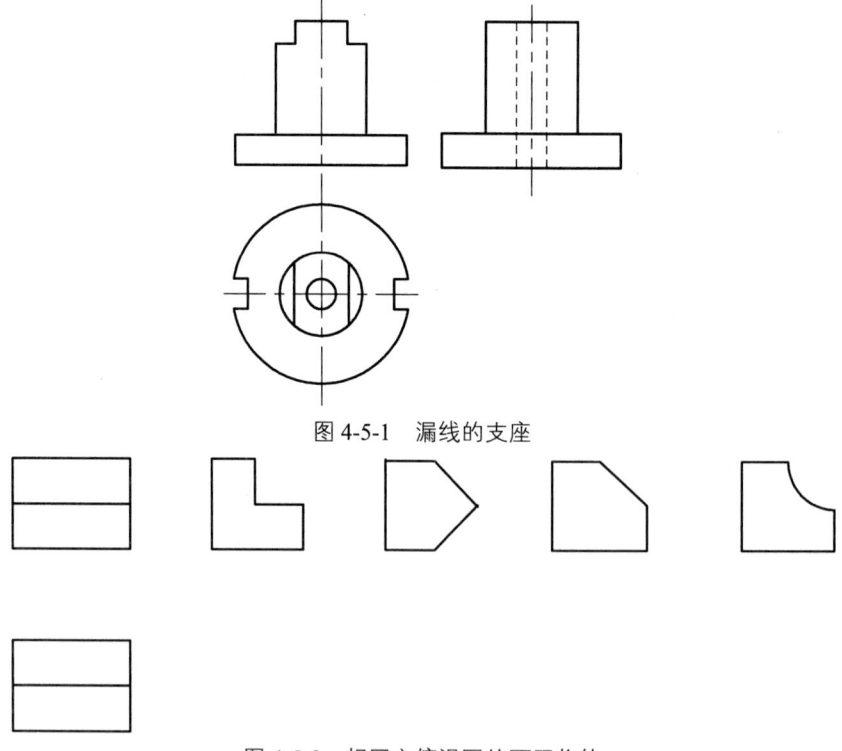

图 4-5-1 漏线的支座

图 4-5-2 相同主俯视图的不同物体

 明确任务

阅读设计任务书,填写工作任务单(见表 4-5-1)。列出本次任务的工作内容、时间要求及交接工作的相关负责人,并根据实际情况补充完整其他内容。

表 4-5-1　工作任务单

部　门		工作地点		
项目名称		任务周期		学时
接收任务时间		任务完成时间		
任务来源		任务接收人		
项目工程师		质量检查员		
助理工程师		技术员		
仓库管理员		工程文员		
工作步骤	步　骤	完成的工作	起止时间	执行人
	第1步			
	第2步			
	第3步			
	第4步			
	第5步			
	第6步			
	第7步			
	第8步			
	第9步			
	第10步			
任务实施时遇到的问题:				
本次任务的成果:				
质量监督员签字　　　　　　　　　年　月　日			工程师签字　　　　　　　　　年　月　日	

108　手工绘图篇

探索与发现

（1）参考给定的立体图补画左视图（见图 4-5-3）。

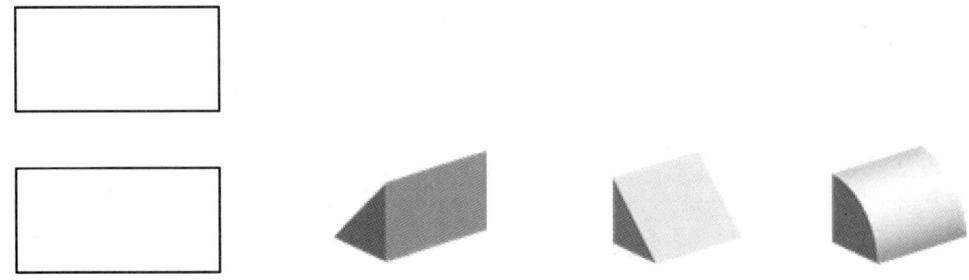

图 4-5-3　补画左视图

（2）参考给定的立体图补画俯视图（见图 4-5-4）。

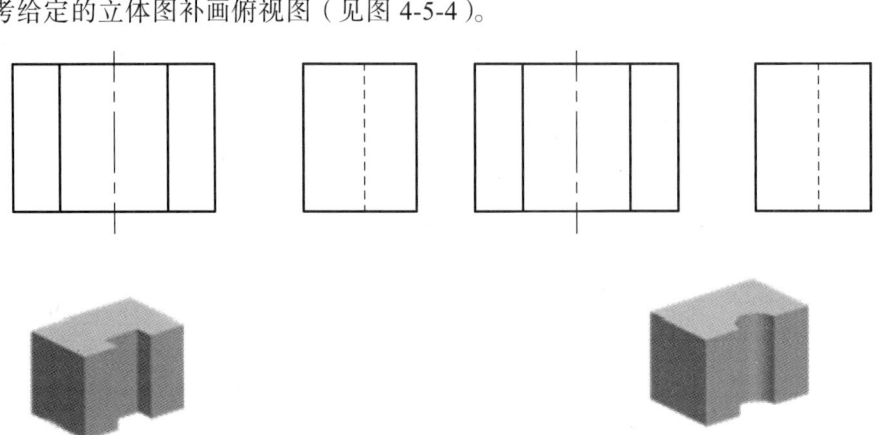

图 4-5-4　补画俯视图

（3）根据给定的主视图补画俯视图（数量不限，见图 4-5-5）。

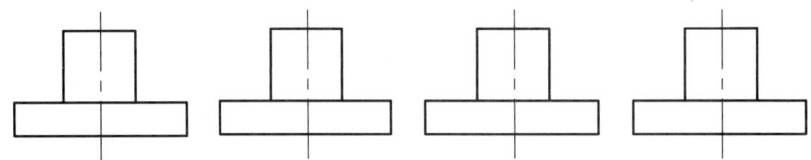

图 4-5-5　补画第三视图

项目四　组合体绘制　109

练一练

补画图 4-5-6 所示支座的漏线条。

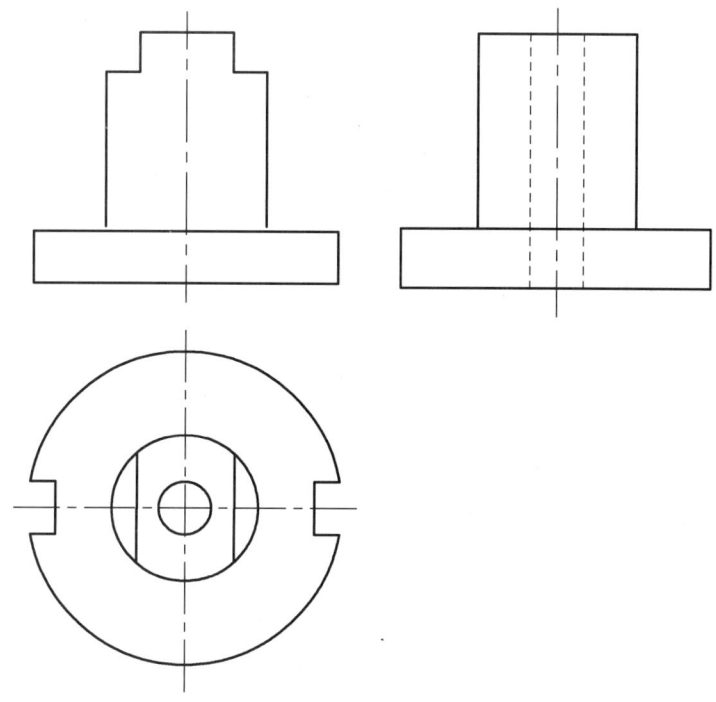

图 4-5-6　补画支座漏线条

任务实施

（1）补画轴承座的左视图（见图 4-5-7）。

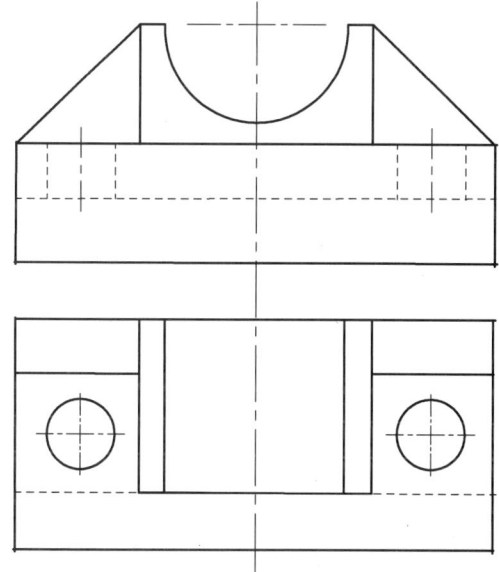

图 4-5-7　补画轴承座第三视图

轴承座 2

（2）补画组合体的左视图（见图 4-5-8）。

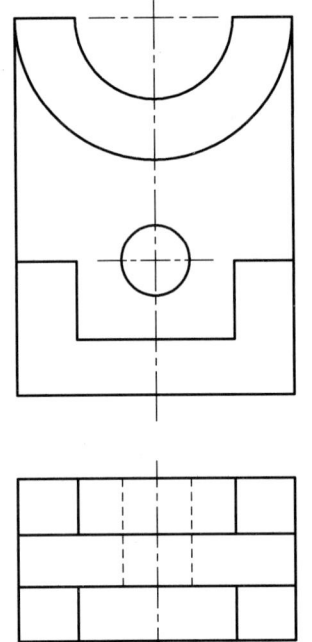

组合体

图 4-5-8　补画组合体第三视图

 拓展训练

（1）根据给定的主视图，补画俯视图（见图 4-5-9）。

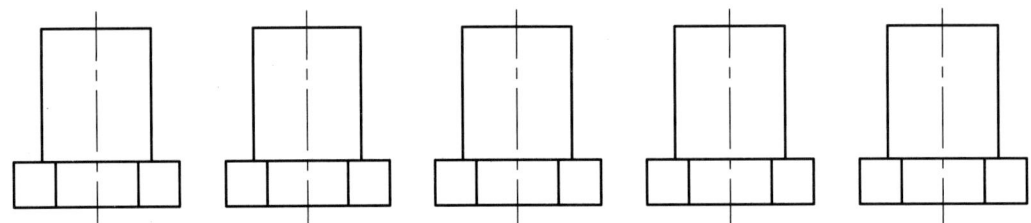

图 4-5-9　补画俯视图

（2）根据给定的主俯视图，补画左视图（见图 4-5-10）。

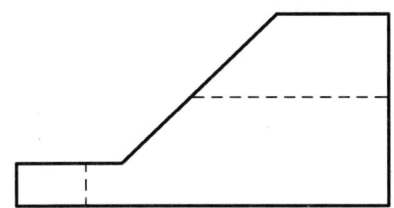

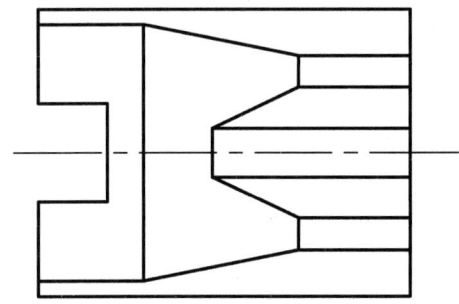

组合体 1

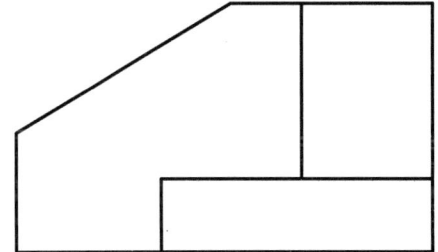

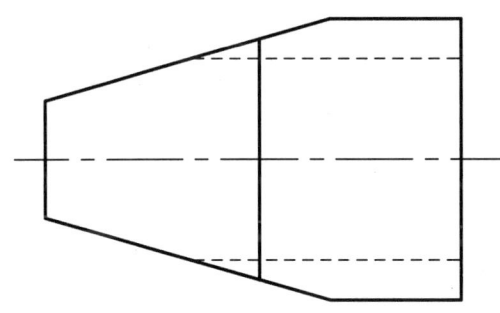

组合体 2

图 4-5-10　补画组合体第三视图

项目五　工程图样识读与绘制

知识目标

（1）掌握6个基本视图、向视图、局部视图、斜视图的概念。
（2）掌握各种剖视图、剖切面的概念。
（3）掌握断面图的概念。
（4）掌握局部放大图的概念。
（5）掌握第三角视图的概念。

能力目标

（1）培养绘制各种视图的能力。
（2）培养绘制各种剖视图的能力。
（3）培养绘制断面图的能力。
（4）培养绘制局部放大图的能力。
（5）培养绘制第三角视图的能力。
（6）进一步培养读图能力。

计划学时

33学时。

工作情景描述

企业接到某汽车厂家的订单，要求给提供的连杆详细绘制一张旋转剖视图。

技术员接到任务后，开始查阅连杆资料，了解连杆的结构和工艺要求，明确连杆的应用场合，确定绘制方案，并对连杆样件进行测量，绘制草图，制定必要的技术要求，将草图转换为工程图；工程师复核后签字确认，交由客户确认后，将图样交相关部门归档。工作完成后按照8S管理规范清理场地、归置物品、将资料归档。

```
                            ┌─ 学习任务一　组合体视图表达
                            ├─ 学习任务二　机件剖视图绘制
项目五　工程图样识读与绘制 ─┤
                            ├─ 学习任务三　端盖阶梯剖和连杆旋转剖视图绘制
                            └─ 学习任务四　其他表达方法绘制
```

角色分配

每组6人,分别担任工程师、助理工程师、技术员、质量检测员、仓管员、工程文员。
(1)工程师为项目主要负责人,为项目完成准备相关文献资料。
(2)技术员负责具体的技术工作,完成必要的笔录工作。
(3)质检员负责对本组和他组进行监督,依照标准检查督促操作过程中的各个环节,确保各小组按要求完成任务。
(4)仓管员负责工量辅具的保管与分发工作。
(5)工程文员负责本次任务的文书工作。
(6)助理工程师辅助工程师完成项目。

在不同的学习阶段,各成员可轮换岗位。各成员各负其责,合作完成查阅资料、准备工具、制订工作计划、测量、草绘、绘制工程图等相关任务,整个工作过程遵循8S操作规范。

学习任务一 组合体视图表达

任务目标

完成本学习任务后,你应该:
【关键技能】
(1)能(会)选用合适视图表达零件的外部特征。
(2)能(会)绘制基本视图和向视图。
【基本技能】
(1)能(会)掌握三视图的投影规律。
(2)能(会)绘制零件的三视图。

知识目标

完成本学习任务后,你应该:
(1)知道6个基本视图、向视图的概念。
(2)掌握视图表达常用的几种规定画法和标注方法。

职业素养目标

完成本学习任务后,你应该:
(1)逐步养成耐心、细心、吃苦耐劳的精神。
(2)逐步养成团结协作的精神。
(3)逐步养成良好的工作责任心。
(4)逐步养成对事物的钻研探索精神。

（5）通过合作解决具体问题，学习并提升沟通、协调等社会能力。
（6）尊重他人劳动，不窃取他人成果。

计划学时

9 学时。

实训地点

制图实训室。

学习活动一　组合体基本视图和向视图绘制

活动目标

（1）知道 6 个基本视图、向视图的概念。
（2）掌握视图的常用规定画法和标注方法。
（3）能（会）分析零件的结构和工艺，并选用合适的图样表达方法。
（4）能（会）正确绘制切割体基本视图和向视图。

学习准备

1. 相关知识的准备

与本次课题相关的制图、测量知识。

2. 工量辅具的准备

（1）设备：切割体、工作台。
（2）测量工具：游标卡尺、千分尺、角尺、塞尺、钢板尺、记号笔等。
（3）绘图工具：三角板、A2~A4 图纸若干张、HB 铅笔、2B 铅笔、圆规、橡皮、绘图板、丁字尺等。

3. 辅具与参考资料

白板、磁铁若干、多媒体设备、话筒、网络资源、制图参考书、机械设计手册、安全操作规程、8S 管理规范制度、零件测绘参考资料等相关书籍。

学习过程

引导问题

（1）什么是基本视图？其适用于哪些场合？
（2）什么是向视图？其适用于哪些场合？

项目五 工程图样识读与绘制 115

 明确任务

阅读设计任务书,填写工作任务单(见表 5-1-1)。列出本次任务的工作内容、时间要求及交接工作的相关负责人,并根据实际情况补充完整其他内容。

表 5-1-1 工作任务单

部　　门		工作地点			
项目名称		任务周期		学时	
接收任务时间		任务完成时间			
任务来源		任务接收人			
项目工程师		质量检查员			
助理工程师		技术员			
仓库管理员		工程文员			
工作步骤	步　骤	完成的工作		起止时间	执行人
	第 1 步				
	第 2 步				
	第 3 步				
	第 4 步				
	第 5 步				
	第 6 步				
	第 7 步				
	第 8 步				
	第 9 步				
	第 10 步				
任务实施时遇到的问题:					
本次任务的成果:					
质量监督员签字　　　　　　　　　　年　月　日			工程师签字　　　　　　　　　　年　月　日		

探索与发现

一、基本视图

（1）基本视图概念：机件分别向_____个基本投影面作_____所得的视图。

（2）基本视图包括主视图、_____、_____、_____、_____、和_____。

（3）填写各视图的投影关系：

右视图：物体由右向左投影所得的视图；

仰视图：_____；

后视图：_____。

（4）根据三视图的投影规律可知：各视图之间符合"主俯视图长对正、_____、_____"的投影关系，基本视图中，主、俯、仰、后视图长对正；主、左、右、后视图_____；俯、仰、左、右视图_____。

二、向视图

（1）向视图概念：向视图是可以_____的视图。

（2）画向视图的注意事项：

① 向视图可_____，但只能_____，不能_____配置。

② 表示投影方向的箭头，应尽可能配置在_____视图上。表示后视图投影方向的箭头，应配置在_____视图或_____视图上。

练一练

（1）根据如图 5-1-1 所示切割体轴测图及对应的三视图，绘制 6 个基本视图的其余视图。

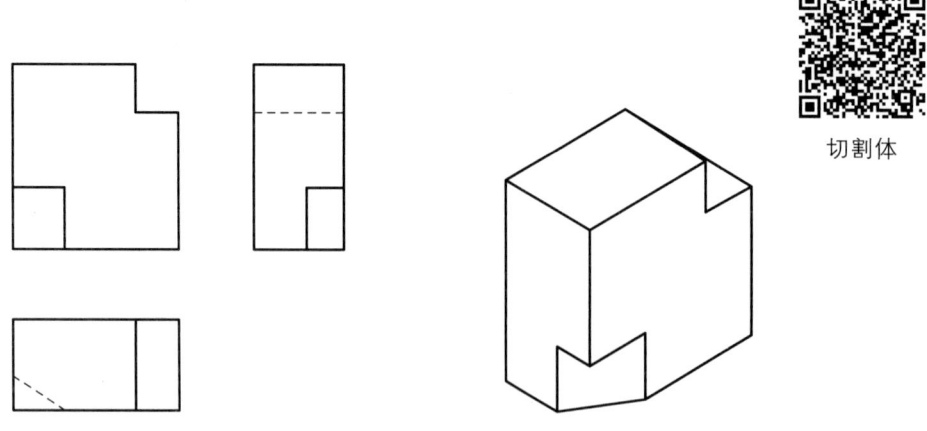

图 5-1-1　切割体轴测图

（2）根据如图 5-1-2 所示的切割体轴测图及对应的三视图，在空白位置绘制 D、E、F 向视图。

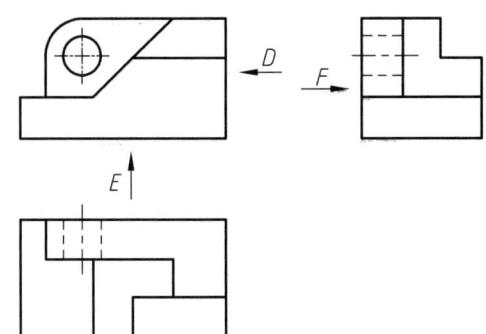
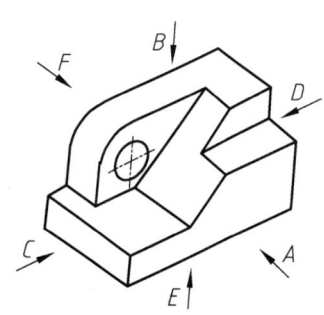

图 5-1-2 切割体轴测图

任务实施

根据如图 5-1-3 所示零件的轴测图，选用恰当的比例绘制 6 个基本视图。

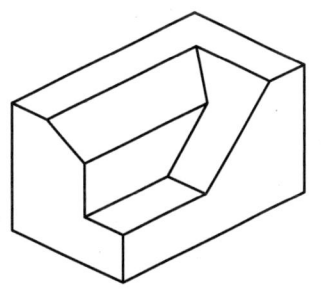

图 5-1-3 零件轴测图

学习活动二　支座局部视图和弯板斜视图绘制

活动目标

（1）知道局部视图、斜视图的概念。
（2）掌握视图的常用规定画法和标注方法。
（3）能（会）分析零件的结构和工艺，并选用合适的图样表达方法。
（4）能（会）正确绘制支座局部视图和弯板斜视图。

实训地点

制图实训室。

学习准备

1. 相关知识的准备

与本次课题相关的制图、测量知识。

2. 工量辅具的准备

（1）设备：支座、弯板、工作台。
（2）测量工具：游标卡尺、千分尺、角尺、塞尺、钢板尺、记号笔等。
（3）绘图工具：三角板、A2～A4图纸若干张、HB铅笔、2B铅笔、圆规、橡皮、绘图板、丁字尺等。

3. 辅具与参考资料

白板、磁铁若干、多媒体设备、话筒、网络资源、制图参考书、机械设计手册、安全操作规程、8S管理规范制度、零件测绘参考资料等相关书籍。

学习过程

引导问题

（1）什么是局部视图？其适用于哪些场合？
（2）什么是斜视图？其适用于哪些场合？

探索与发现

一、局部视图

（1）局部视图的概念：将机件的_____向_____投射所得的视图。

（2）局部视图的位置配置、标注及画法：

① 局部视图的断裂边界用_____或_____表示，当局部完整且外轮廓封闭时，波浪线_____。

② 局部视图最好按_____的形式配置，当与投射视图不被隔离时，标记_____。

③ 局部视图可按_____的配置形式配置并标注。

二、斜视图

斜视图概念：当机件上有倾斜于基本投影面的结构时，可设置一个与倾斜部分平行的_____，再将倾斜结构向该投影面投射，所得视图称为斜视图。

练一练

（1）分析如图 5-1-4 所示支座的基本视图，合理选择表达方法，绘制相应视图（在图 5-1-5 上作答）。

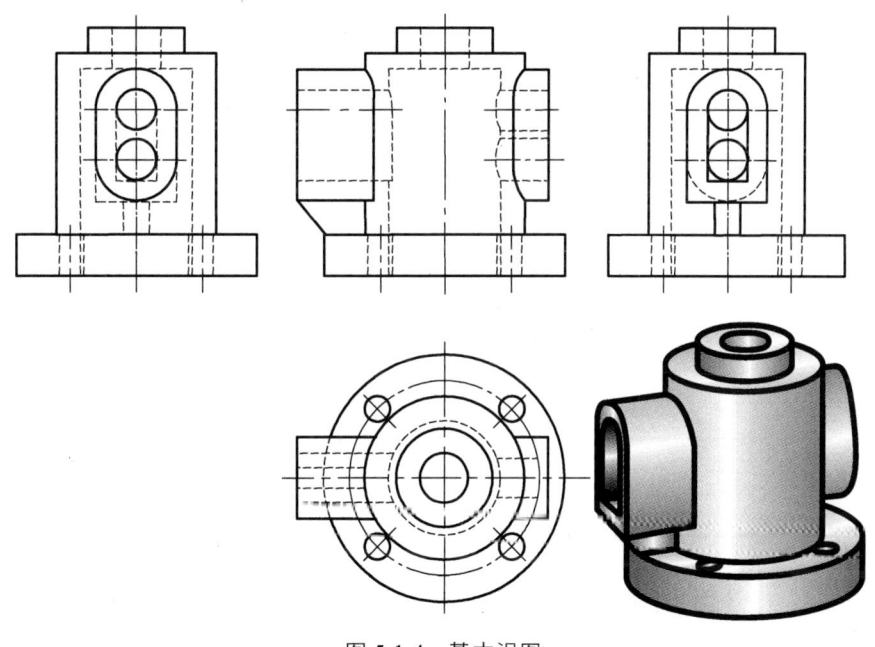

图 5-1-4　基本视图

基本视图

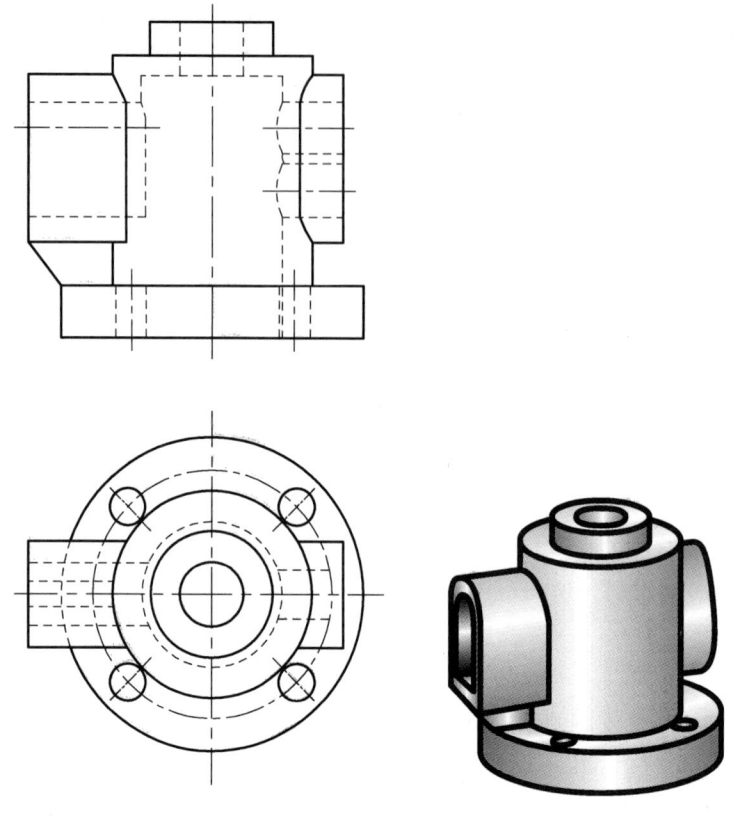

图 5-1-5　局部视图

（2）分析如图 5-1-6 所示三视图的不足，用适当的视图表达形体（在图 5-1-7 中作答）。

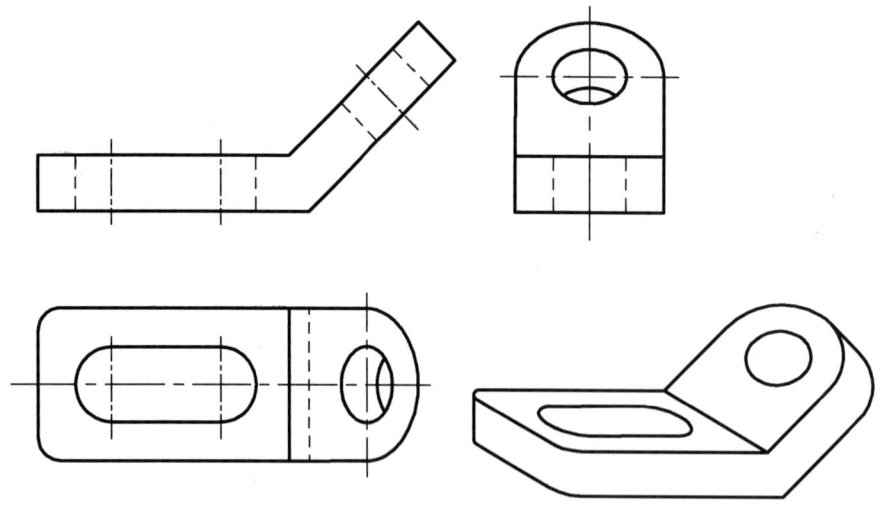

图 5-1-6　弯板三视图

斜视图

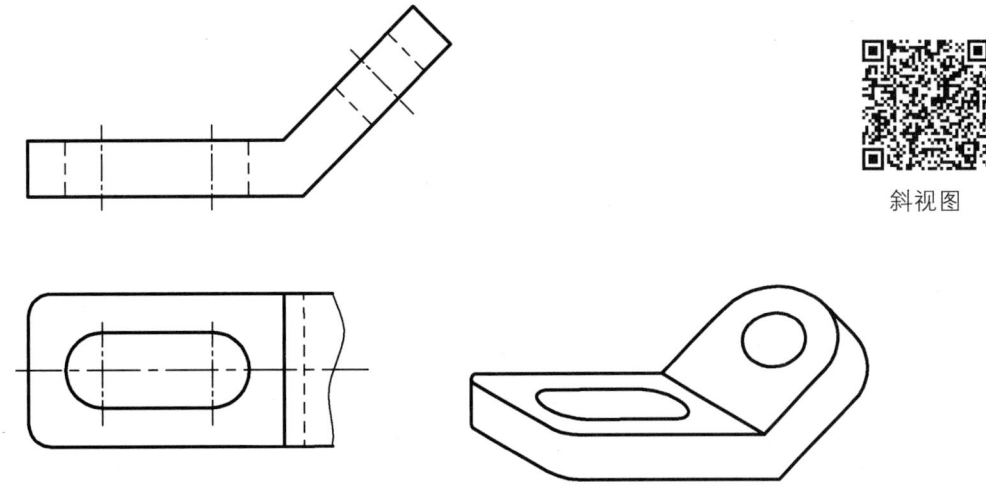

图 5-1-7 斜视图

任务实施

根据如图 5-1-8 所示零件的轴测图及三视图，采用向视图表达机件的形体。

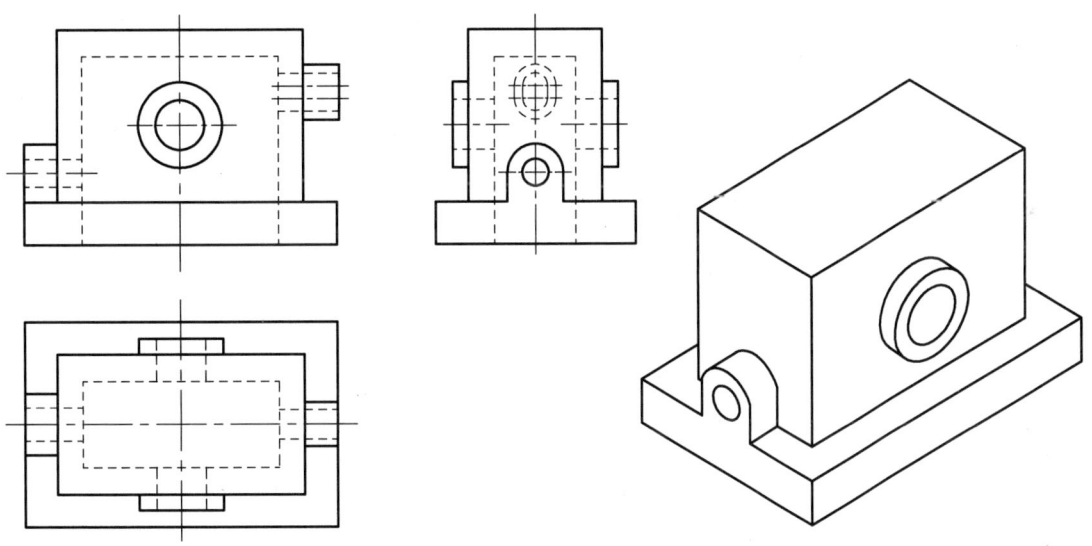

图 5-1-8 零件轴测图及三视图

零件轴测图

学习任务二　机件剖视图绘制

任务目标

完成本学习任务后，你应该：

【关键技能】

（1）能（会）逐步培养选用合适视图表达零件内部结构的能力。

（2）能（会）绘制全剖视图和半剖视图的能力。

【基本技能】

（1）能（会）知道全剖视图和半剖视图的形成。

（2）能（会）绘制零件全剖视图和半剖视图。

知识目标

完成本学习任务后，你应该：

（1）掌握全剖、半剖视图的概念及其画图注意事项。

（2）掌握局部剖视图的概念及其画图注意事项。

职业素养目标

完成本学习任务后，你应该：

（1）逐步养成耐心、细心、吃苦耐劳的精神。

（2）逐步养成团结协作的精神。

（3）逐步养成良好的工作责任心。

（4）逐步养成对事物的钻研探索精神。

（5）通过合作解决具体问题，学习并提升沟通、协调等社会能力。

（6）尊重他人劳动，不窃取他人成果。

计划学时

9学时。

实训地点

制图实训室。

学习准备

1. 相关知识的准备

与本次课题相关的制图知识。

2. 工量辅具的准备

（1）设备：模型、工作台。

（2）绘图工具：三角板、A4图纸若干张、HB 铅笔、2B 铅笔、圆规、橡皮、绘图板、丁字尺等。

3. 辅具与参考资料

白板、磁铁若干、多媒体设备、话筒、制图参考书、安全操作规程资料等相关书籍。

 **学习过程**

 引导问题

（1）什么是全剖视图？其适用于哪些场合？

（2）什么是半剖视图？其适用于哪些场合？

（3）绘制局部剖视图有哪些注意事项？

明确任务

接到任务后，学生开始查阅与本次任务相关的资料，准备与剖视图相关的知识，了解全剖、半剖和局部剖的应用范围及绘图注意事项与8S标准等相关信息。在教师指导下，学生分析工作任务，填写工作任务单（见表 5-2-1），完成人员分配，按照工作页的指引完成剖视图绘制，最后将成果展示、评价。工作完成后按照8S管理规范清理场地、归置物品、将资料归档。

表 5-2-1　工作任务单

部　门		工作地点		
项目名称		任务周期		学时
接收任务时间		任务完成时间		
任务来源		任务接收人		
项目工程师		质量检查员		
助理工程师		技术员		
仓库管理员		工程文员		
工作步骤	步　骤	完成的工作	起止时间	执行人
	第1步			
	第2步			
	第3步			
	第4步			
	第5步			
	第6步			
	第7步			

续表

	步骤	完成的工作	起止时间	执行人
工作步骤	第8步			
	第9步			
	第10步			

任务实施时遇到的问题：

本次任务的成果：

质量监督员签字		工程师签字	
	年　月　日		年　月　日

探索与发现

（1）剖视图的形成：假想用_____剖开机件，移去剖切面和观察者之间的部分，将_____向投影面投射所得图形。

（2）剖视图根据剖切范围，可分为_____、_____和局部剖视图。

（3）全剖视图的概念：用剖切面_____机件所得的剖视图称为全剖视图。全剖视图一般适用于内形_____、外形_____的机件。

（4）剖视图的标注。

① 剖面线：金属材料的剖面符号是一组与机件主要轮廓或剖面区域对称线成_____度的_____线，通常称其为剖面线；同一机件在各个视图中的剖面线的画法应保持一致，即间隔一致、方向_____。

② 剖面符号：表示剖切位置，用_____线表示。

（5）半剖视图的概念：当机件具有_____时，向垂直于对称平面的投影面投射所得的图形，以对称中心线为界，一半画成_____，另一半画成_____，这种剖视图称为半剖视图。

（6）半剖视图的注意事项。

① 半个视图与半个剖视图的分界线用_____。

② 机件的内部形状已在半剖视中表达清楚，在另一半表达外形的视图中一般不必再画_____。

③ 一个视图画成了半剖，其他视图仍要_____绘制。

（7）局部剖视图的概念：用剖切平面_____剖开机件所得的剖视图。

（8）画局部剖视图应注意的问题。

① 局部剖视图用_____分界，波浪线应画在机件的实体上，_____超出实体轮廓线，也_____画在机件的中空处。

② 波浪线_____画在轮廓线的延长线上，不能用_____代替，或与图样上其他图线_____。

练一练

补画图 5-2-1 所示剖视图所漏的剖面线。

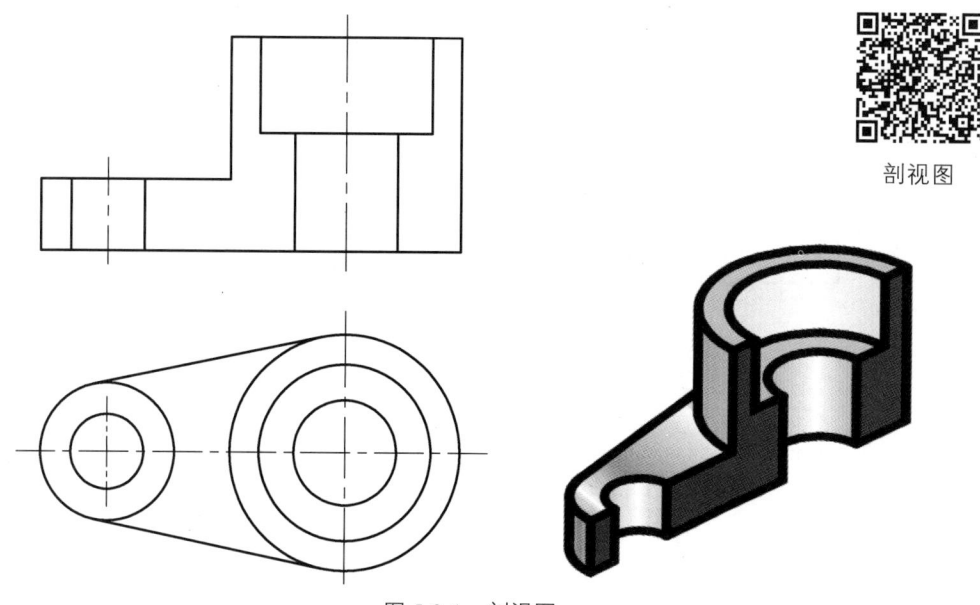

剖视图

图 5-2-1 剖视图

 任务实施

（1）补画压盖的全剖视图（见图 5-2-2）。

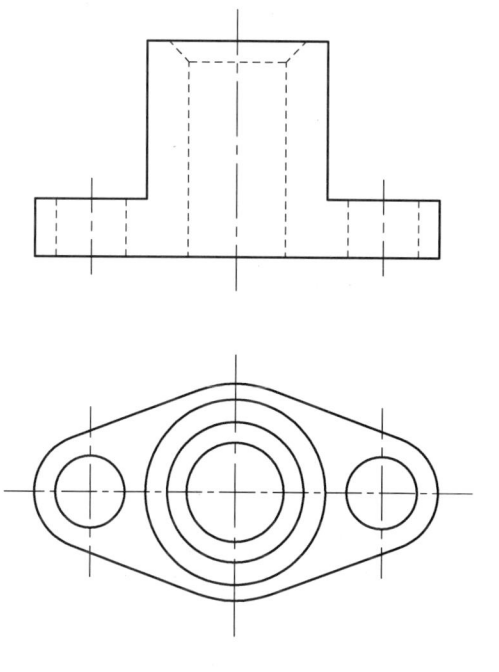

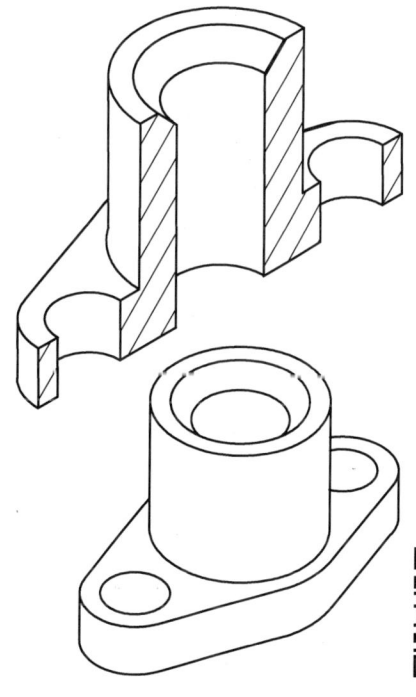

图 5-2-2 全剖视图

全剖视图

(2)分析如图 5-2-3 所示支座视图,参照下面视图把上面主视图和俯视图改成半剖视图。

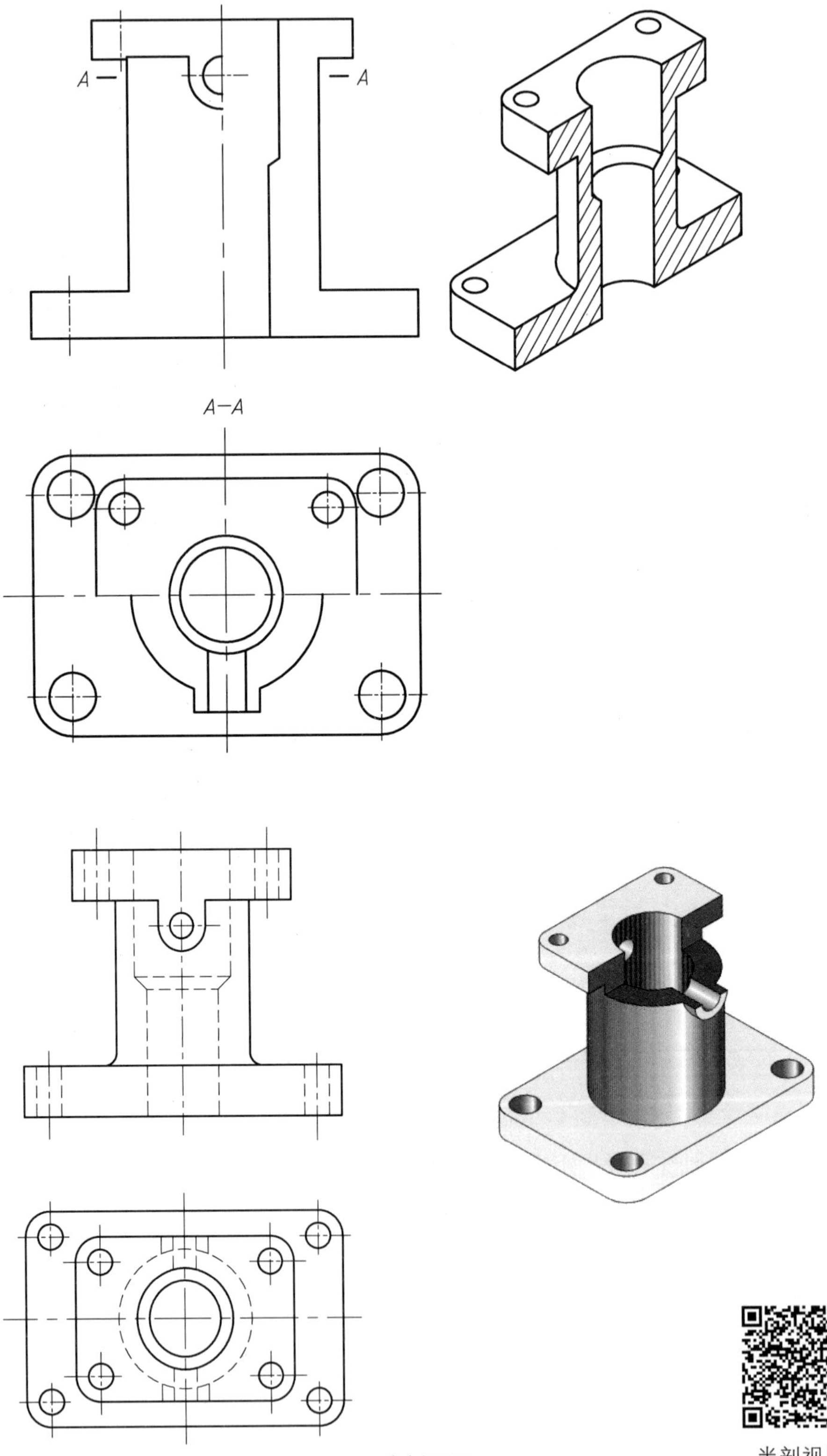

图 5-2-3 半剖视图

半剖视图

（3）根据图 5-2-4 所示立体图完善局部剖视图。

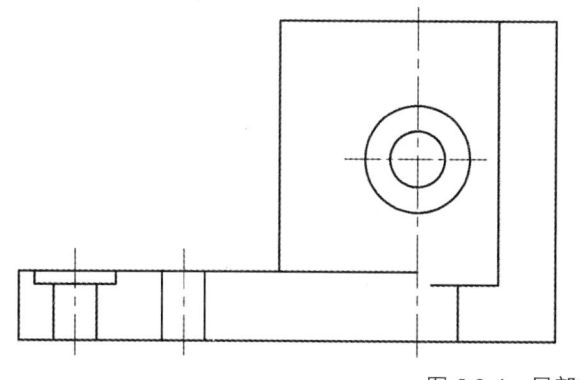

图 5-2-4 局部剖视图

（4）根据支架的三视图和轴测图（见图 5-2-5），采用全剖、半剖、局部剖表达方式在图 5-2-6 中绘制支架剖视图。

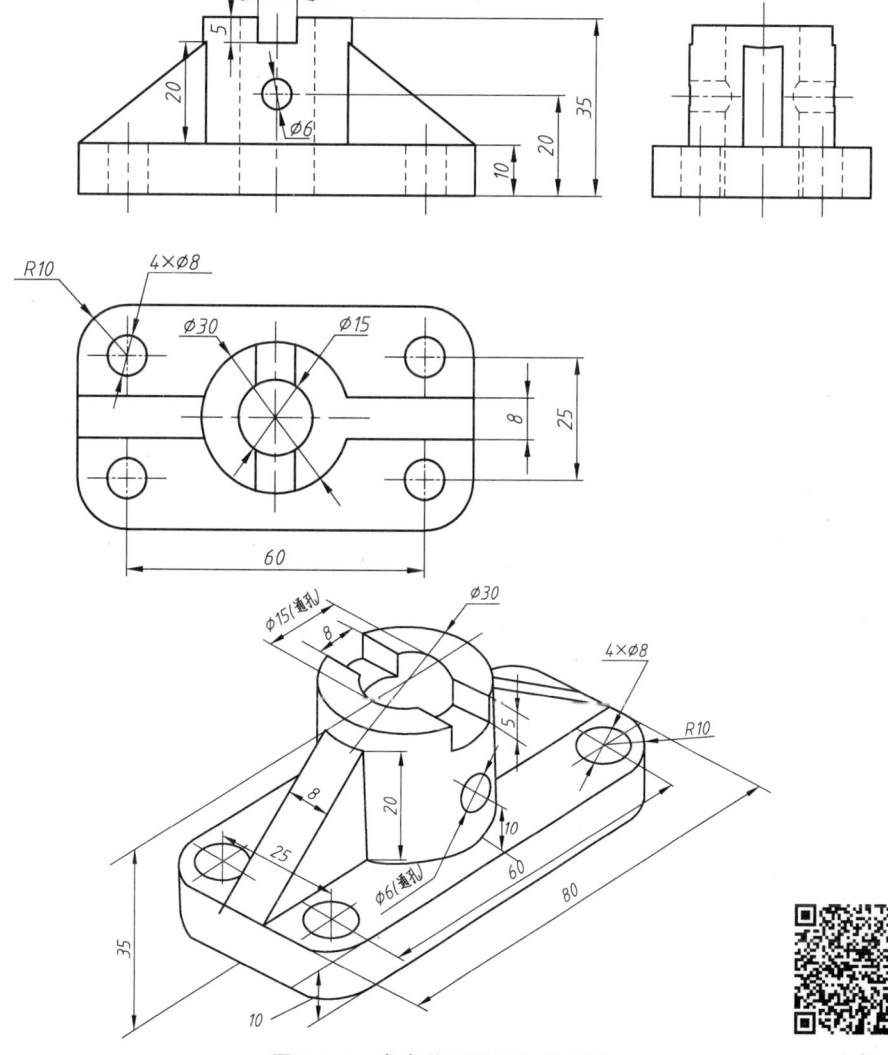

图 5-2-5 底座的三视图和轴测图　　　　支架

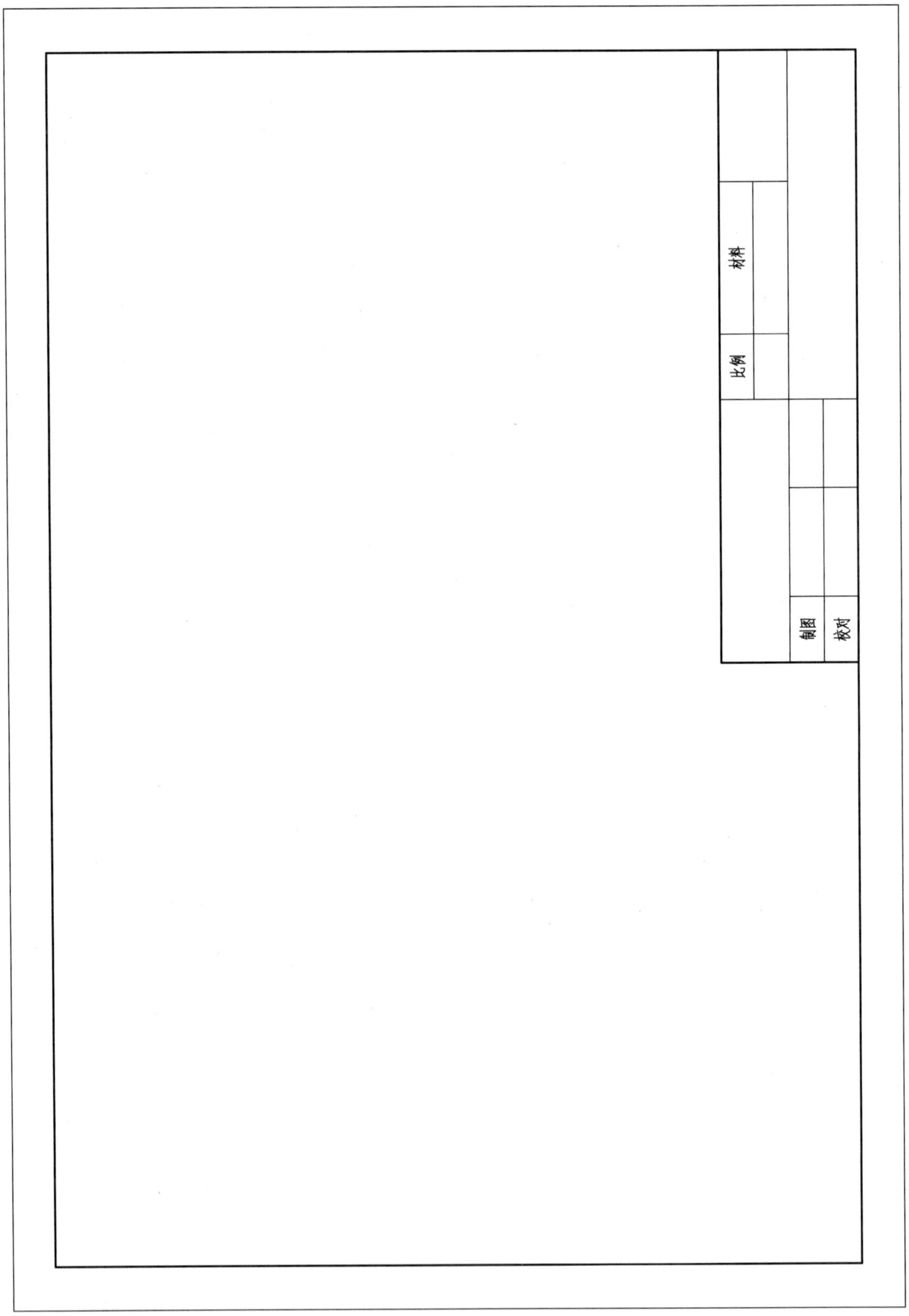

图 5-26 支架剖视图

拓展训练

（1）如图 5-2-7 所示，选择正确的剖视图。（　　）

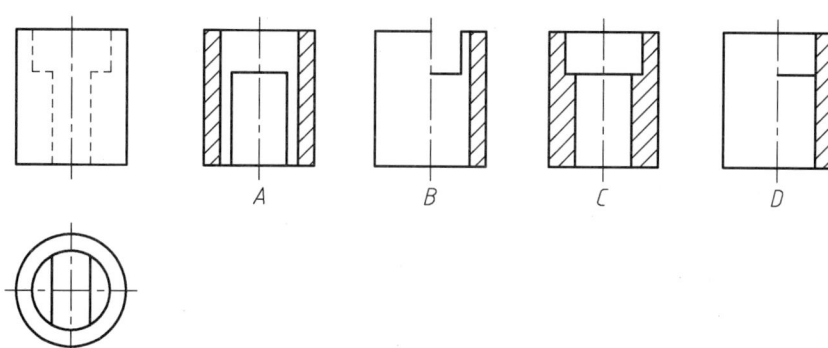

图 5-2-7　剖视图

（2）如图 5-2-8 所示，选择正确的半剖视图。（　　）

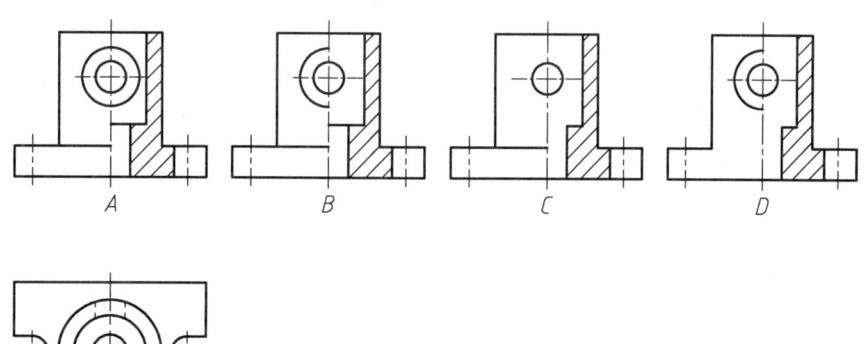

图 5-2-8　半剖视图

（3）如图 5-2-9 所示，选择正确的半剖视图。（　　）

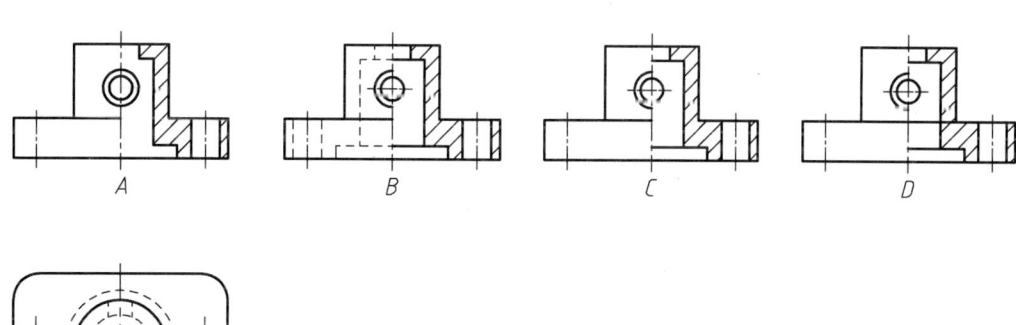

图 5-2-9　半剖视图

（4）如图 5-2-10 所示，选择正确的半剖视图。（　　　）

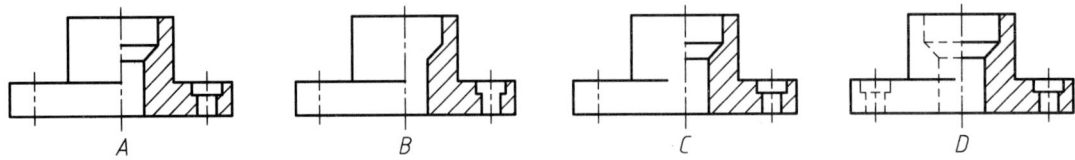

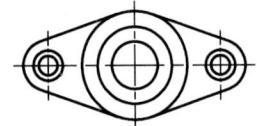

图 5-2-10　半剖视图

（5）如图 5-2-11 所示，选择正确的剖视图。（　　　）

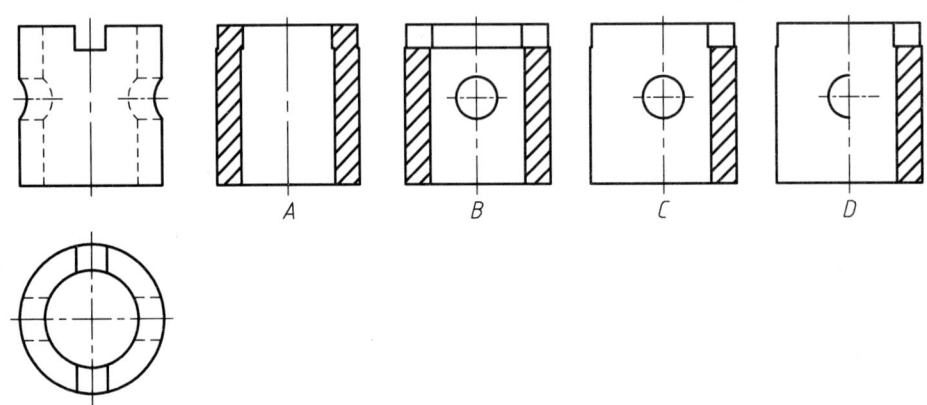

图 5-2-11　剖视图

（6）如图 5-2-12 所示，选择正确的剖视图。（　　　）

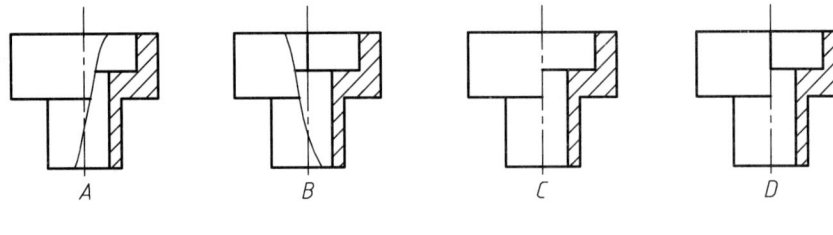

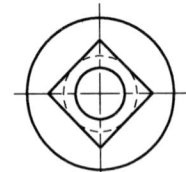

图 5-2-12　剖视图

学习任务三　端盖阶梯剖和连杆旋转剖视图绘制

任务目标

完成本学习任务后，你应该：

【关键技能】

（1）能（会）选用合适视图表达零件内部结构。

（2）能（会）绘制阶梯剖视图和旋转剖视图。

【基本技能】

（1）能（会）掌握阶梯剖视图与旋转剖视图的标注方法。

（2）能（会）绘制阶梯剖视图与旋转剖视图。

知识目标

完成本学习任务后，你应该：

（1）知道阶梯剖视图的概念和绘图注意事项。

（2）知道旋转剖视图的概念和绘图注意事项。

职业素养目标

完成本学习任务后，你应该：

（1）逐步养成耐心、细心、吃苦耐劳的精神。

（2）逐步养成团结协作的精神。

（3）逐步养成良好的工作责任心。

（4）逐步养成对事物的钻研探索精神。

（5）通过合作解决具体问题，学习并提升沟通、协调等社会能力。

（6）尊重他人劳动，不窃取他人成果。

计划学时

9学时。

实训地点

制图实训室。

学习准备

1. 相关知识的准备

与本次课题相关的制图、测量知识。

2. 工量辅具的准备

（1）设备：端盖、连杆、工作台。

（2）测量工具：游标卡尺、千分尺、角尺、塞尺、钢板尺、记号笔等。

（3）绘图工具：三角板、A2~A4 图纸若干张、HB 铅笔、2B 铅笔、圆规、橡皮、绘图板、丁字尺等。

3. 辅具与参考资料

胸卡、卡座、白板、磁铁若干、多媒体设备、话筒、网络资源、制图参考书、机械设计手册、安全操作规程、零件测绘参考资料等相关书籍。

学习过程

 引导问题

（1）什么是阶梯剖视图？其适用于哪些场合？

（2）什么是旋转剖视图？其适用于哪些场合？

 明确任务

阅读设计任务书，填写工作任务单（见表 5-3-1）。列出本次任务的工作内容、时间要求及交接工作的相关负责人，并根据实际情况补充完整其他内容。

表 5-3-1　工作任务单

部　　门		工作地点		
项目名称		任务周期		学时
接收任务时间		任务完成时间		
任务来源		任务接收人		
项目工程师		质量检查员		
助理工程师		技术员		
仓库管理员		工程文员		
工作步骤	步　骤	完成的工作	起止时间	执行人
	第 1 步			
	第 2 步			
	第 3 步			
	第 4 步			
	第 5 步			
	第 6 步			

续表

工作步骤	步骤	完成的工作	起止时间	执行人
	第7步			
	第8步			
	第9步			
	第10步			

任务实施时遇到的问题：

本次任务的成果：

质量监督员签字	年 月 日	工程师签字	年 月 日

探索与发现

一、阶梯剖视图

（1）如果机件的内部结构排列在几个互相平行的平面上，可以用几个互相_____的剖切平面剖开机件，称之为阶梯剖。

（2）应注意的问题。

① 必须在相应视图上用_____表示剖切位置，在剖切平面的起止和转折处注写相同的_____。

② 因为剖切平面是假想，所以不应画出剖切平面转折处的_____，如图 5-3-1 所示。

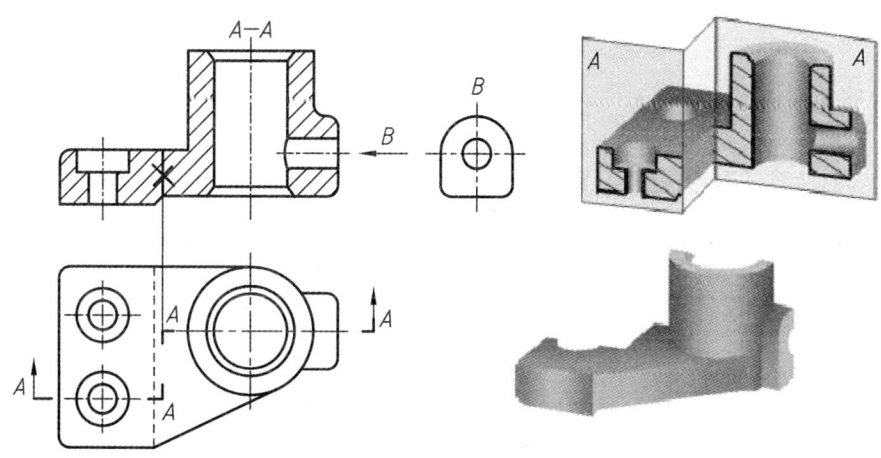

图 5-3-1　阶梯剖

③ 在剖视图内_____出现不完整要素，如图 5-3-2（a）为正确图形。

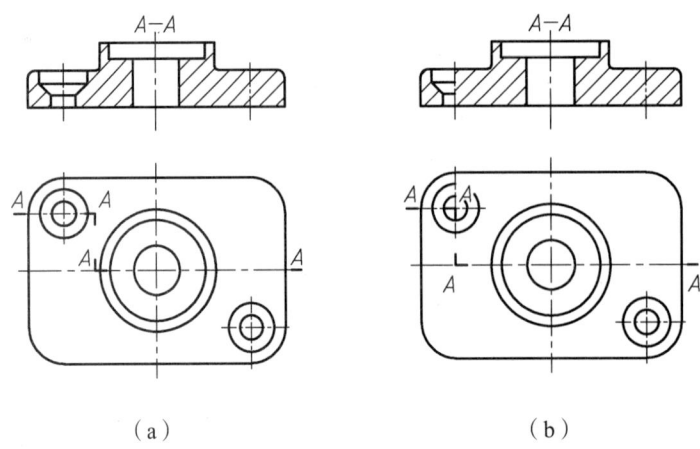

图 5-3-2 完整图素

④ 当两个要素在图形上有公共对称中心线或轴线时，可以对称中心线或轴线为界各画_____，如图 5-3-3 所示。

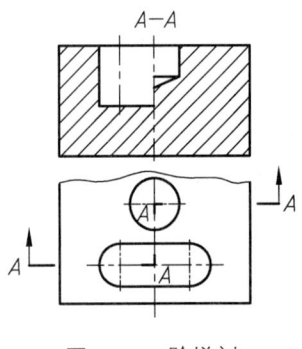

图 5-3-3 阶梯剖

二、旋转剖视图

（1）当机件的内部结构形状用一个剖切平面剖切不能表达完全，且机件又具有回转轴时，可采用_____剖切面进行剖切绘制全剖视图。

（2）应注意的问题。

① 相邻两剖切平面的交线应_____于某一投影面。

② 用几个相交的剖切面剖开机件绘图时，应"先_____后_____再_____"，要将倾斜剖切平面所剖到的结构旋转至与某一选定的投影面平行后再投射。

练一练

如图 5-3-4 所示，根据视图及轴测图将俯视图改画成阶梯剖视图。

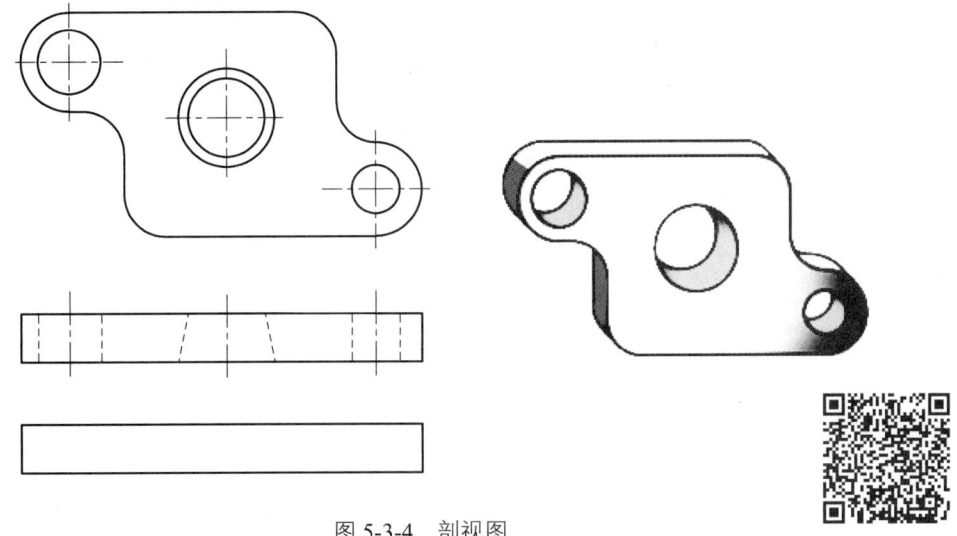

图 5-3-4 剖视图

剖视图

任务实施

分析如图 5-3-5 所示连杆的视图,在空白处用旋转剖方法表达其内部结构。

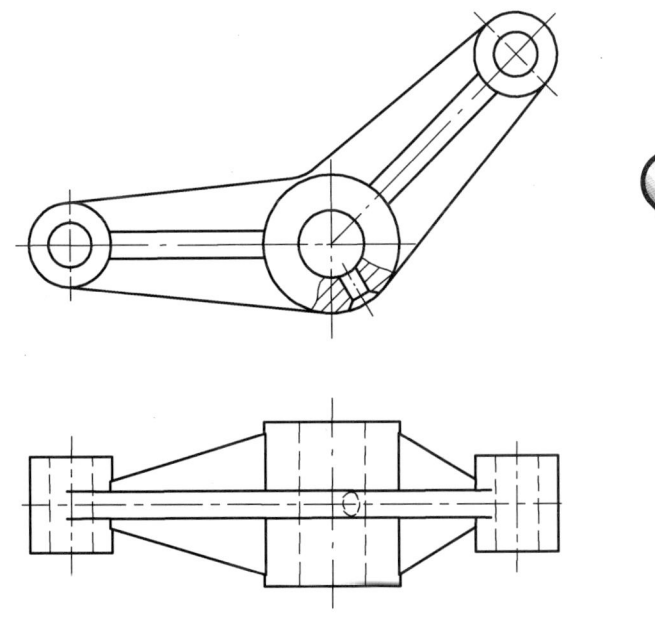

旋转剖视图

任务实施步骤:

(1)形体分析。

(2)标注剖视图。

(3)画左半部分。

(4)画右侧倾斜结构。

(5)画小孔的投影。

(6)检测加深,画剖面线。

图 5-3-5 旋转剖视图

学习任务四　其他表达方法绘制

任务目标

完成本学习任务后,你应该:
【关键技能】
(1) 能(会)选用合适视图表达零件结构。
(2) 能(会)绘制断面图、局部放大图和第三视角视图。
【基本技能】
(1) 掌握断面图与其他视图的表达方法。
(2) 能(会)应用正确的表达方法绘制断面图与局部放大图。
(3) 能(会)采用第三视角的方法绘制图形。

知识目标

完成本学习任务后,你应该:
(1) 掌握断面图、局部放大图的概念。
(2) 掌握第三视角的概念。

职业素养目标

完成本学习任务后,你应该:
(1) 逐步养成耐心、细心、吃苦耐劳的精神。
(2) 逐步养成团结协作的精神。
(3) 逐步养成良好的工作责任心。
(4) 逐步养成对事物的钻研探索精神。
(5) 通过合作解决具体问题,学习并提升沟通、协调等社会能力。
(6) 尊重他人劳动,不窃取他人成果。

计划学时

6学时。

 实训地点

制图实训室。

 学习准备

1. 相关知识的准备

与本次课题相关的制图、测量知识。

2. 工量辅具的准备

（1）设备：小轴、支座、工作台。

（2）测量工具：游标卡尺、千分尺、角尺、塞尺、钢板尺、记号笔等。

（3）绘图工具：三角板、A2～A4 图纸若干张、HB 铅笔、2B 铅笔、圆规、橡皮、绘图板、丁字尺等。

3. 辅具与参考资料

白板、磁铁若干、多媒体设备、话筒、网络资源、制图参考书、机械设计手册、安全操作规程、8S 管理规范制度、零件测绘参考资料等相关书籍。

学习过程

 引导问题

（1）什么是断面图（见图 5-4-1）？其适用于哪些场合？

（2）什么是局部放大图？其适用于哪些场合？

（3）什么是第三视角？其适用于哪些场合？

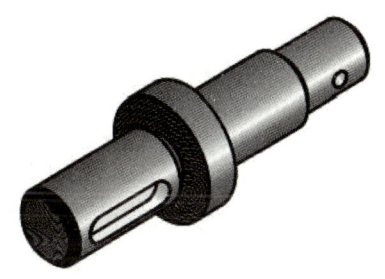

图 5-4-1　示例零件断面图

断面图

 明确任务

阅读设计任务书，填写工作任务单（见表 5-4-1）。列出本次任务的工作内容、时间要求及交接工作的相关负责人，并根据实际情况补充完整其他内容。

表 5-4-1　工作任务单

部　门		工作地点	
项目名称		任务周期	学时
接收任务时间		任务完成时间	
任务来源		任务接收人	
项目工程师		质量检查员	
助理工程师		技术员	
仓库管理员		工程文员	

续表

工作步骤	步骤	完成的工作	起止时间	执行人
	第1步			
	第2步			
	第3步			
	第4步			
	第5步			
	第6步			
	第7步			
	第8步			
	第9步			
	第10步			

任务实施时遇到的问题：

本次任务的成果：

质量监督员签字	年　月　日	工程师签字	年　月　日

探索与发现

一、断面图

（1）假想用剖切面将机件的某处切断，仅画出＿＿＿＿与机件＿＿＿＿的图形，称为断面图。

（2）断面图分为＿＿＿＿断面图和＿＿＿＿断面图两种。

（3）移出断面图与重合断面图的异同。

① 移出断面图画在视图轮廓线＿＿＿＿。其轮廓线用＿＿＿＿绘制。

② 重合断面图剖切后将断面图形重叠在＿＿＿＿上。其轮廓线用＿＿＿＿绘制。

二、局部放大图

（1）用＿＿＿＿原图形所采用的比例画出的物体部分结构的图形称为局部放大图。

（2）绘制局部放大图时，一般用＿＿＿＿圈出被放大部位，其放大的图形尽量配置在被放大部位附近。

三、第三角画法

（1）三个互相垂直的投影面 V、H、W，将 W 面左侧空间划分为四个区域，按顺序分别称为第一角、第二角、第三角、第四角，如图 5-4-2 所示。

（2）第三角画法中的三视图。

① 从前向后投射，在正平面（V 面）上所得是_____。

② 从上向下投射，在水平面（H 面）上所得是_____。

③ 从右向左投射，在侧平面（W 面）上所得是_____。

（3）第三角画法与第一角画法的比较。

在图 5-4-3 中，参考轴测图 5-4-4，分别标出空间方位"前后""左右""上下"的位置。

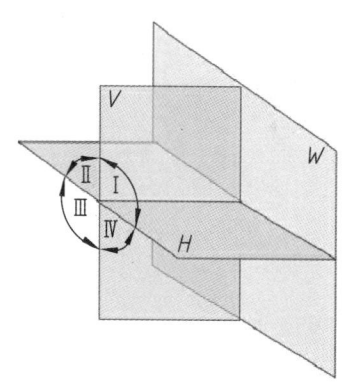

图 5-4-2 空间示意图

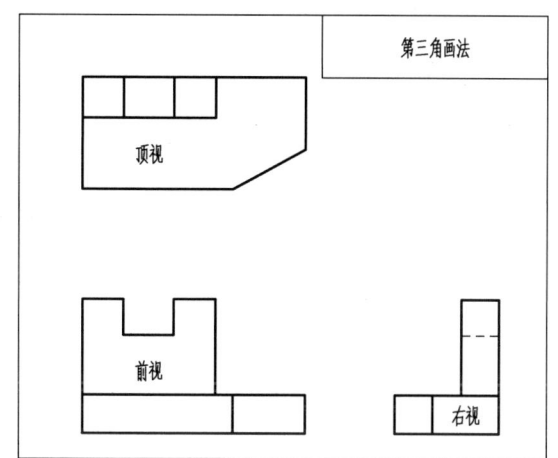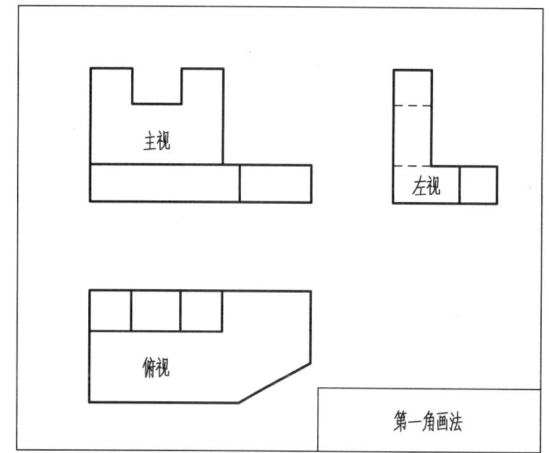

图 5-4-3 第一角与第三角三视图的比较

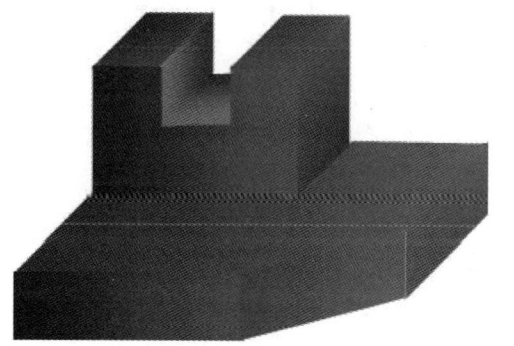

图 5-4-4 组合体立体图

组合体立体图

练一练

（1）如图 5-4-5 所示，根据视图作 A—A 断面图和 B—B 断面图。

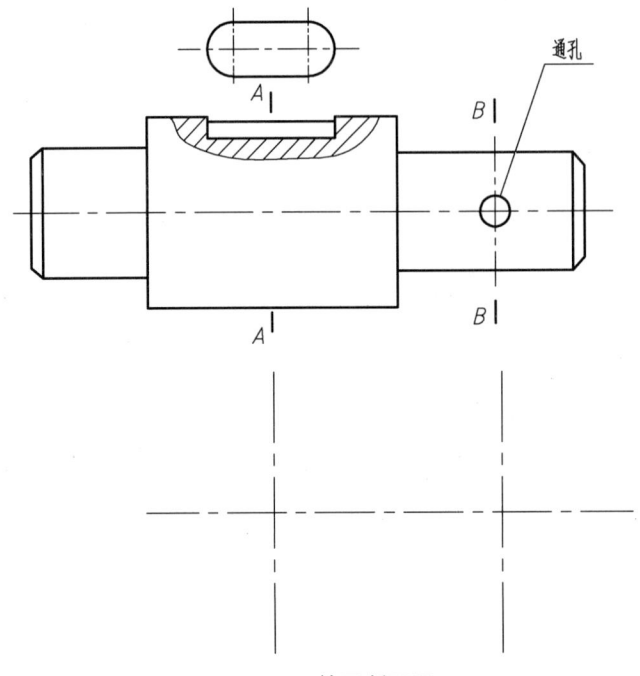

图 5-4-5　补画断面图

（2）选择正确的断面图（见图 5-4-6、图 5-4-7），在对的图形下打钩。

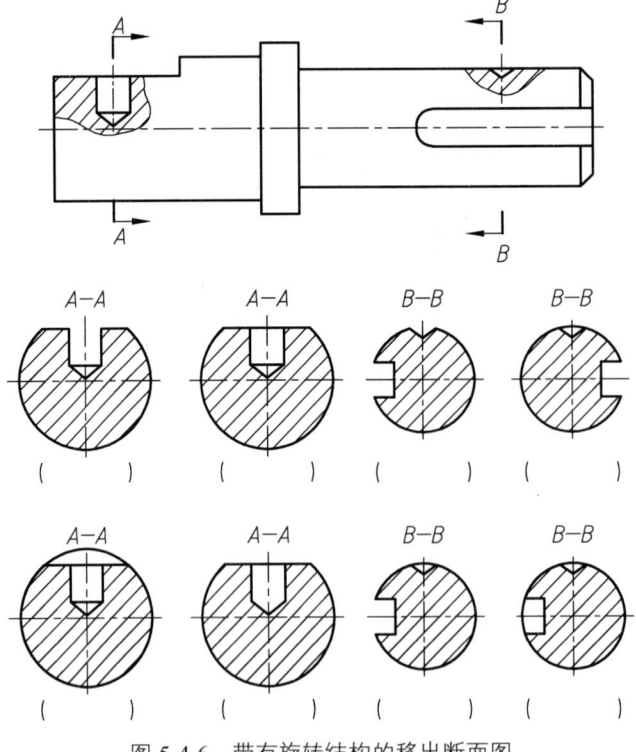

图 5-4-6　带有旋转结构的移出断面图

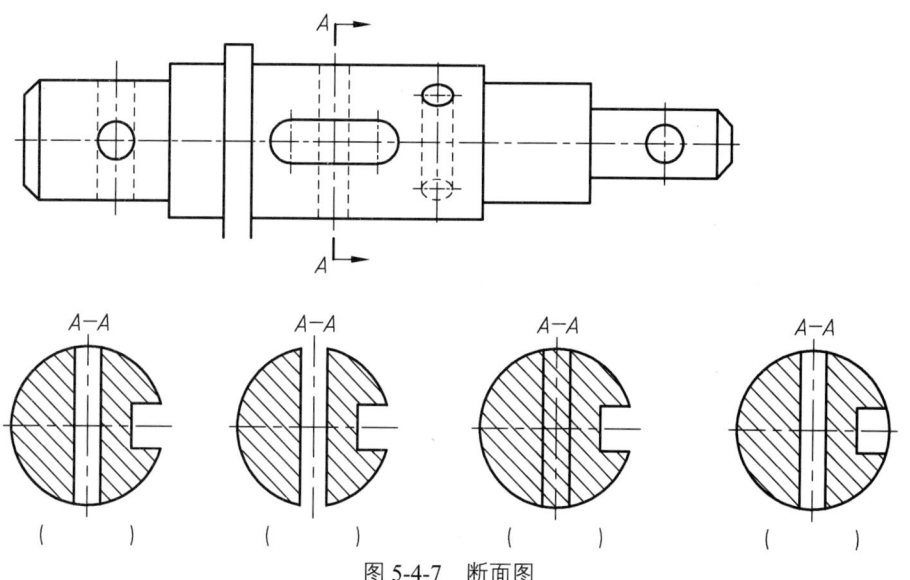

图 5-4-7 断面图

（3）将正确的符号标到截面上（见图 5-4-8）。

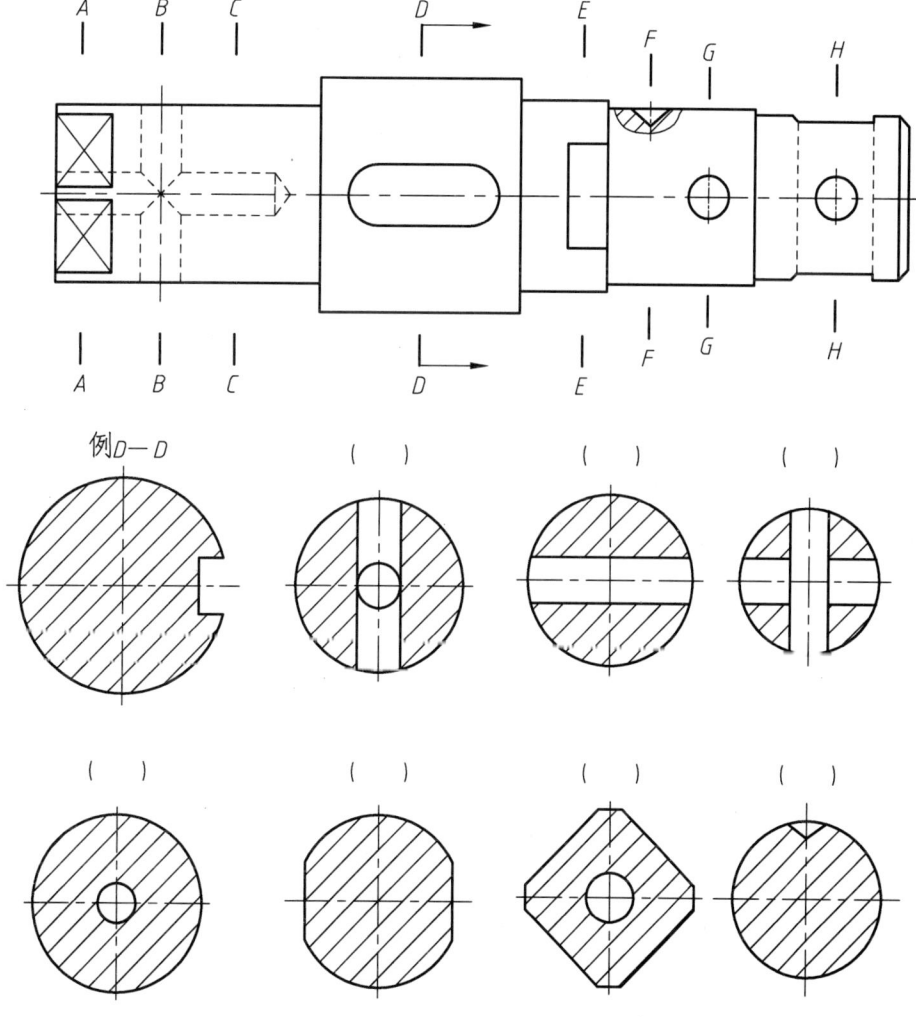

图 5-4-8 断面图

（4）如图 5-4-9 所示，根据视图完成局部视图 I（放大 2 倍）与局部视图 II（放大 5 倍）。

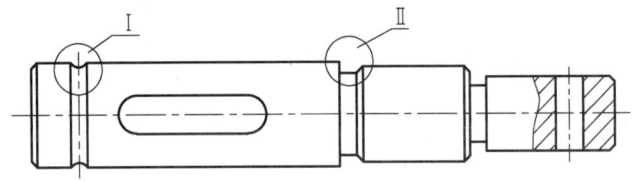

图 5-4-9　局部放大图

（5）如图 5-4-10 所示，根据给出的第三视角的三视图，将其转换成第一视角的三视图。

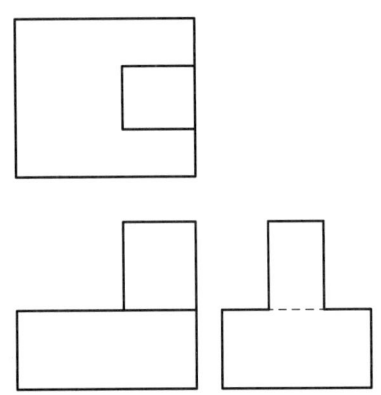

图 5-4-10　第三视角三视图

（6）如图 5-4-11 所示，根据给出的第一视角的主、左视图补画俯视图，并将其转换成第三视角的三视图。

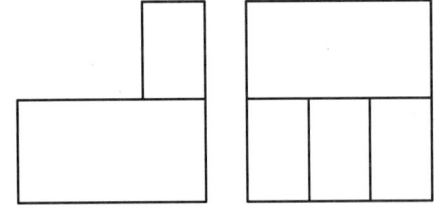

图 5-4-11　三视图

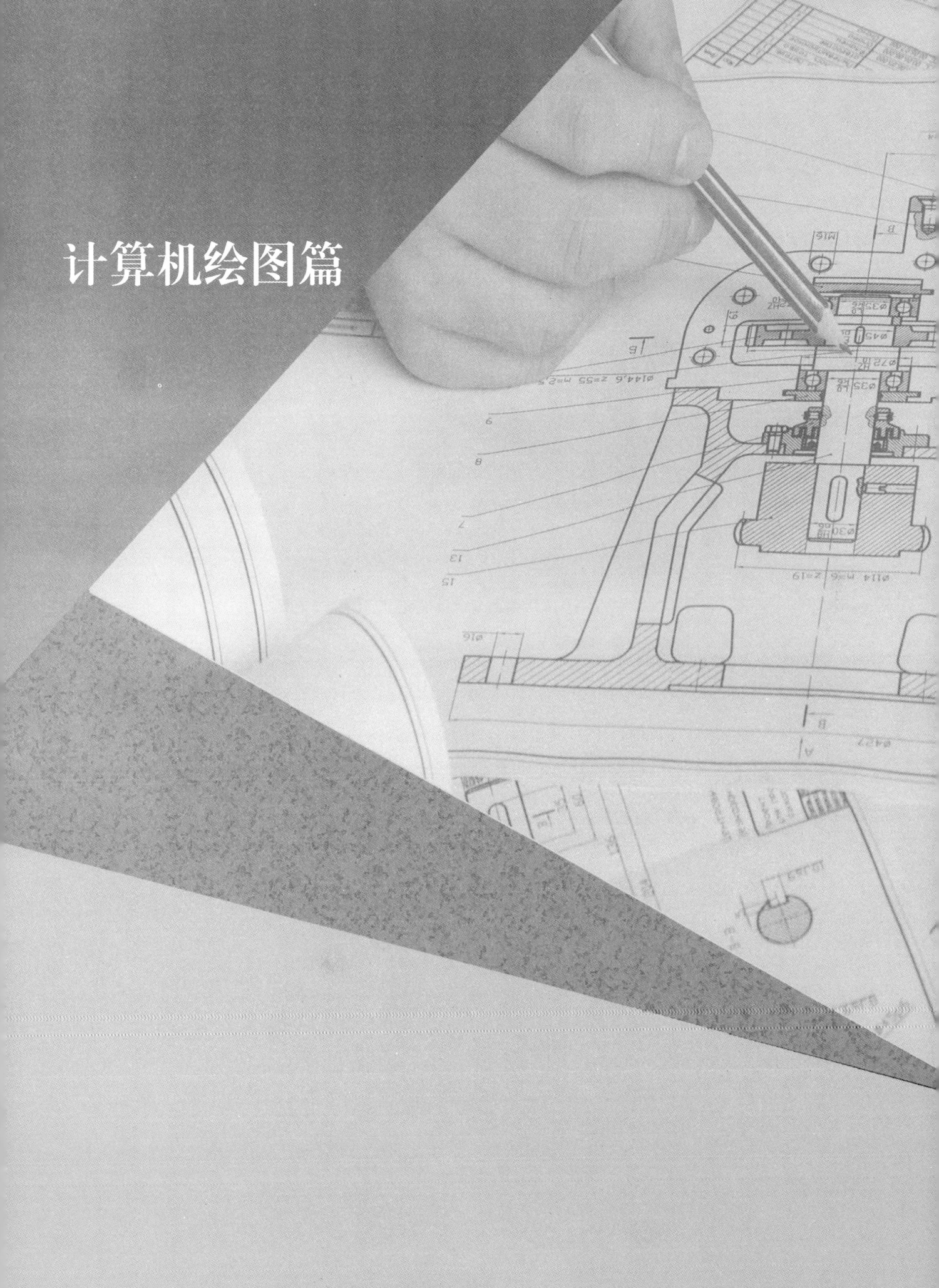

计算机绘图篇

项目六　AutoCAD 图形绘制

知识目标

（1）了解 AutoCAD 软件的知识背景。
（2）掌握 AutoCAD 软件的基本操作：启动、退出、打开文件、保存文件等。
（3）掌握 AutoCAD 软件界面常用功能视图操作、创建工具栏。
（4）了解系统常用选项功能。
（5）掌握 AutoCAD 软件【帮助】使用要求。
（6）掌握建立模板的方法及其应用。
（7）掌握绘图环境的设置。
（8）掌握 AutoCAD 二维平面绘图基本绘图命令的使用。
（9）掌握图形编辑命令的使用。
（10）掌握绘制图框及标题栏的要求。

能力目标

（1）培养查阅国家标准及技术资料的能力。
（2）培养认真负责、严谨细致的工作态度。
（3）培养识读标准件标记的能力。

计划学时

32 学时。

工作情景描述

企业接到客户要求，需要根据客户需求完成该零件图形的绘制。

```
                              ┌ 学习任务一　"模板1.dwt"文件创建
                              ├ 学习任务二　平面图形绘制
                              ├ 学习任务三　复杂图形绘制
      项目六 AutoCAD图形绘制 ┤ 学习任务四　阵列图形绘制
                              ├ 学习任务五　轴承座三视图绘制
                              ├ 学习任务六　支座组合体三视图绘制
                              └ 学习任务七　机件基本尺寸标注
```

技术员接到任务后，开始查阅与本次任务相关的资料，了解零件的结构和工艺要求，确定工作方案，对样件进行测量分析，绘制草图，分析选择材料，制定必要的技术要求，完成标准件的绘制；工程师复核后签字确认，交由客户确认后，将图样交相关部门归档。工作完成后按照8S管理规范清理场地、归置物品、将资料归档。

角色分配

分组教学，每组6人，分别担任工程师、助理工程师、技术员、质量检测员、仓管员、工程文员。

（1）工程师为项目主要负责人，为项目完成准备相关文献资料。

（2）技术员负责具体的技术工作，完成必要的笔录工作。

（3）质检员负责对本组和他组进行监督，依照标准检查督促操作过程中的各个环节，确保各小组按要求完成任务。

（4）仓管员负责工量辅具的保管与分发工作。

（5）工程文员负责本次任务的文书工作。

（6）助理工程师辅助工程师完成项目。

在不同的学习阶段，各成员可轮换岗位。各成员各负其责，合作完成查阅资料、准备工具、制订工作计划、测量、草绘、绘制工程图等相关任务，整个工作过程遵循8S操作规范。

学习任务一　"模板1.dwt"文件创建

任务目标

（1）熟悉 AutoCAD 的基本界面。
（2）掌握建立模板的方法及其应用。
（3）掌握绘图环境的设置。
（4）掌握 AutoCAD 二维平面绘图基本绘图命令的使用。
（5）掌握图形编辑命令的使用。
（6）掌握绘制图框及标题栏的方法。

 明确任务

模板文件是一种包含有特定图形设置的图形文件（扩展名为".dwt"），通常在样板文件中设置，包括单位类型和精度、图形界限、图层组织、标题栏和边框、标注和文字样式、线型和线宽等。

如果使用样板来创建新的图形，则新的图形继承样板中的所有设置，这样就避免了大量的重复设置工作，也可以保证同一项目中所有图形文件的统一和标准。新的图形文件和所用的模板文件是相对独立的，因此新图形中的修改不会影响模板文件。本次任务，绘制如图6-1-1所示的模板文件，存为"模板1.dwt"。

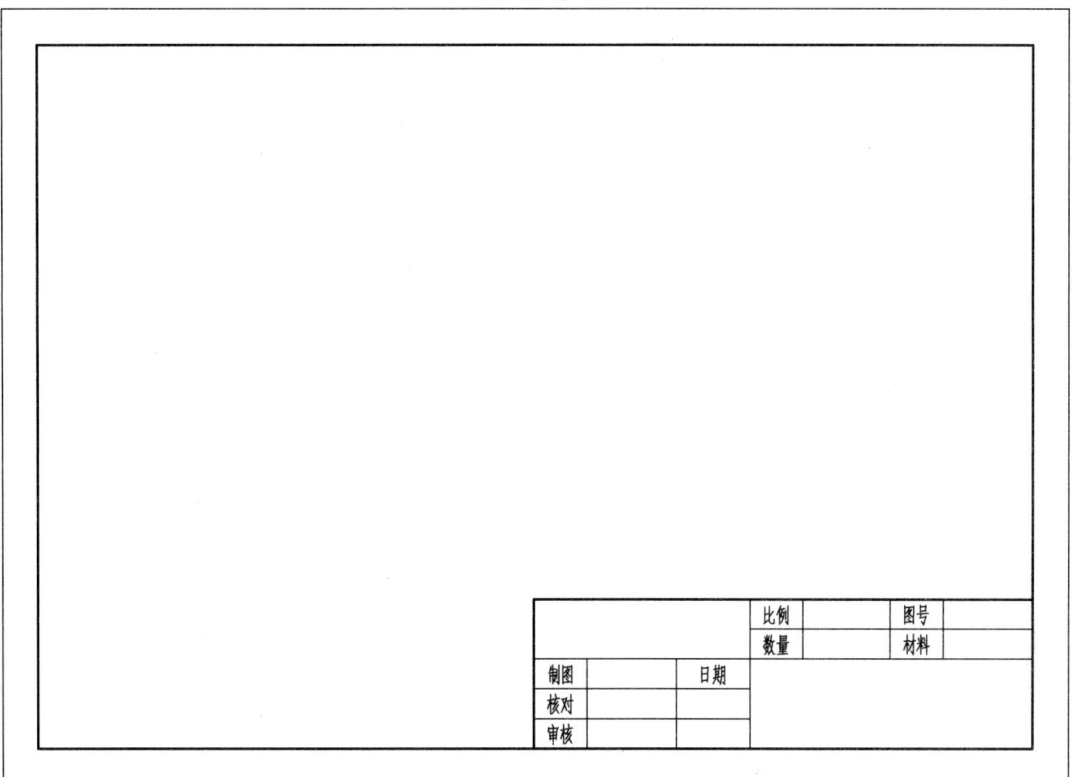

图 6-1-1 模板文件

 任务实施

步骤一：按表 6-1-1 中的规定设置图层及线型，并设定线型比例。

表 6-1-1 图层及线型设置

图层名称	颜色	颜色号	线 型
粗实线	白	7	实线 Continuous（粗实线用）
细实线	绿	3	实线 Continuous（细实线用）
虚线	黄	2	虚线 ACAD_ISO02W100（细虚线用）
点画线	红	1	点画线 ACAD_ISO04W100（细点画线用）
双点画线	粉红	6	双点画线 ACAD_ISO05W100（细双点画线用）

步骤二：按 1∶1 的比例设置 A4 图幅（横装）一张，不留装订边，绘制图框。

步骤三：按国家标准的有关规定设置文字样式（样式名为"机械样式"，包括"gbeitc.shx"和"gbcbig.shx"字体），然后画出并填写图 6-1-1 所示的标题栏。

步骤四：完成如图 6-1-1 所示的模板文件，存为"模板 1.dwt"。

 **评分标准**

评分标准见表 6-1-2。

表 6-1-2 评分标准

序号	分值	得分条件	判分要求
1	20	各项参数设置正确	没有按要求设置,每项扣 5 分
2	30	尺寸正确	每错 1 处扣 5 分
3	30	文字正确、标题栏正确	漏画、多画线,每处扣 5 分; 图层用错,每处扣 5 分; 文字错误,每处扣 5 分; 文字排列不规则扣 5 分
4	20	文件名、扩展名	必须全部正确才得分

 拓展练习

完成如图 6-1-2 所示的图形,要求调用"模板 1.dwt",并在模板上绘制图形,保存为"平面图.dwg"文件。

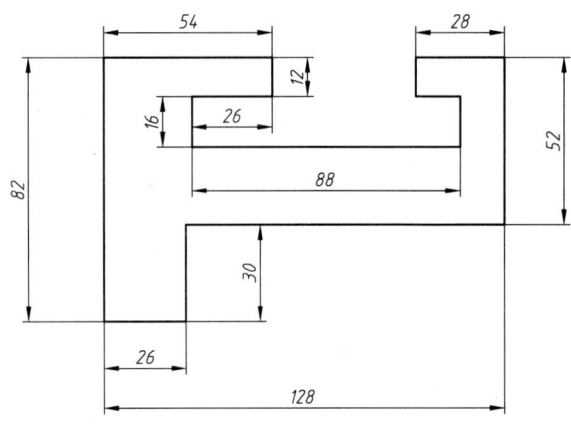

图 6-1-2 平面图

项目六 AutoCAD 图形绘制   149

学习任务二 平面图形绘制

任务目标

（1）掌握直线的绘制方法。
（2）掌握直线组成的平面图形的绘制方法。
（3）掌握绘制图形的基本步骤。
（4）掌握圆的绘制方法。
（5）掌握修改工具栏相关命令操作。
（6）掌握圆弧的绘制方法。

学习活动一 绘制简单平面图形

明确任务

　　无论是简单图形，还是复杂图形，都是由基本图形元素（如直线段）组成的。熟练掌握这些图形元素的绘制方法是制图的基础。手工绘图时，直线段的绘制比较复杂费时，且准确度不高。而 AutoCAD 绘制直线段则非常方便，AutoCAD 软件不但直接提供了绘制直线段的命令，还提供了大量的辅助工具，用来准确绘制直线段。绘制平面图形时，按照机械制图的要求，首先应该对图形进行线段和尺寸分析，根据定形尺寸和定位尺寸，判断出已知线段、中间线段和连接线段，然后按照先已知线段、再中间线段、后连接线段的绘图顺序完成图形。下面将具体介绍 AutoCAD 中绘制直线段的相关基础知识，并通过绘制图 6-2-1 所示的平面图形来介绍直线命令的应用方法。

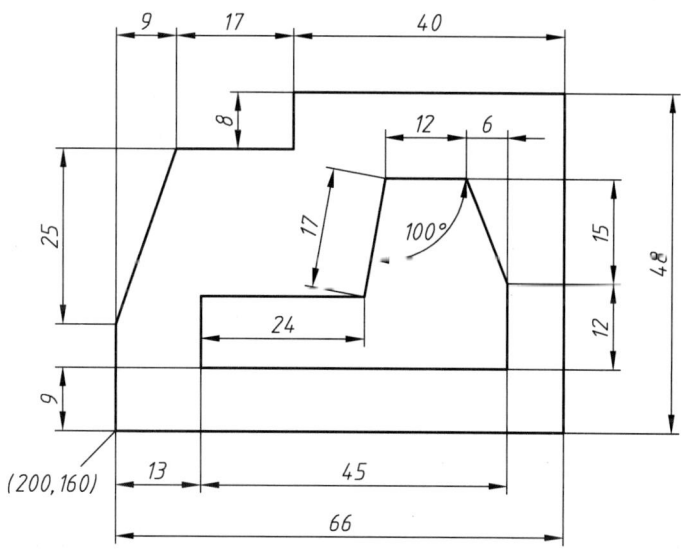

图 6-2-1 任务图

任务实施

步骤一：调用"模板 1.dwt"，并在模板上绘制图形。

步骤二：启动画线命令 或输入快捷键"L"，完成外轮廓的绘制，结果如图 6-2-2 所示。

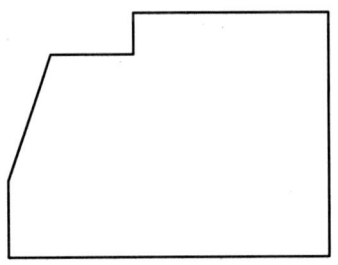

图 6-2-2 绘制外轮廓

步骤三：启动画线命令 或输入快捷键"L"，完成内轮廓的绘制，结果如图 6-2-3 所示。

步骤四：完成图形，存为"6-2-1.dwt"。

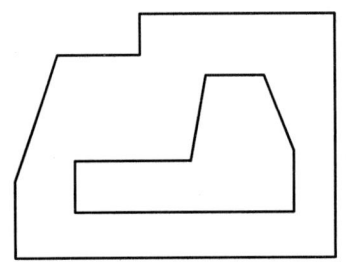

图 6-2-3 绘制外轮廓

评分标准

评分标准见表 6-2-1。

表 6-2-1 评分标准

序号	评分点	分值	得分条件	判分要求
1	基本设置	20	正确使用已有参数（图层、线型、颜色、线型比例）	图层用错，每处扣 5 分
2	绘图	70	图形绘制准确	没有按要求绘制，每处扣 5 分；作图存在误差，每处扣 10 分；漏画、多画线，每处扣 10 分；图线接口错误，每处扣 5 分；残留污迹，每处扣 5 分
3	保存文件	10	文件名、扩展名	必须全部正确才得分

项目六 AutoCAD 图形绘制 | 51

拓展练习

完成图 6-2-4、图 6-2-5 所示图形的绘制。

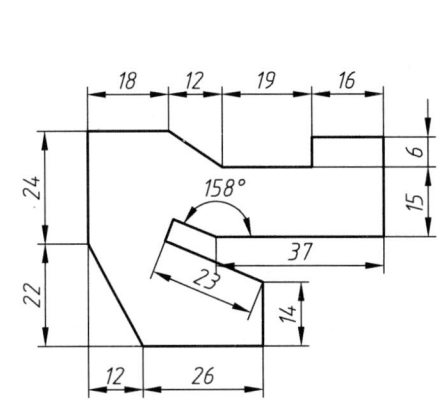

图 6-2-4 拓展练习 1

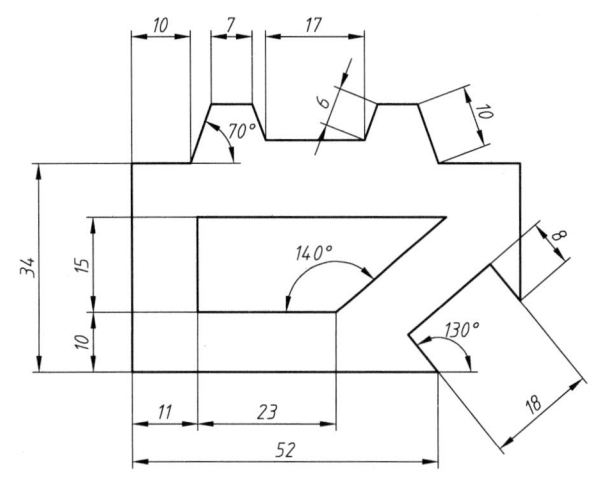

图 6-2-5 拓展练习 2

学习活动二 绘制圆弧平面图形

明确任务

圆是平面图中较常见的曲线图形,是构图的基本单元。直线和圆组成的图形实例如图 6-2-6 所示。

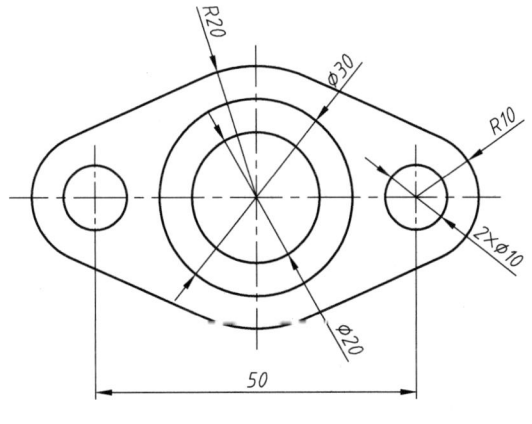

图 6-2-6 任务图

任务实施

步骤一:调用"模板 1.dwt",并在模板上绘制图形。

步骤二:启动画线命令 或输入快捷键"L",绘制中心线,结果如图 6-2-7 所示。

步骤三:启动画圆命令  或输入快捷键"C",完成主要轮廓的绘制,结果如图 6-2-8 所示。

步骤四:启动画线命令 ✏ 或输入快捷键"L",完成切线的绘制,并修剪图形,中心线伸出轮廓 4 mm,结果如图 6-2-9 所示。

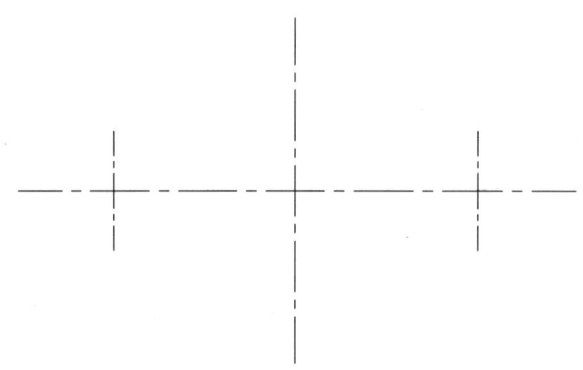

图 6-2-7 绘制中心线

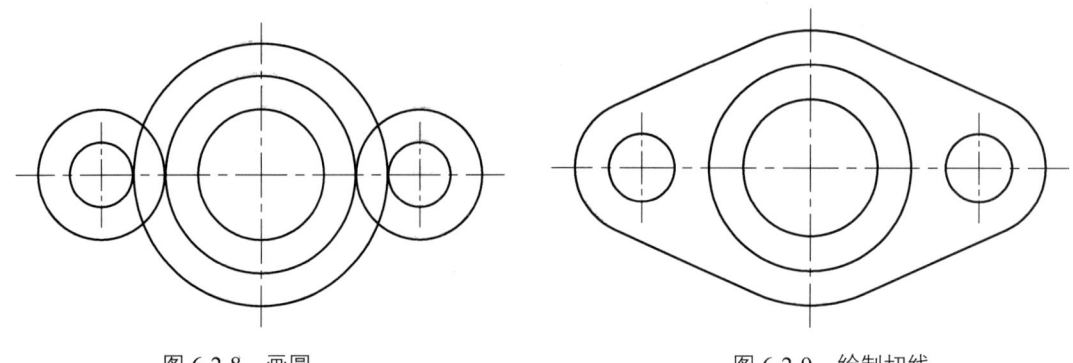

图 6-2-8 画圆   图 6-2-9 绘制切线

步骤五:完成图形,存为"6-2-6.dwt"。

 评分标准

评分标准见表 6-2-2。

表 6-2-2 评分标准

序号	评分点	分值	得分条件	判分要求
1	基本设置	20	正确使用已有参数(图层、线型、颜色、线型比例)	图层用错,每处扣 5 分
2	绘图	70	图形绘制准确	没有按要求绘制,每处扣 5 分; 作图存在误差,每处扣 10 分; 漏画、多画线,每处扣 10 分; 图线接口错误,每处扣 5 分; 小圆角漏画、错画,每处扣 5 分; 中心线伸出不当,每处扣 5 分; 残留污迹,每处扣 5 分
3	保存文件	10	文件名、扩展名	必须全部正确才得分

拓展练习

完成图 6-2-10、图 6-2-11 所示图形的绘制。

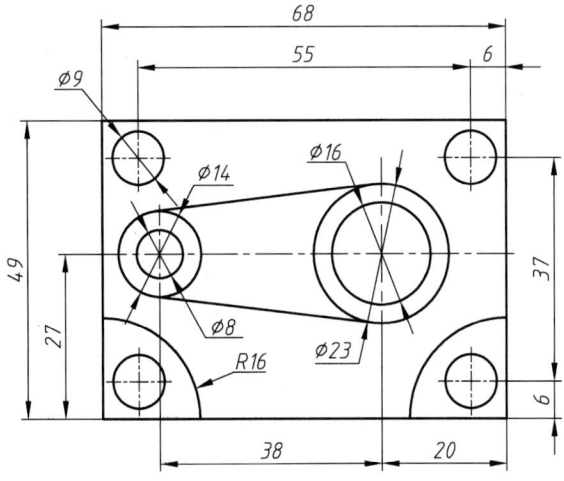

图 6-2-10　拓展练习 1

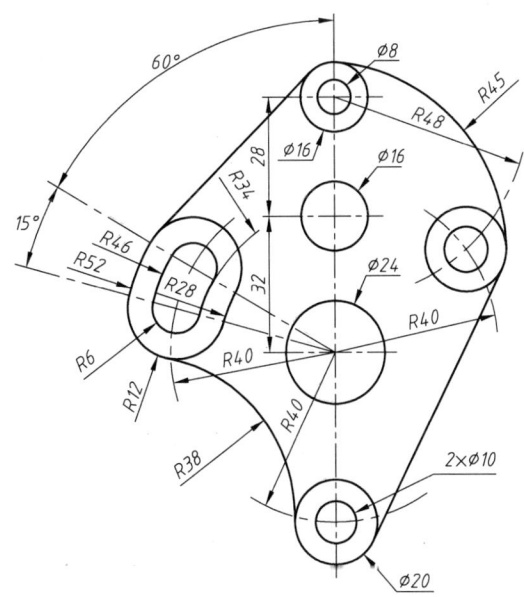

图 6-2-11　拓展练习 2

学习任务三　复杂图形绘制

任务目标

（1）掌握图形对象的复制操作。
（2）掌握图形对象的移动操作。

 明确任务

任务一（见图 6-3-1）：要求将右边的图形编辑成左边的图形。左图中有三个相同的"跑道形"对象。怎么把一个变成三个，我们很容易想到复制。如果采用普遍应用的"Ctrl+C"和"Ctrl+V"来完成，则很难找到复制的基点。同时图形中有四个圆需要完成，位置也有特定的要求。在此我们用图形编辑指令"复制"来完成。

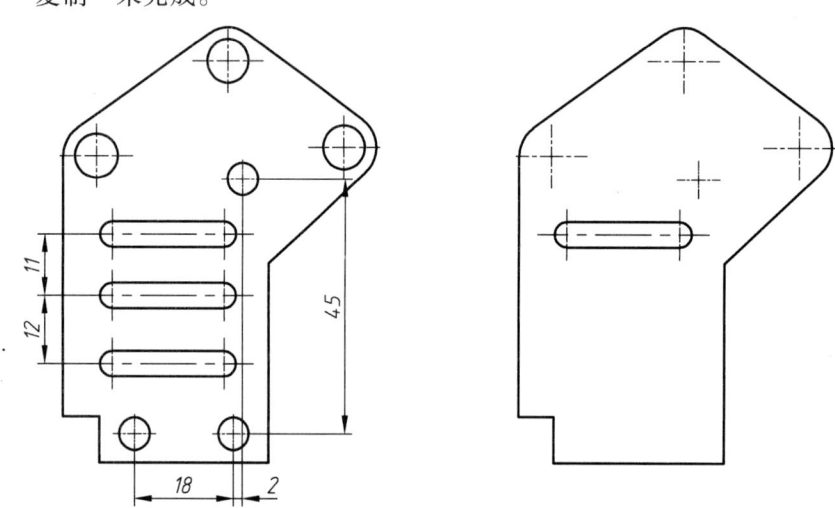

图 6-3-1　复制操作

任务二（见图 6-3-2）：要求将右边的图形编辑成左边的图形。图形中，左上角矩形的位置需要调整，"跑道形"对象在 58°斜方向上的位置也需要调整。可能有人会想到可以使用前面的复制指令来完成，然后删掉原对象就可以，这样是可以达到目的，但是显得烦琐。AutoCAD 提供了移动指令，可用来完成图形所需要的操作。

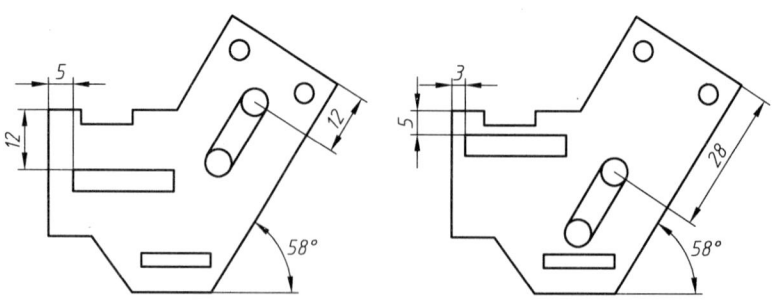

图 6-3-2　移动操作

任务实施

步骤一：打开"编辑操作 1.dwg"文件，编辑如图 6-3-1、图 6-3-2 右图所示图形。

步骤二：启动复制命令 或输入快捷键"CO"，复制"跑道形"对象，结果如图 6-3-3 所示。

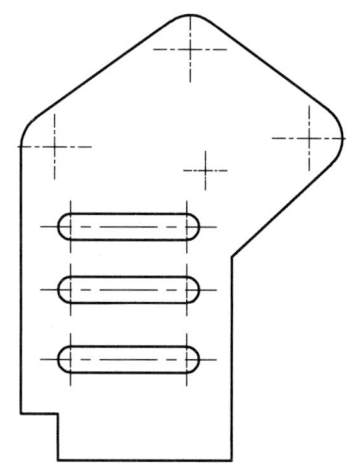

图 6-3-3　复制"跑道形"对象

步骤三：启动复制命令 或输入快捷键"CO"，复制"大圆""小圆"对象，结果如图 6-3-4 所示。

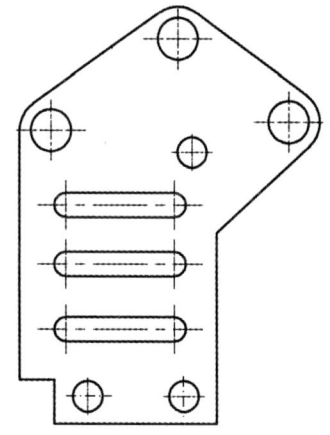

图 6-3-4　复制大圆、小圆对象

步骤四：启动移动命令 或输入快捷键"MO"，向下移动矩形框，斜向移动"跑道形"，结果如图 6-3-5 所示。

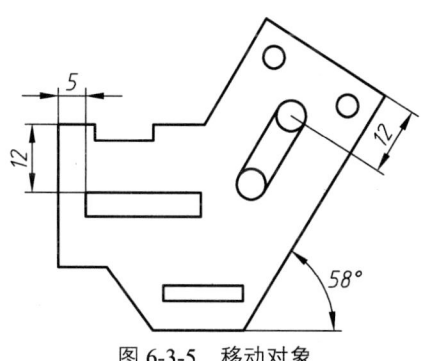

图 6-3-5　移动对象

步骤五：完成图形，存为"编辑操作图 6-3-1.dwt"。

 评分标准

评分标准见表 6-3-1。

表 6-3-1 评分标准

序号	评分点	分值	得分条件	判分要求
1	基本设置	20	正确使用已有参数（图层、线型、颜色、线型比例）	图层用错，每处扣 5 分
2	绘图	70	图形绘制准确	没有按要求绘制，每处扣 5 分； 作图存在误差，每处扣 10 分； 漏画、多画线，每处扣 10 分； 图线接口错误，每处扣 5 分； 小圆角漏画、错画，每处扣 5 分； 中心线伸出不当，每处扣 5 分； 残留污迹，每处扣 5 分
3	保存文件	10	文件名、扩展名	必须全部正确才得分

 拓展练习

综合应用图形编辑命令，完成图 6-3-6 所示图形的绘制。

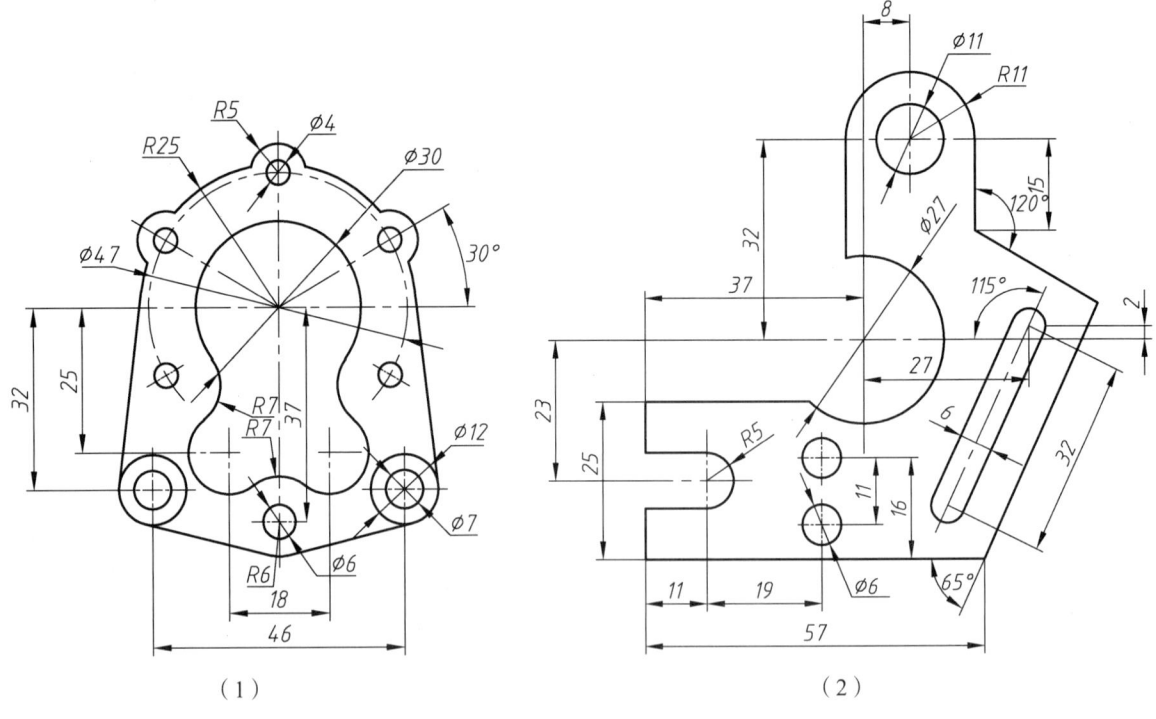

图 6-3-6 拓展训练

项目六 AutoCAD 图形绘制　157

学习任务四　阵列图形绘制

任务目标

（1）掌握图形对象的阵列操作。
（2）掌握图形对象的旋转操作。

明确任务

任务一（见图 6-4-1）：要求对照左边的图形，编辑右边图形。在图 6-4-1（a）中要把 1 个圆变成 9 个圆，1 个矩形变成 15 个矩形，而且是有规律地整齐排列。应用前面所学的移动加复制，可以达到目标，但有没有更便捷的方法来实现呢？有，AutoCAD 提供了阵列指令，可以一次就完成这种元素统一、排列整齐的图形要求。图 6-4-1（b）要求进行环形阵列。

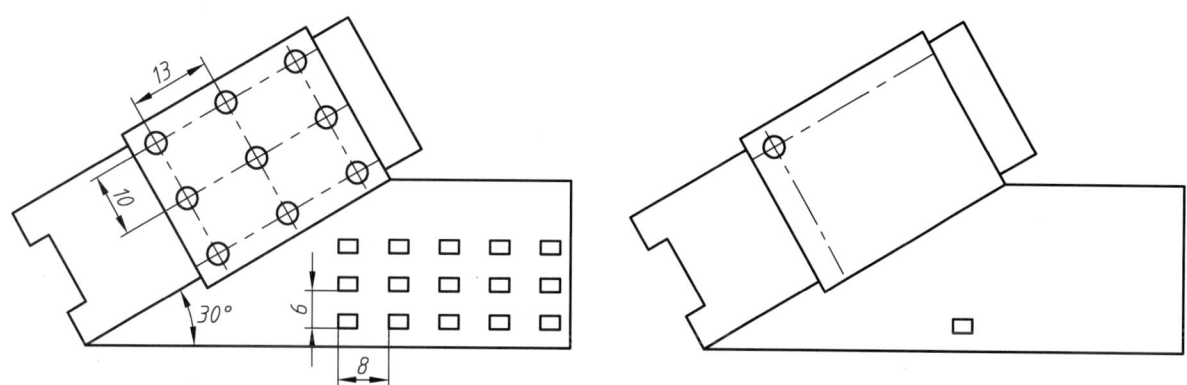

（a）矩形阵列

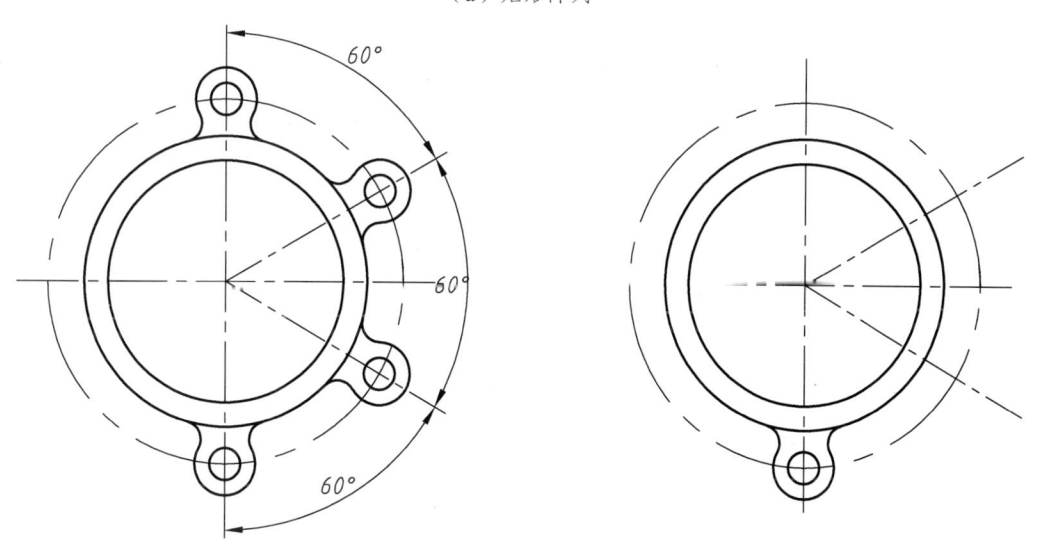

（b）环形阵列

图 6-4-1　阵列操作

任务二（见图 6-4-2）：对照左边的图形，编辑右边图形。通过对比，我们知道，对象 A 要绕 O 点逆时针转 50°，对象 B 也要复制到新的点画线上，并旋转一定角度。这些通过之前所学，很难完成。AutoCAD 提供了旋转指令，可以轻松完成此类操作。

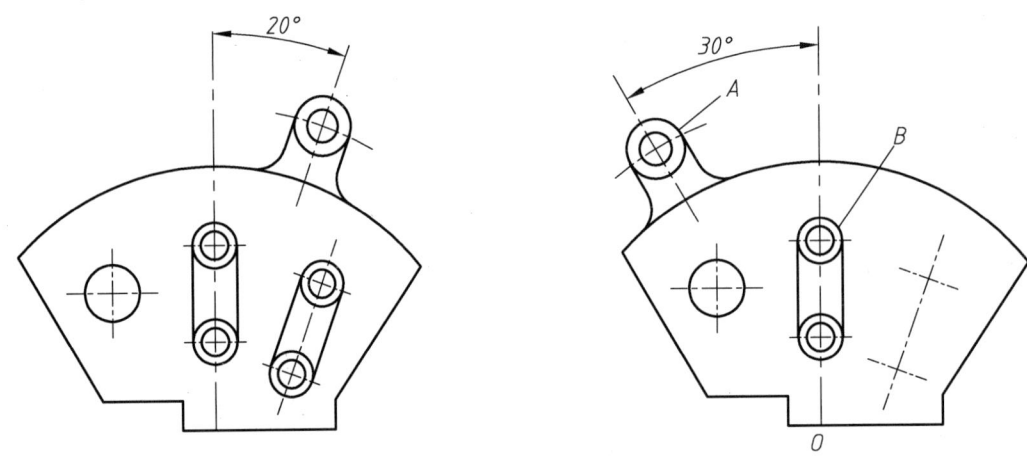

图 6-4-2　旋转操作

任务实施

步骤一：打开"编辑操作 2.dwg"文件，编辑如图 6-4-1、图 6-4-2 右图所示图形。

步骤二：启动阵列命令 或输入快捷键"AR"，选择矩形阵列，完成如图 6-4-3 所示阵列。

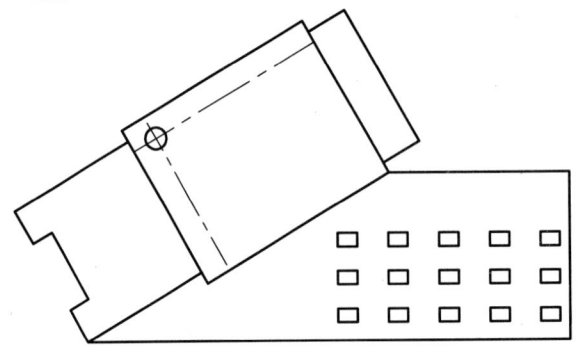

图 6-4-3　阵列 1

步骤三：启动阵列命令 或输入快捷键"AR"，选择矩形阵列，完成如图 6-4-4 所示阵列。

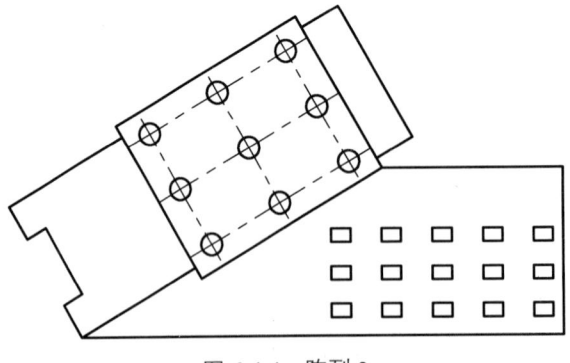

图 6-4-4　阵列 2

项目六　AutoCAD 图形绘制　159

步骤四：启动阵列命令 或输入快捷键"AR"，选择环形阵列，完成如图 6-4-5 所示阵列。

步骤五：启动旋转命令 或输入快捷键"RO"，完成如图 6-4-6 所示操作。

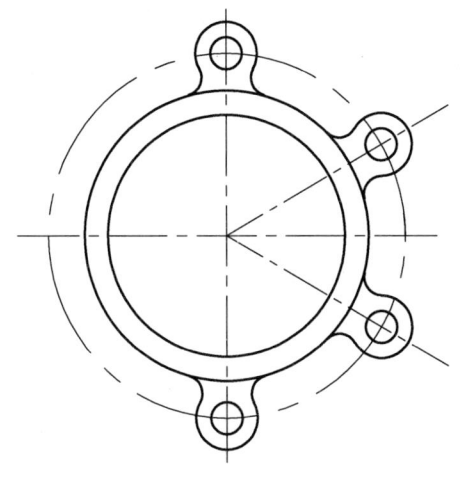

图 6-4-5　环形阵列

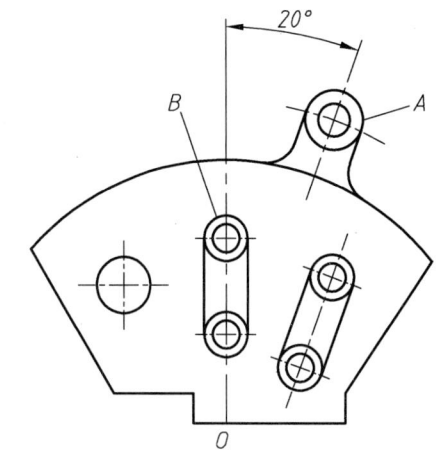

图 6-4-6　旋转操作

步骤六：完成图形，存为"编辑操作 2.dwt"。

评分标准

评分标准见表 6-4-1。

表 6-4-1　评分标准

序号	评分点	分值	得分条件	判分要求
1	基本设置	20	正确使用已有参数（图层、线型、颜色、线型比例）	图层用错，每处扣 5 分
2	绘图	70	图形绘制准确	没有按要求绘制，每处扣 5 分； 作图存在误差，每处扣 10 分； 漏画、多画线，每处扣 10 分； 图线接口错误，每处扣 5 分； 小圆角漏画、错画，每处扣 5 分； 中心线伸出不当，每处扣 3 分； 残留污迹，每处扣 5 分
3	保存文件	10	文件名、扩展名	必须全部正确才得分

拓展练习

综合应用图形编辑命令，完成图 6-4-7、图 6-4-8 所示图形的绘制。

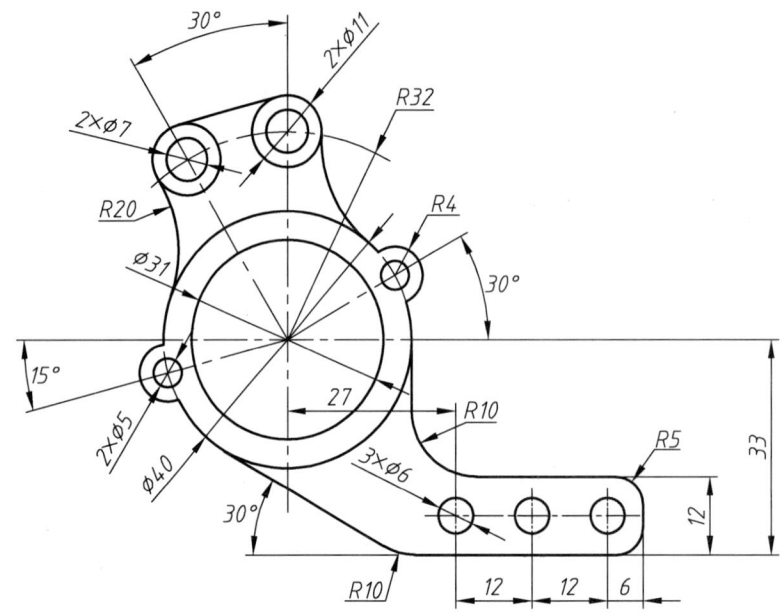

图 6-4-7　拓展练习 1

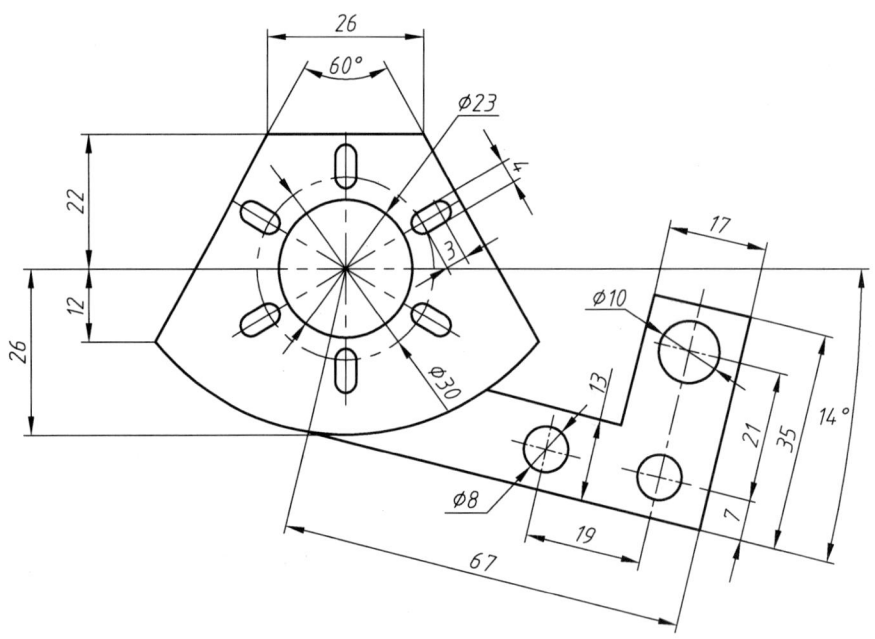

图 6-4-8　拓展练习 2

项目六 AutoCAD 图形绘制 161

学习任务五 轴承座三视图绘制

任务目标

（1）掌握正多边形的绘制方法。
（2）掌握三视图的投影规律。
（3）掌握三视图的绘制方法。

 明确任务

正六棱柱的水平投影为正六边形，正多边形如何绘制？
如何保证三个视图之间的投影规律？
完成如图 6-5-1 所示的图形，存为"图 6-5-1.dwt"。

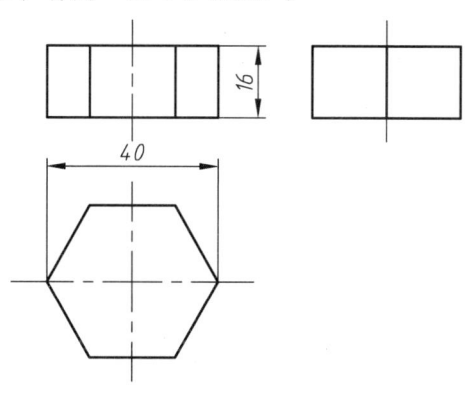

图 6-5-1　正六棱柱的三视图

 任务实施

步骤一：调用"模板 1.dwt"，并在模板上绘制图形。
步骤二：启动画线命令 ✎ 或输入快捷键"L"，绘制各视图中心基准线，结果如图 6-5-2 所示。
步骤三：在俯视图上绘制辅助圆及其内接正六边形，结果如图 6-5-3 所示。

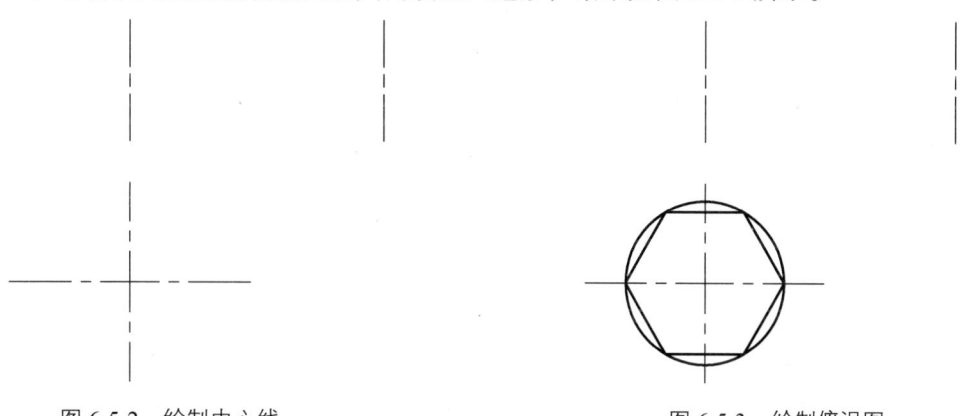

图 6-5-2　绘制中心线　　　　　　　　　　　　图 6-5-3　绘制俯视图

步骤四：绘制主视图，结果如图 6-5-4 所示。

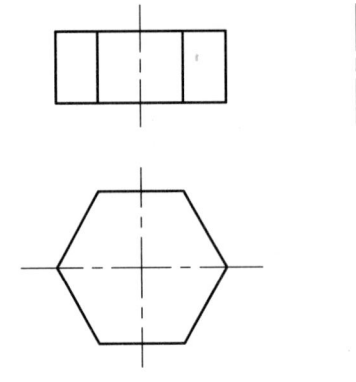

图 6-5-4　绘制主视图

步骤五：利用 45°线或者俯视图旋转 90°的方法绘制左视图，结果如图 6-5-5 所示。

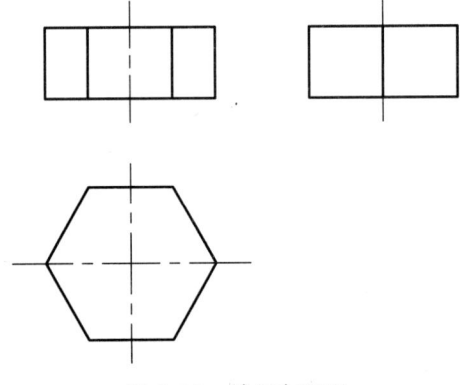

图 6-5-5　绘制左视图

步骤六：完成图形，存为"图 6-5-1.dwt"。

评分标准

评分标准见表 6-5-1。

表 6-5-1　评分标准

序号	评分点	分值	得分条件	判分要求
1	基本设置	20	正确使用已有参数（图层、线型、颜色、线型比例）	图层用错，每处扣 5 分
2	绘图	70	图形绘制准确	没有按要求绘制，每处扣 5 分；作图存在误差，每处扣 10 分；漏画、多画线，每处扣 10 分；图线接口错误，每处扣 5 分；中心线伸出不当，每处扣 5 分；残留污迹，每处扣 5 分
3	保存文件	10	文件名、扩展名	必须全部正确才得分

拓展练习

完成图 6-5-6 所示轴承座三视图的绘制。

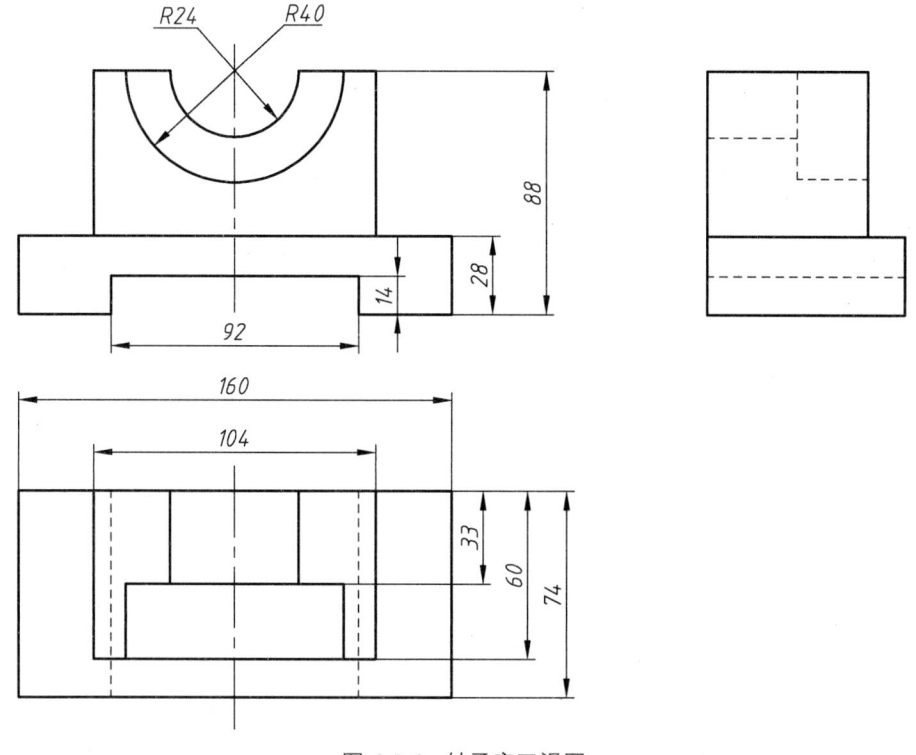

图 6-5-6　轴承座三视图

学习任务六　支座组合体三视图绘制

任务目标

（1）掌握正组合体的组成形式。
（2）掌握常用相贯线的绘制方法。
（3）掌握较复杂组合体的三视图绘制方法。

 明确任务

应用形体分析法，可将图 6-6-1 所示的支座分为四部分：圆柱筒、上部圆柱筒状的凸台、底板、顶部的凸耳。画图时，三个视图同时进行，不要一个视图画完之后再去画另一个视图。

绘制该支座图形时，应首先绘制中心线，确定出三视图的位置；然后绘制圆柱筒、圆筒状凸台、底板的外形结构，再绘制顶部的凸耳；最后绘制各个结构的细小部分。

完成如图 6-6-1 所示的图形，存为"图 6-6-1.dwt"。

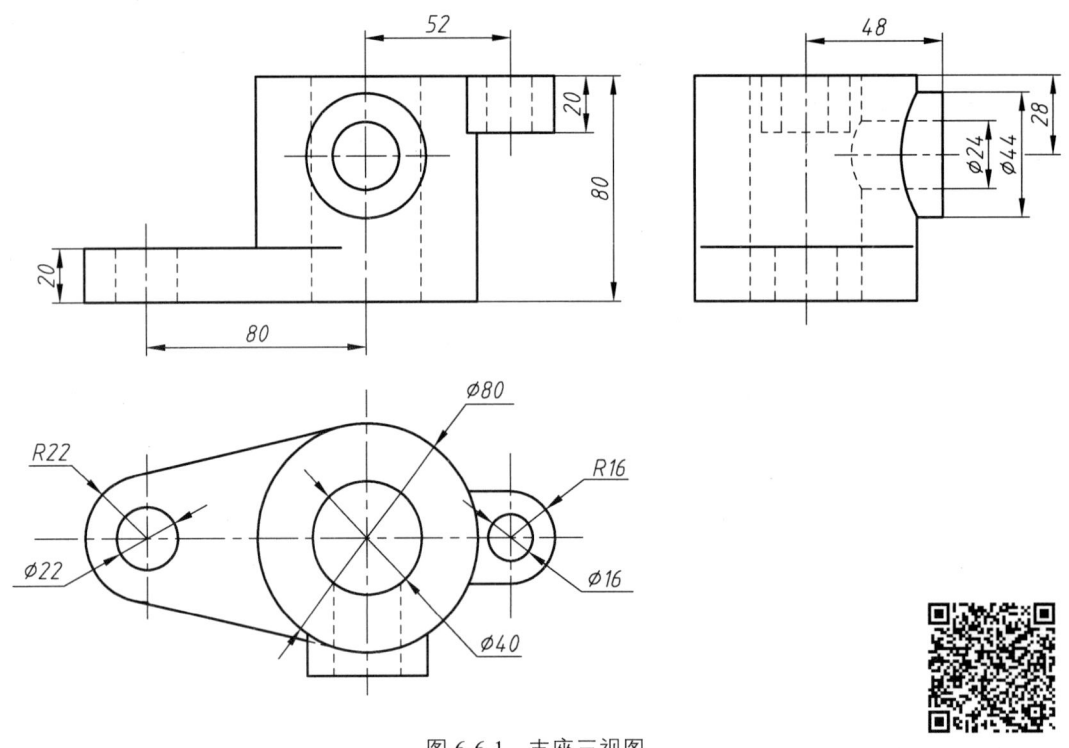

图 6-6-1 支座三视图

支座

任务实施

步骤一：调用"模板 1.dwt"，并在模板上绘制图形。

步骤二：启动画线命令 或输入快捷键"L"，绘制各视图中心基准线及 45°辅助线，结果如图 6-6-2 所示。

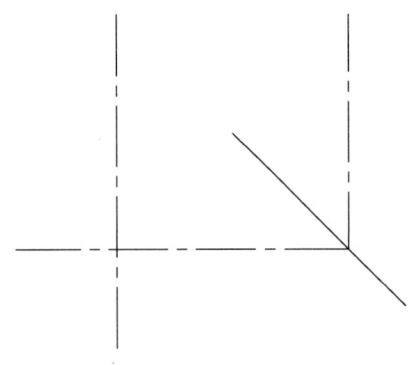

图 6-6-2 画中心线

步骤三：绘制圆柱筒，结果如图 6-6-3 所示。

步骤四：绘制上部圆柱筒状凸台，结果如图 6-6-4 所示。

步骤五：绘制底板，结果如图 6-6-5 所示。

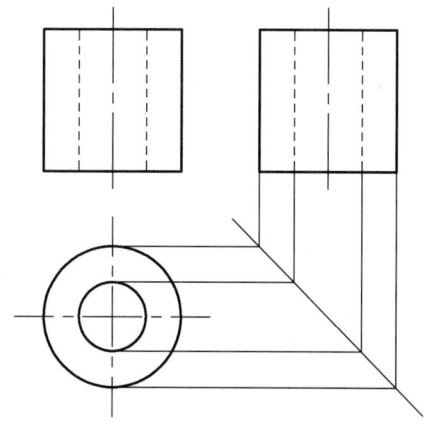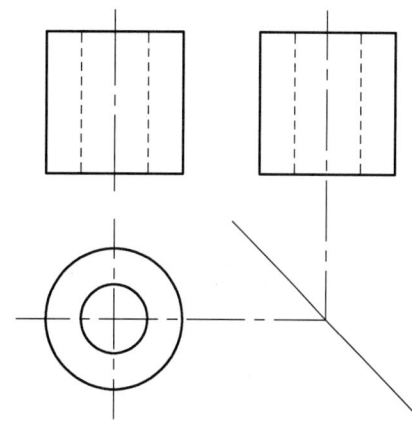

图 6-6-3 绘制圆柱筒

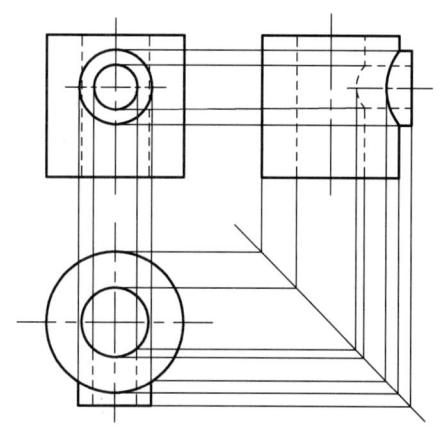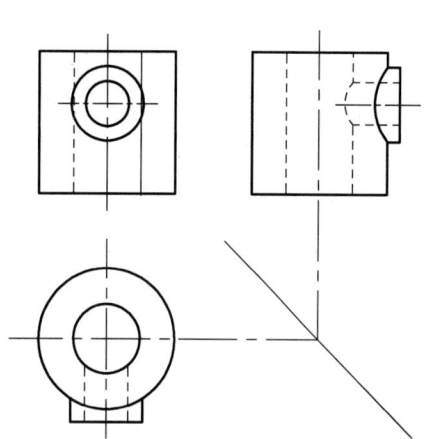

图 6-6-4 绘制上部圆柱筒状凸台

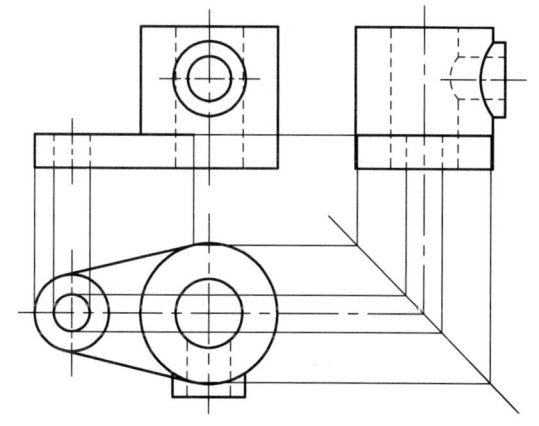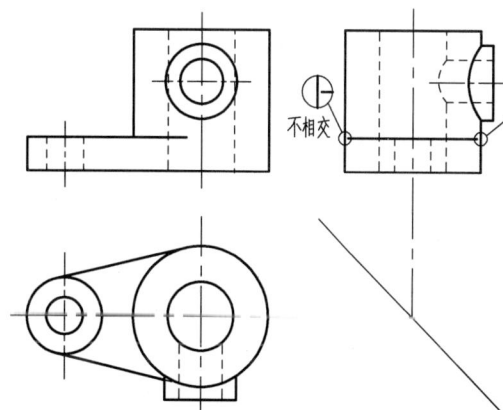

图 6-6-5 绘制底板

步骤六：绘制顶部凸耳，整理修剪，结果如图 6-6-6 所示。

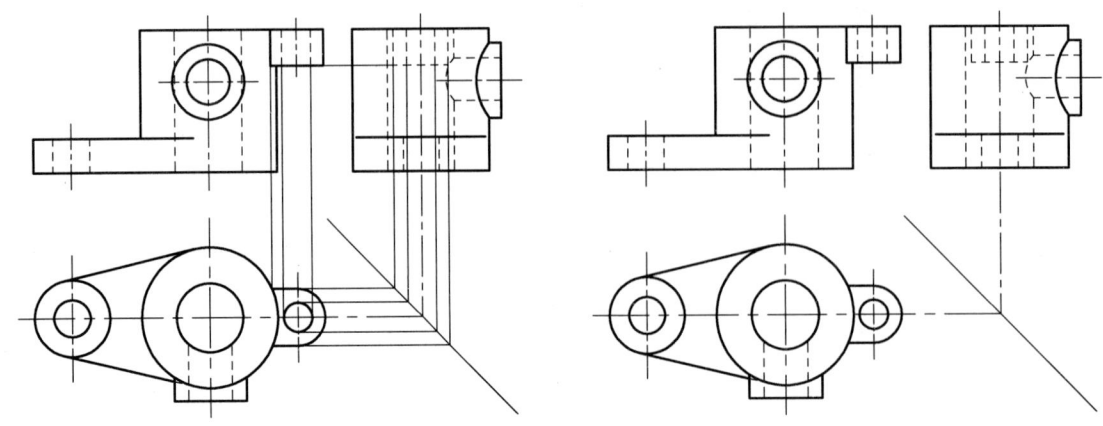

图 6-6-6　绘制顶部凸耳

步骤七：完成图形，存为"图 6-6-1.dwt"。

评分标准

评分标准见表 6-6-1。

表 6-6-1　评分标准

序号	评分点	分值	得分条件	判分要求
1	基本设置	20	正确使用已有参数（图层、线型、颜色、线型比例）	图层用错，每处扣 5 分
2	绘图	70	图形绘制准确	没有按要求绘制，每处扣 5 分；作图存在误差，每处扣 10 分；漏画、多画线，每处扣 10 分；图线接口错误，每处扣 5 分；小圆角漏画、错画，每处扣 5 分；中心线伸出不当，每处扣 5 分；残留污迹，每处扣 5 分
3	保存文件	10	文件名、扩展名	必须全部正确才得分

拓展练习

绘制图 6-6-7 所示的三视图。

项目六 AutoCAD 图形绘制 167

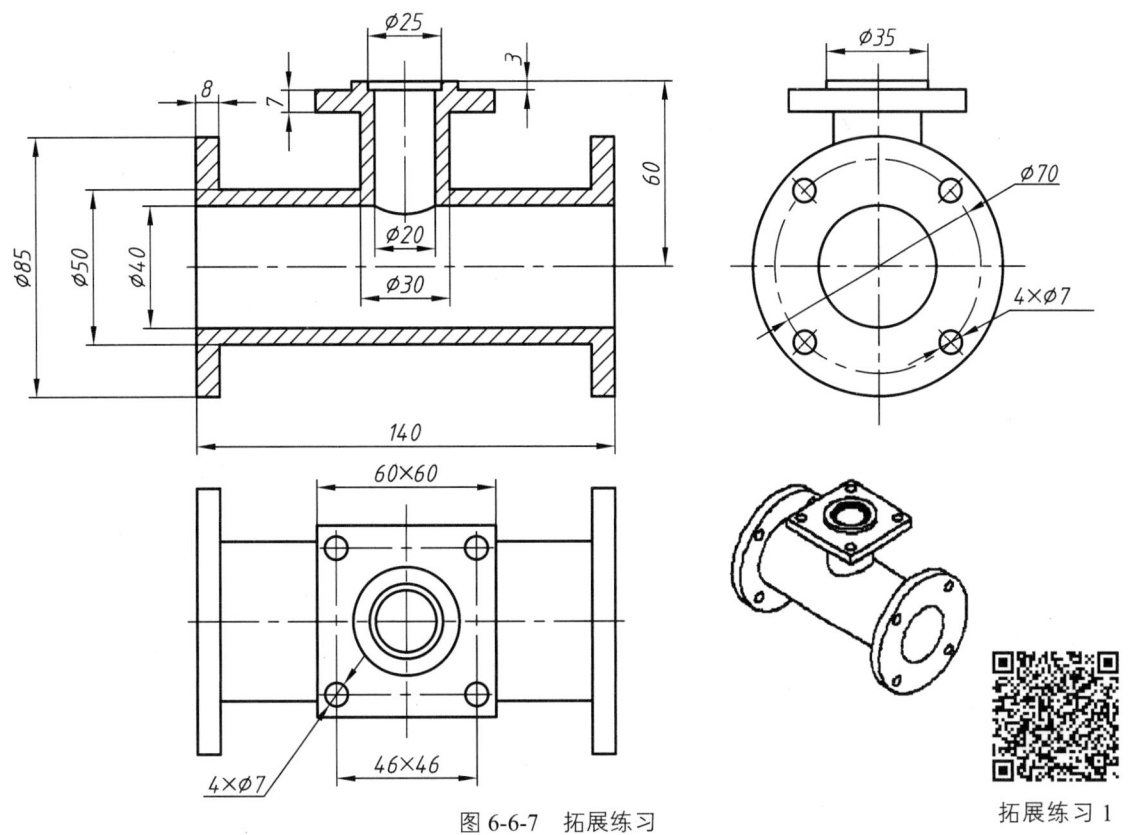

图 6-6-7 拓展练习

拓展练习 1

学习任务七 机件基本尺寸标注

任务目标

（1）掌握标注样式的创建与修改。
（2）掌握标注尺寸外观、位置和对齐方式的设置。
（3）掌握水平、垂直与对齐标注尺寸的方法。
（4）掌握角度、半径、直径、引线等的标注方法。

 明确任务

尺寸是工程图中的一项重要内容，它描述设计图形各组成部分的大小及其相对位置关系，是实际生产的重要依据。标注尺寸在图样设计中是一个关键环节，正确的尺寸标注是顺利生产的保证。

标注样式是标注尺寸的外观，例如标注文字的样式、箭头类型、颜色等都属于标注样式。下面将具体介绍 AutoCAD 中标注样式的创建以及设置等有关基础知识，并通过对标注样式进行具体创建和设置，来介绍标注样式的创建方法及相关属性（如标注文字、尺寸线、符号等）的设置方法。

不管是简单的图形，还是复杂的图形，都是由一系列直线段和圆弧等基本构图元素组成的。在工程绘图中，经常会为图形中的这些构图元素标注其相应线型的长度尺寸、半径尺寸和角度尺寸等，如图 6-7-1 所示。

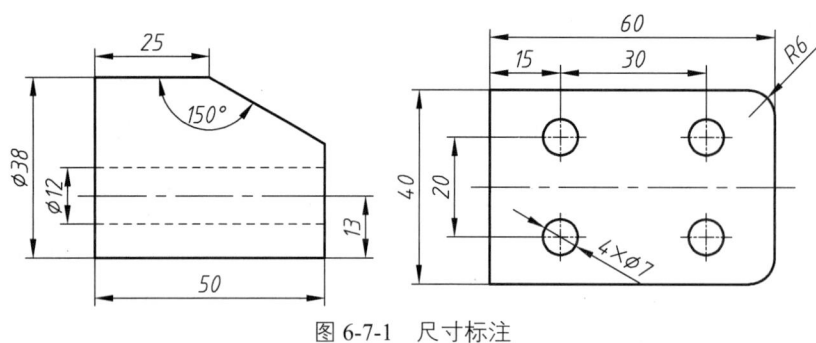

图 6-7-1 尺寸标注

任务实施

步骤一：单击【标准】工具栏上的  按钮，打开"图形基本尺寸标注.dwg"图形文件，并在该文件上完成尺寸标注。

步骤二：创建"尺寸线"图层，并设置为当前图层，如图 6-7-2 所示。

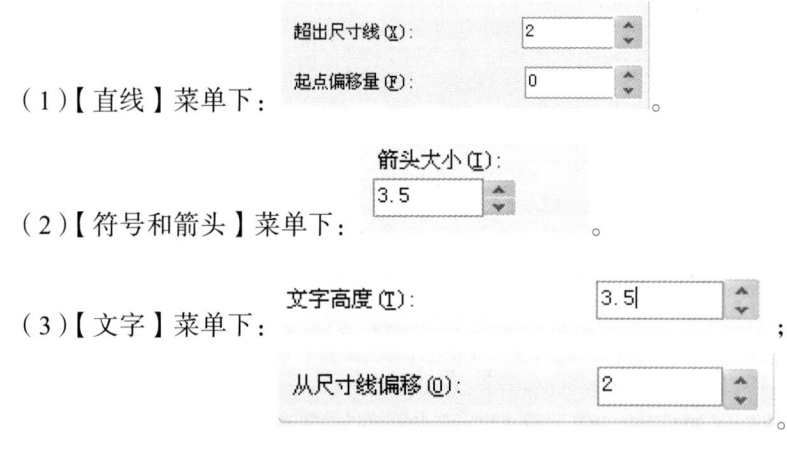

图 6-7-2 创建"尺寸线"图层

步骤三：打开【标注样式】设置尺寸的标注样式，建立"机械样式"尺寸标注样式，具体设置如下：

（1）【直线】菜单下：超出尺寸线(X)：2；起点偏移量(F)：0。

（2）【符号和箭头】菜单下：箭头大小(I)：3.5。

（3）【文字】菜单下：文字高度(T)：3.5；从尺寸线偏移(O)：2。

（4）【主单位】菜单下：小数分隔符(C)："."（句点），其余参数保持默认值。

步骤四：在"机械样式"标注样式下，建立【角度】标注子样式，如图 6-7-3 所示。

项目六 AutoCAD 图形绘制 169

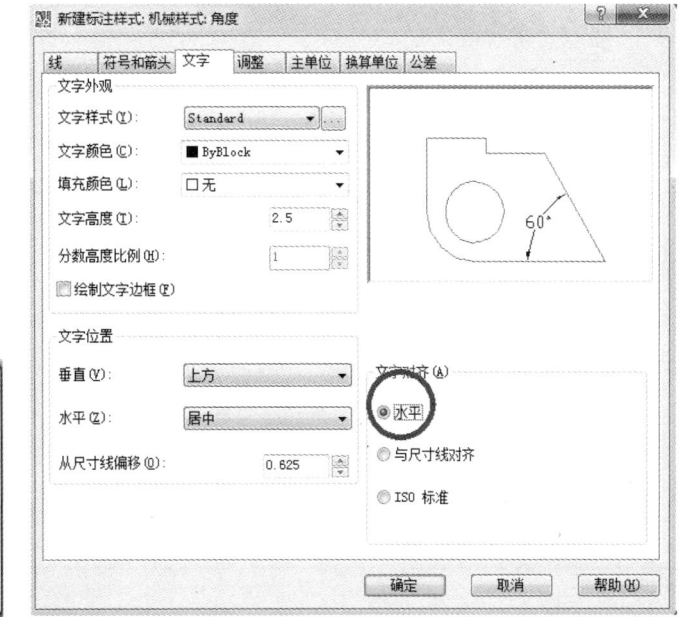
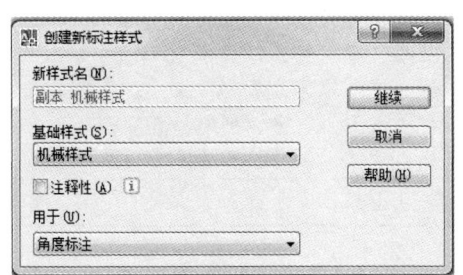

图 6-7-3 建立"角度"标注子样式

步骤五：标注线性尺寸，如图 6-7-4 所示。

步骤六：进行尺寸前缀修改操作，输入"ed"，点击待修改尺寸进行修改操作，如图 6-7-5 所示。

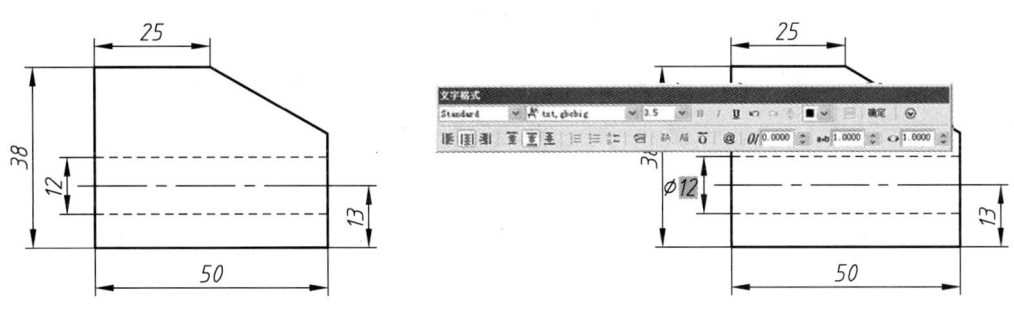

图 6-7-4 标注尺寸　　　　　　　　图 6-7-5 标注直径

步骤七：采用同样的方法建立"半径、直径"标注子样式，并进行角度、半径、直径标注，结果如图 6-7-6 所示。

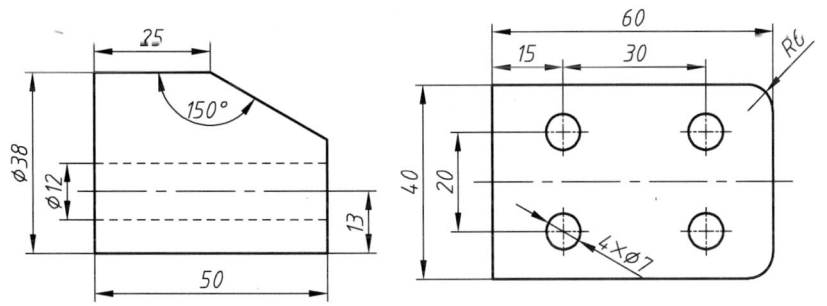

图 6-7-6 标注角度、半径、直径

步骤八：完成图形尺寸标注，存为"图 6-7-1.dwt"。

 评分标准

评分标准见表 6-7-1。

表 6-7-1 评分标准

序号	评分点	分值	得分条件	判分要求
1	基本设置	20	正确使用已有参数（图层、线型、颜色、线型比例）	图层用错，每处扣 5 分
2	绘图	70	图形绘制准确；尺寸标注正确	没有按要求绘制，每处扣 5 分；作图存在误差，每处扣 10 分；漏画、多画线，每处扣 10 分；图线接口错误，每处扣 5 分；中心线伸出不当，每处扣 5 分；残留污迹，每处扣 5 分
3	保存文件	10	文件名、扩展名	必须全部正确才得分

 拓展练习

完整抄画图 6-7-7 所示的图形，并按照图纸要求完整标注尺寸。

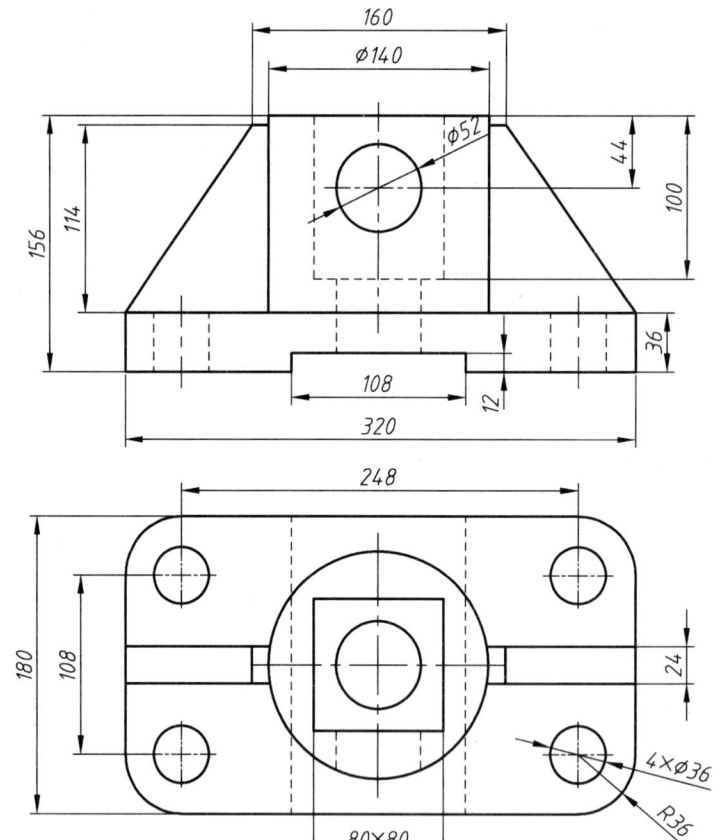

图 6-7-7 拓展练习

拓展练习 2

项目七　标准件及常用件图样识读与绘制

知识目标

（1）知道螺纹连接、齿轮、键、销、滚动轴承和弹簧的规定画法。
（2）知道国家标准对螺纹紧固件、键、销、滚动轴承等标准件的标记规定。

能力目标

（1）培养学生查阅国家标准及技术资料的能力。
（2）培养学生绘制标准件的能力与技巧。
（3）培养学生识读标准件标记的能力。

计划学时

20 学时。

实训地点

制图实训室。

工作情景描述

企业接到客户提出的要求，需要给现有的标准件进行测绘并将图纸存档整理。

技术部接到任务后，将任务分派到各部门，相关技术员开始查阅与本次任务相关的资料，了解各标准件的性能与结构以及工艺要求，确定工作方案，对各样件进行分析，绘制草图，制定必要的技术要求，并完成标准件的绘制；工程师复核最终图纸后签字确认，交由客户确认后，将图样交相关部门归档。工作完成后按照 8S 管理规范清理场地、归置物品、将资料归档。

```
                          ┌─ 学习任务一　螺栓绘制与手册查阅
项目七 标准件及常用件 ─────┼─ 学习任务二　齿轮绘制与手册查阅
     图样识读与绘制        └─ 学习任务三　键、销轴、滚动轴承和弹簧绘制与手册查阅
```

角色分配

分组教学，每组 6 人，分别担任工程师、助理工程师、技术员、质量检测员、仓管员、工程文员。

（1）工程师为项目主要负责人，为项目完成准备相关文献资料。
（2）技术员负责具体的技术工作，完成必要的笔录工作。
（3）质检员负责对本组和他组进行监督，依照标准检查督促操作过程中的各个环节，确保各小组按要求完成任务。
（4）仓管员负责工量辅具的保管与分发工作。
（5）工程文员负责本次任务的文书工作。
（6）助理工程师辅助工程师完成项目。

在不同的学习阶段，各成员可轮换岗位。各成员各负其责，合作完成查阅资料、准备工具、制订工作计划、测量、草绘、绘制工程图等相关任务，整个工作过程遵循8S操作规范。

学习任务一　螺栓绘制与手册查阅

任务目标

完成本学习任务后，你应该：

【关键技能】
（1）能（会）通过查阅资料获得螺纹标准件的参数。
（2）能（会）正确辨别内外螺纹的结构，掌握大径、中径、小径的画法。
（3）能（会）正确绘制内、外螺纹并完成恰当的标注。

【基本技能】
（1）能（会）根据国家标准采用正确的线条完成图形的绘制。
（2）能（会）通过查阅资料获得所需的知识。

知识目标

完成本学习任务后，你应该：
（1）掌握螺纹五要素的概念。
（2）掌握大径、中径、小径的含义。
（3）读懂国家标准关于螺纹的标识。

职业素养目标

完成本学习任务后，你应该：
（1）逐步养成耐心、细心、吃苦耐劳的精神。
（2）逐步养成团结协作的精神。
（3）逐步养成良好的工作责任心。
（4）逐步养成对事物的钻研探索精神。
（5）通过合作解决具体问题，学习并提升沟通、协调等社会能力。
（6）尊重他人劳动，不窃取他人成果。

项目七 标准件及常用件图样识读与绘制 173

计划学时

4 学时。

学习过程

 明确任务

阅读设计任务书，填写工作任务单（见表 7-1-1）。列出本次任务的工作内容、时间要求及交接工作的相关负责人，并根据实际情况补充完整其他内容。

表 7-1-1 工作任务单

部 门		工作地点		
项目名称		任务周期		学时
接收任务时间		任务完成时间		
任务来源		任务接收人		
项目工程师		质量检查员		
助理工程师		技术员		
仓库管理员		工程文员		
工作步骤	步骤	完成的工作	起止时间	执行人
	第1步			
	第2步			
	第3步			
	第4步			
	第5步			
	第6步			
	第7步			
	第8步			
	第9步			
	第10步			
任务实施时遇到的问题：				
本次任务的成果：				
质量监督员签字 年 月 日		工程师签字 年 月 日		

学习活动一　螺栓三视图绘制

活动目标

（1）使用绘图工具，按照国家标准的规定绘制外螺纹和内螺纹。
（2）标注内螺纹和外螺纹。
（3）培养认真负责、严谨细致的工作态度。

学习准备

1. 相关知识的准备

与本次课题相关的制图知识。

2. 工量辅具的准备

（1）设备：螺母、螺栓、工作台。
（2）测量工具：游标卡尺、千分尺、角尺、塞尺、钢板尺、记号笔等。
（3）绘图工具：三角板、A2～A4 图纸若干张、HB 铅笔、2B 铅笔、圆规、橡皮等。

3. 辅具与参考资料

白板、磁铁若干、多媒体设备、话筒、网络资源、制图参考书、机械设计手册、安全操作规程、8S 管理规范制度、零件测绘参考资料等相关书籍。

学习过程

引导问题

（1）如何绘制外螺纹？
（2）螺纹（见图 7-1-1）五要素有哪些？
（3）思考如何画出螺栓三视图。

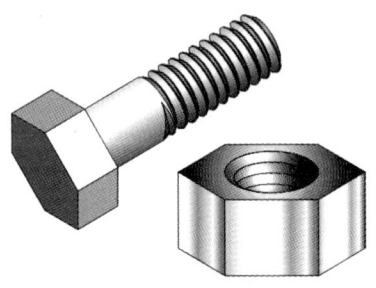

图 7-1-1　螺栓、螺母

探索与发现

（1）在圆柱（圆锥）表面上，沿着_____形成的具有相同断面形状的连续凸起和沟槽称为螺纹。
（2）在圆柱（圆锥）外表面上形成的螺纹为_____。
（3）在圆柱（圆锥）_____上形成的螺纹为内螺纹。
（4）螺纹五要素有牙型、_____、_____、_____、旋向。
（5）公称直径：代表螺纹尺寸的_____。除管螺纹外，公称直径是指螺纹的_____。
（6）螺纹上相邻两牙在中径线上对应两点之间的轴向距离 P 称为_____，同一条螺纹上相邻两牙在中径线上对应两点之间的轴向距离 L 称为_____。

（7）在图 7-1-2 所示的图形下面空格上写出对应的名称。

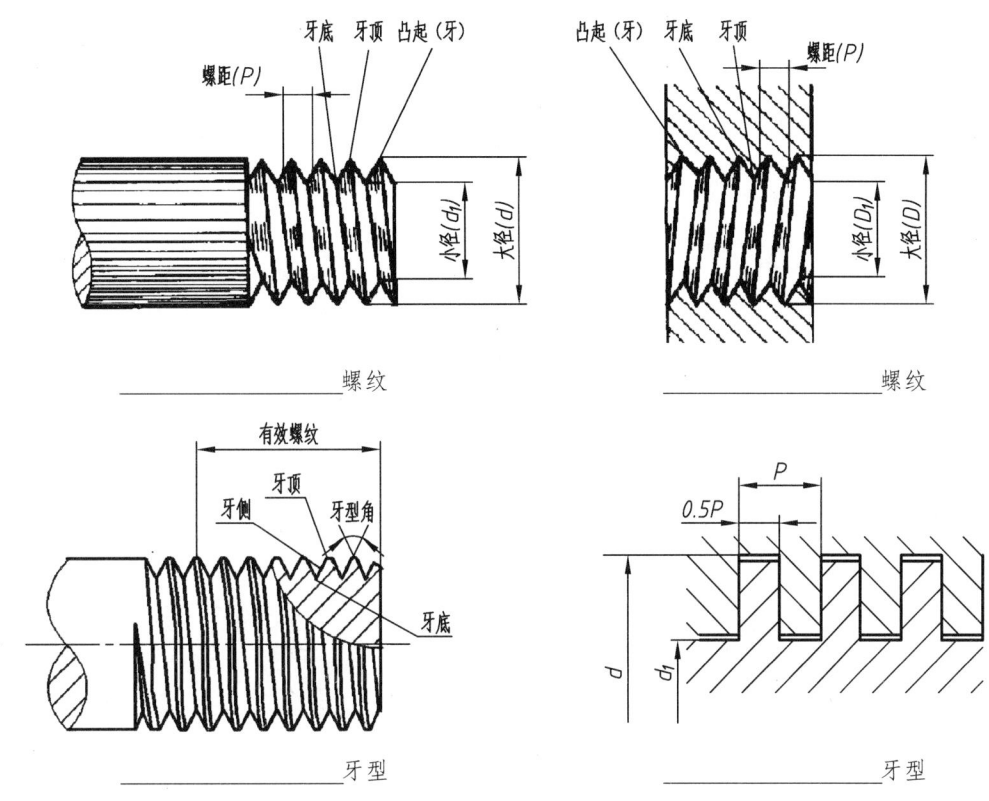

图 7-1-2　螺纹的结构

练一练

（1）查阅资料，在图 7-1-3 中绘制外螺纹，$d=20$。

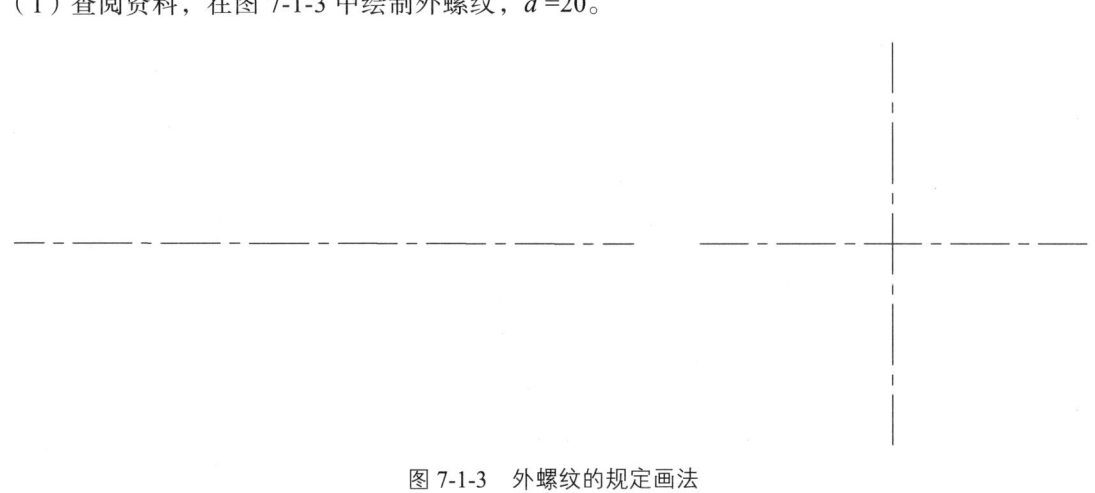

图 7-1-3　外螺纹的规定画法

（2）外螺纹牙底圆的投影用_____实线，螺纹长度的终止线用_____实线，剖面线画到_____，牙底细实线圆画_____圈。小径是大径的_____倍。

（3）查阅资料，在图 7-1-4 中绘制内螺纹，$D=20$。

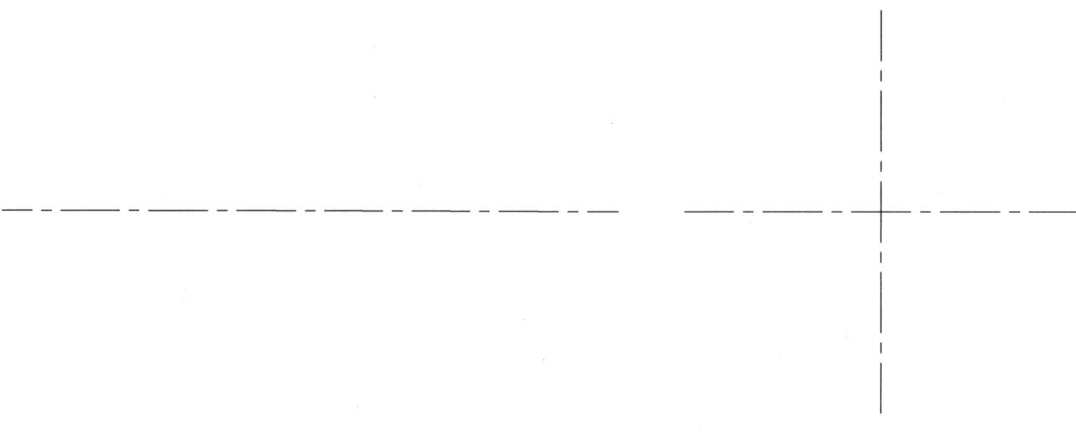

图 7-1-4 内螺纹的规定画法

（4）内螺纹的牙底用_____实线，剖面线画到_____，螺纹的终止线用_____实线，牙底细实线圆画_____圈。小径是大径的_____倍，螺纹不可见时均用_____线绘制。

（5）填写空白处。

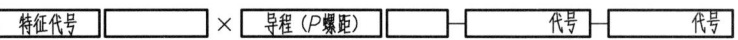

（6）在图 7-1-5 中进行螺纹标记：M12-6H，并说明其中含义。

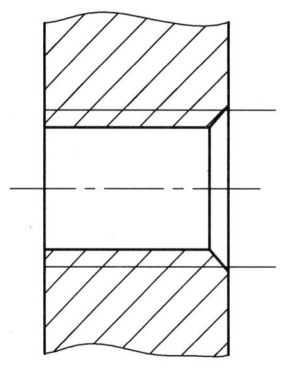

图 7-1-5 内螺纹的标注

（7）在图 7-1-6 中进行螺纹标记：M12-6g。外螺纹为粗牙普通螺纹，公称直径为 12 mm，单线，右旋，中径、顶径螺纹公差带均为 6 g，中等旋合长度。

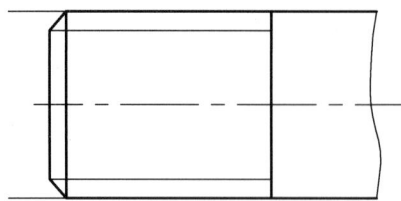

图 7-1-6 外螺纹的标注

（8）六角头螺栓标记：

名称　标准代号　螺纹代号×长度

如图 7-1-7 所示，螺纹规格 d = M12，公称长度 l = 60 mm，性能等级为 4.8 级，不经表面处理，杆身半螺纹，产品等级为 C 级。

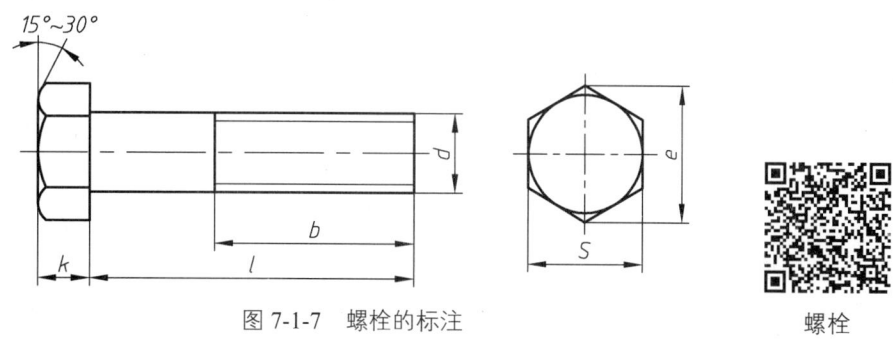

图 7-1-7　螺栓的标注

螺栓　GB/T 5780＿＿＿＿＿＿＿＿。

（9）六角螺母标记：

名称　标准代号　螺纹代号

如图 7-1-8 所示，螺纹规格 D = M12，性能等级为 5 级，不经表面处理，产品等级为 C 级的 Ⅰ 型六角螺母。

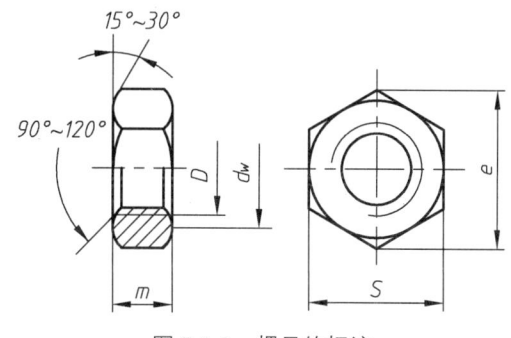

图 7-1-8　螺母的标注

螺母　GB/T 41＿＿＿＿＿＿＿＿。

任务实施

用 AutoCAD 软件绘制如图 7-1-10 所示的 A4 图纸，并绘制如图 7-1-9 所示螺栓 M20×80 的三视图。

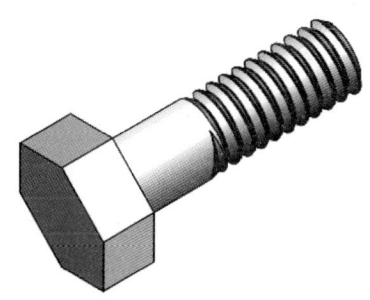

图 7-1-9　螺栓

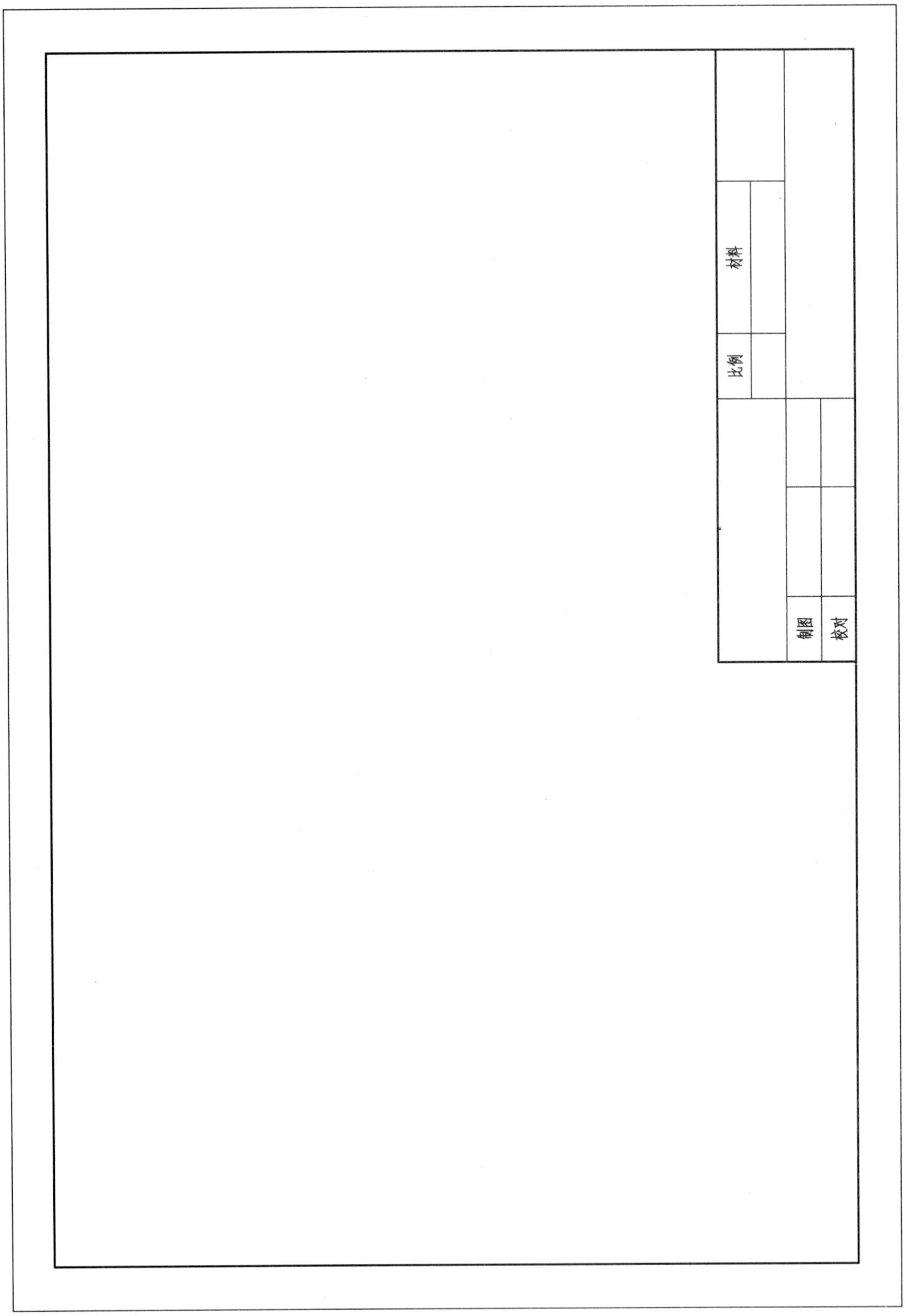

图 7-1-10 螺栓三视图

学习活动二　螺栓连接图绘制

 活动目标

（1）使用绘图工具，按照国家标准的规定绘制螺栓连接图。
（2）培养认真负责、严谨细致的工作态度。

 实训地点

制图实训室。

学习准备

1. 相关知识的准备

与本次课题相关的制图知识。

2. 工量辅具的准备

（1）设备：螺母、螺栓、工作台。
（2）测量工具：游标卡尺、千分尺、角尺、塞尺、钢板尺、记号笔等。
（3）绘图工具：三角板、A2～A4 图纸若干张、HB 铅笔、2B 铅笔、圆规、橡皮等。

3. 辅具与参考资料

白板、磁铁若干、多媒体设备、话筒、网络资源、制图参考书、机械设计手册、安全操作规程、8S 管理规范制度、零件测绘参考资料等相关书籍。

学习过程

 引导问题

（1）如何绘制内外螺纹连接图（见图 7-1-11）？
（2）思考如何画出螺栓连接图。
（3）如何查找螺栓、螺母、垫圈的相关参数？

探索与发现

垫圈的标记：名称　标准代号　公称尺寸-性能等级

如图 7-1-12 所示，公称尺寸（螺纹规格）d=12，性能等级为 100 HV 级，不经表面处理的平垫圈，将其标注在下面的空白处。

_____

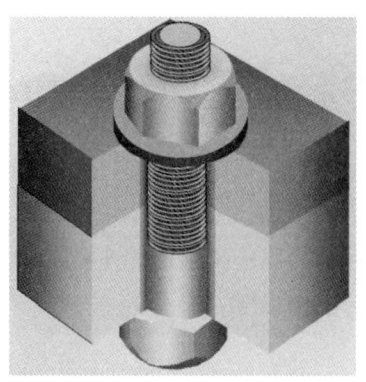

图 7-1-11 螺栓连接图

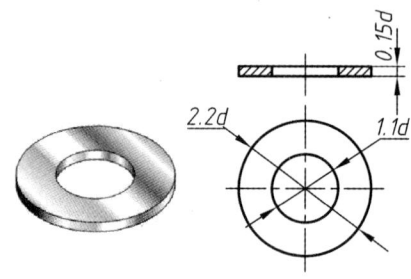

图 7-1-12 垫圈

任务实施

用 AutoCAD 软件绘制如图 7-1-14 所示的 A4 图纸，并绘制如图 7-1-13 所示螺栓的三视图，其中螺栓的型号为 GB/T 5780 M20×_____，t_1=25，t_2=30。

小组教学：各小组按照图形需求，计算相关参数，并查表注明相关参数，根据所查参数绘制螺栓连接图。

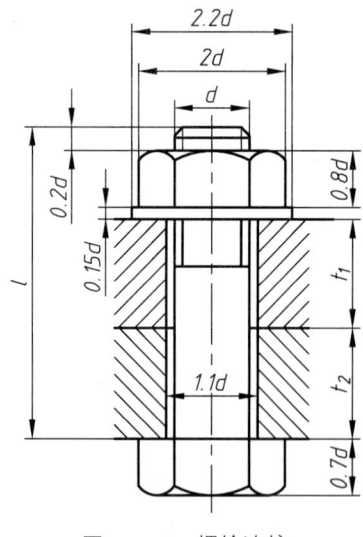

图 7-1-13 螺栓连接

图 7-1-14 螺栓连接图

学习活动三　双头螺柱绘制与手册查阅

活动目标

（1）能（会）阅读双头螺纹的视图、标记，并查阅有关国家标准。
（2）能（会）绘制双头螺柱连接图。

活动地点

制图实训室。

计划学时

4学时。

学习准备

1. 相关知识的准备

与本次课题相关的制图、测量知识。

2. 工量辅具的准备

（1）设备：挂图、工作台。
（2）测量工具：游标卡尺、千分尺、角尺、塞尺、钢板尺、记号笔等。
（3）绘图工具：三角板、A2～A4图纸若干张、HB铅笔、2B铅笔、圆规、橡皮等。

3. 辅具与参考资料

白板、磁铁若干、多媒体设备、话筒、网络资源、制图参考书、机械设计手册、安全操作规程、8S管理规范制度、零件测绘参考资料等相关书籍。

学习过程

引导问题

（1）如何绘制双头螺柱的连接图（见图7-1-15）？
（2）根据给定的大径，如何查阅双头螺柱的相关参数？

明确任务

阅读设计任务书，填写工作任务单（见表7-1-2）。列出本次任务的工作内容、时间要求及交接工作的相关负责人，并根据实际情况补充完整其他内容。

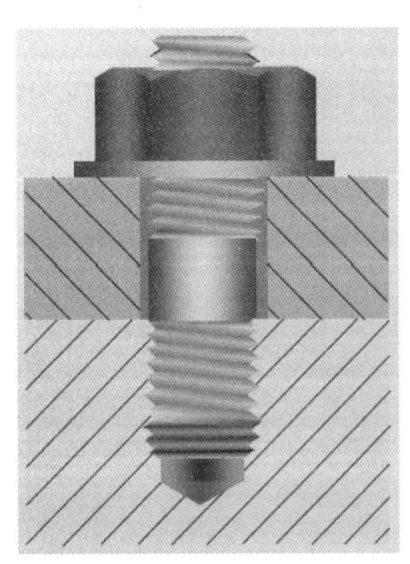

图7-1-15　双头螺柱连接图

表 7-1-2 工作任务单

部　　门			工作地点		
项目名称			任务周期		学时
接收任务时间			任务完成时间		
任务来源			任务接收人		
项目工程师			质量检查员		
助理工程师			技术员		
仓库管理员			工程文员		
工作步骤	步　　骤	完成的工作		起止时间	执行人
	第1步				
	第2步				
	第3步				
	第4步				
	第5步				
	第6步				
	第7步				
	第8步				
	第9步				
	第10步				
任务实施时遇到的问题：					
本次任务的成果：					
质量监督员签字　　　　　　　　　　年　月　日			工程师签字　　　　　　　　　　年　月　日		

探索与发现

（1）绘制不穿通螺纹孔（见图 7-1-16）时，剖面线应打到_____为止，大径画为_____，小径画为_____。

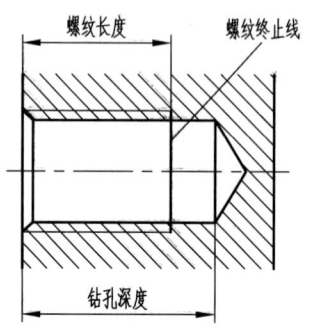

图 7-1-16　不穿通螺纹孔的画法

（2）内、外螺纹连接（见图 7-1-17）时，旋合部分按_____绘制，剖面线打到_____为止，大径、小径线分别_____。

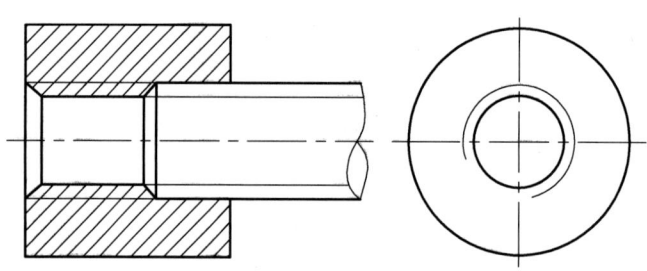

图 7-1-17　内、外螺纹连接的画法

（3）抄画内外螺纹连接图，$d=25$，螺纹连接长度为 45（注意粗细实线的区分）。

（4）双头螺柱的标注：

名称　标准代号　类型　螺纹代号×工程长度

如图 7-1-18 所示，两端均为粗牙普通螺纹，d =M10，l = 40 mm，性能等级 4.8 级，不经表面处理，B 型（B 省略不标），b_m =1.5d。

螺柱 GB/T 899_____。

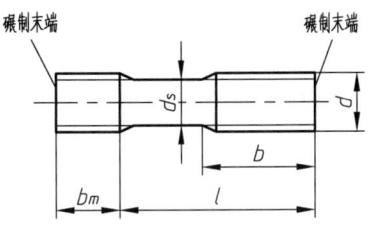

图 7-1-18　双头螺柱

　任务实施

参照图 7-1-19 所示的双头螺柱，用 AutoCAD 软件绘制双头螺柱工程图（参照 GB/T 899）。

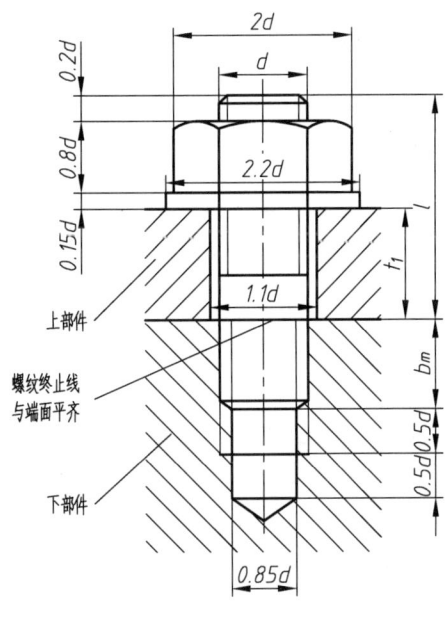

图 7-1-19　双头螺柱连接图

步骤一：绘制一张 A4 图纸（不留装订边，纵放）。

步骤二：查表可知螺柱 GB/T 899 M20×_____，参照图 7-1-19 计算相关参数，t=25。

步骤三：在图 7-1-20 中绘制双头螺柱连接图。

图 7-1-20 双头螺栓工程图

学习任务二　齿轮绘制与手册查阅

任务目标

完成本学习任务后,你应该:

【关键技能】

(1) 能(会)掌握标准直齿圆柱齿轮各几何要素的名称和计算方法。
(2) 能(会)单个圆柱齿轮和圆柱齿轮啮合图的绘制。
(3) 能(会)识读圆锥齿轮和蜗轮蜗杆视图。

【基本技能】

(1) 能(会)按照国家标准的规定绘制复杂视图。
(2) 能(会)通过查阅资料获得所需的知识。

知识目标

完成本学习任务后,你应该:

(1) 掌握国家标准关于齿轮的规定与画法。
(2) 掌握国家标准关于啮合齿轮的规定与画法。
(3) 读懂国家标准关于圆锥齿轮和蜗轮蜗杆视图的规定与画法。

职业素养目标

完成本学习任务后,你应该:

(1) 逐步养成耐心、细心、吃苦耐劳的精神。
(2) 逐步养成团结协作的精神。
(3) 逐步养成良好的工作责任心。
(4) 逐步养成对事物的钻研探索精神。
(5) 通过合作解决具体问题,学习并提升沟通、协调等社会能力。
(6) 尊重他人劳动,不窃取他人成果。

计划学时

4学时。

活动地点

制图实训室。

学习准备

1. 相关知识的准备

与本次课题相关的制图、测量知识。

2. 工量辅具的准备

（1）设备：挂图、工作台。

（2）测量工具：游标卡尺、千分尺、角尺、塞尺、钢板尺、记号笔等。

（3）绘图工具：三角板、A2～A4图纸若干张、HB铅笔、2B铅笔、圆规、橡皮、装有AutoCAD软件的计算机等。

3. 辅具与参考资料

白板、磁铁若干、多媒体设备、话筒、网络资源、制图参考书、机械设计手册、安全操作规程、8S管理规范制度、零件测绘参考资料等相关书籍。

 学习过程

 引导问题

（1）如何绘制齿轮的啮合图（见图7-2-1）？

（2）根据给定的数据，如何查阅齿轮的相关参数？

图 7-2-1 齿轮啮合图

明确任务

阅读设计任务书，填写工作任务单（见表 7-2-1）。列出本次任务的工作内容、时间要求及交接工作的相关负责人，并根据实际情况补充完整其他内容。

表 7-2-1 工作任务单

部　门		工作地点	
项目名称		任务周期	学时
接收任务时间		任务完成时间	
任务来源		任务接收人	
项目工程师		质量检查员	
助理工程师		技术员	
仓库管理员		工程文员	

	步　骤	完成的工作	起止时间	执行人
工作步骤	第1步			
	第2步			
	第3步			
	第4步			
	第5步			
	第6步			
	第7步			
	第8步			
	第9步			
	第10步			

任务实施时遇到的问题：

本次任务的成果：

质量监督员签字	年　月　日	工程师签字	年　月　日

探索与发现

参见图 7-2-2 完成下列填空题。

（1）通过轮齿顶部的圆叫_____，其直径用 d_a 表示。

（2）通过轮齿根部的圆叫_____，其直径用_____表示。

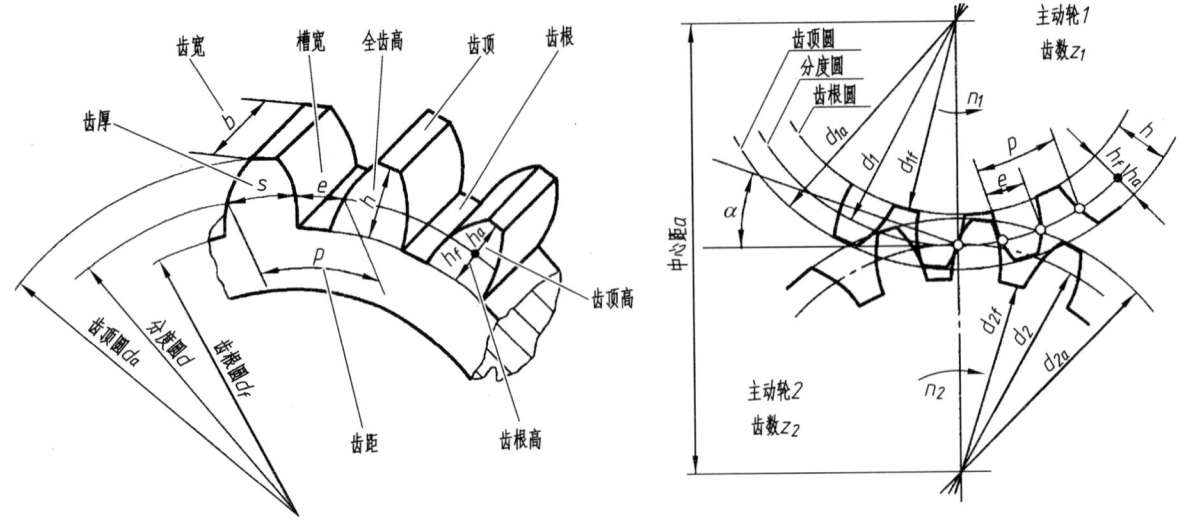

图 7-2-2 标准直齿圆柱齿轮各部分名称及有关参数

（3）分度圆是一个假想圆，在该圆上，齿厚 s 等于齿槽宽 e。分度圆直径用_____表示。

（4）齿高 h 是齿顶圆与齿根圆之间的_____。

（5）齿顶高 h_a 是_____与_____之间的径向距离，齿根高 h_f 是齿根圆与分度圆之间的_____。$h=$_____。

（6）齿距 p 是_____上相邻两齿廓对应点之间的_____，标准齿轮分度圆上齿厚 s 与槽宽 e_____，$p=$_____$=2s=2e$。

（7）中心距 a 是两圆柱齿轮轴线之间的距离，$a=$_____。

（8）模数 m 是_____p 与_____π 的比值，单位为____，$d=$_____。

（9）齿数 z 是指_____。

（10）分度圆（线）——_____线；齿顶圆（线）——_____线。

（11）齿根圆——_____（或省略）；齿根线（剖视图中）——_____。

（12）齿根线（外形图中）——_____（或省略）。

（13）完善表 7-2-2 中齿轮计算公式。

表 7-2-2 齿轮参数计算公式

基本参数：模数 m，齿数 z			
序号	名称	符号	计算公式
1	齿距	p	$p=$
2	齿顶高	h_a	$h_a=$
3	齿根高	h_f	$h_f=$
4	齿高	h	$h=$
5	分度圆直径	d	$d=$
6	齿顶圆直径	d_a	$d_a=$
7	齿根圆直径	d_f	$d_f=$
8	中心距	a	$a=$

练一练

已知齿轮为标准直齿圆柱齿轮（见图 7-2-3），$m=3$，$z_1=30$，齿宽 $B=15$ mm，键槽宽为 12 mm，孔的直径 $d=40$ mm，轴孔加键槽深度 $d+t_2=43.3$ mm，根据以上给定的数据计算相关参数，并完成齿轮绘制。

$d_1=$

$d_{a1}=$

$d_{f1}=$

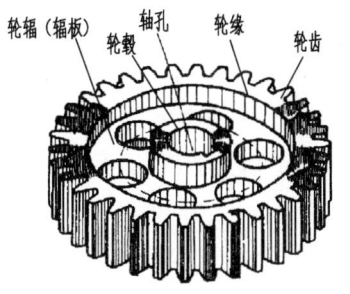

图 7-2-3 直齿轮

任务实施

分组教学：各小组按照图形需求，根据工作页所提供的指导性问题依次完成各项工作任务。在不同的学习阶段，各成员可轮换岗位。各成员各负其责，合作完成查阅资料、准备工具、制订工作计划、测量、草绘、绘制工程图等相关任务，整个工作过程遵循 8S 操作规范。

参照图 7-2-1 所示的啮合齿轮，用 AutoCAD 软件绘制圆柱齿轮啮合图。

步骤一：绘制一张 A4 图纸（不留装订边，纵放）。

步骤二：计算相关参数，并完成齿轮啮合图的绘制。

已知 $m=3$，$z_1=30$，$z_2=20$，$B_1=40$ mm，$B_2=30$ mm。

学习任务三　键、销轴、滚动轴承和弹簧绘制与手册查阅

任务目标

完成本学习任务后，你应该：

【关键技能】

（1）能（会）掌握键、轴与轴上传动键连接图的绘制。

（2）能（会）掌握销轴连接图的画法。

（3）能（会）掌握轴承的视图表达方法。

（4）能（会）识读与绘制弹簧的视图与示意图。

（5）能（会）通过手册查阅以上各标准件的相关参数。

【基本技能】

（1）能（会）按照国家标准的规定绘制连接图。

（2）能（会）通过查阅资料获得所需的知识。

知识目标

完成本学习任务后，你应该：

（1）掌握国家标准关于键、销、轴承、弹簧视图的规定与画法。

（2）掌握国家标准关于键、销的连接图的规定与画法。

（3）掌握国家标准关于轴承与弹簧视图的规定与画法。

职业素养目标

完成本学习任务后，你应该：

（1）逐步养成耐心、细心、吃苦耐劳的精神。

(2）逐步养成团结协作的精神。

(3）逐步养成良好的工作责任心。

(4）逐步养成对事物的钻研探索精神。

(5）通过合作解决具体问题，学习并提升沟通、协调等社会能力。

(6）尊重他人劳动，不窃取他人成果。

计划学时

4学时。

实训地点

制图实训室。

学习准备

1. 相关知识的准备

与本次课题相关的制图、测量知识。

2. 工量辅具的准备

(1）设备：挂图、工作台。

(2）测量工具：游标卡尺、千分尺、角尺、塞尺、钢板尺、记号笔等。

(3）绘图工具：三角板、A2～A4图纸若干张、HB铅笔、2B铅笔、圆规、橡皮、绘图板、丁字尺、装有AutoCAD软件的计算机等。

3. 辅具与参考资料

白板、磁铁若干、多媒体设备、话筒、网络资源、制图参考书、机械设计手册、安全操作规程、8S管理规范制度、零件测绘参考资料等相关书籍。

学习过程

引导问题

(1）如何绘制键连接图（见图7-3-1）？

(2）根据给定的数据，如何查阅轴承的相关参数？

(3）如何绘制弹簧的示意图？

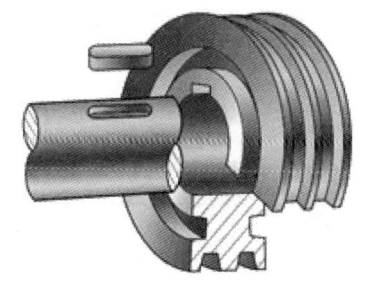

图 7-3-1 键连接图

明确任务

阅读设计任务书，填写工作任务单（见表 7-3-1）。列出本次任务的工作内容、时间要求及交接工作的相关负责人，并根据实际情况补充完整其他内容。

表 7-3-1 工作任务单

部　门		工作地点	
项目名称		任务周期	学时
接收任务时间		任务完成时间	
任务来源		任务接收人	
项目工程师		质量检查员	
助理工程师		技术员	
仓库管理员		工程文员	

	步　骤	完成的工作	起止时间	执行人
工作步骤	第1步			
	第2步			
	第3步			
	第4步			
	第5步			
	第6步			
	第7步			
	第8步			
	第9步			
	第10步			

任务实施时遇到的问题：

本次任务的成果：

质量监督员签字		工程师签字	
	年　月　日		年　月　日

探索与发现

（1）已知轴径 $d=30$ mm，齿轮的齿坯宽度 $B=30$ mm，参见图 7-3-2，通过查表，得出以下参数：

①键的尺寸：A 型普通平键，宽度 $b=$ _____ mm、高度 $h=$ _____ mm、长度 $L=$ _____ mm。

②轴上键槽尺寸：$t_1=$ _____。

③齿轮上的键槽尺寸：$t_2=$ _____。

④计算有关尺寸 $d-t_1=$ _____；$d+t_2=$ _____。

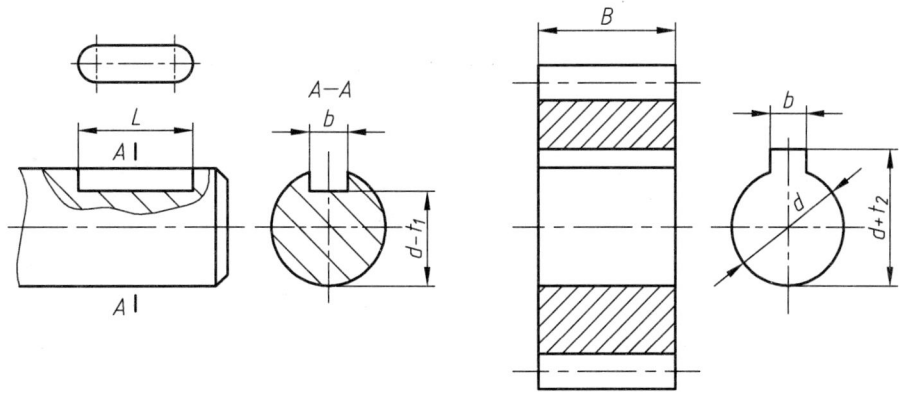

图 7-3-2 键连接图

练一练

（1）根据图 7-3-2 中的参数用 AutoCAD 软件绘制键的连接图，其中齿轮参数 $m=3$，$z_1=30$。

（2）参照图 7-3-3 填空。

① 当剖切平面通过销的轴线时，销按_____绘制。

② 圆锥销孔的直径指圆锥销的_____。

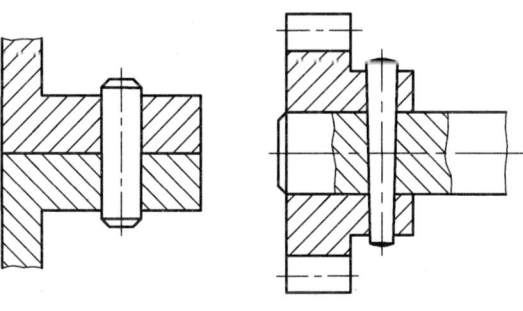

（a）圆柱销连接　　（b）圆锥销连接

图 7-3-3 键连接图

（3）在图 7-3-4 的视图下标明对应轴承名称。

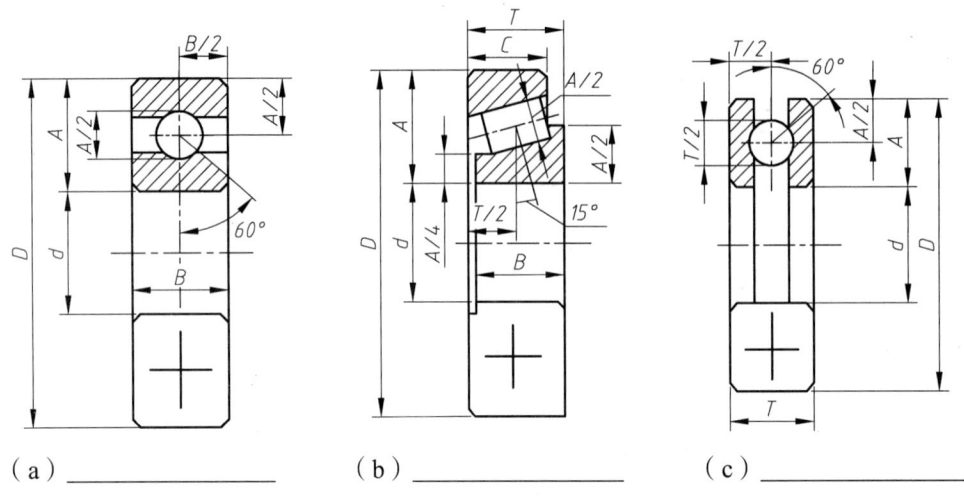

(a) ＿＿＿＿＿＿＿＿ (b) ＿＿＿＿＿＿＿＿ (c) ＿＿＿＿＿＿＿＿

图 7-3-4 轴承视图

（4）已知滚动轴承 6208 GB/T 276—1994，查表可得：宽度 B=＿＿＿mm、内径 d=＿＿＿mm、外径＿＿＿＿=80 mm。

（5）根据题（4）所查参数用 AutoCAD 软件绘制滚动轴承图。

（6）滚动体上_____剖面线。

（7）内、外圈剖面线，应方向_____、间隔相同。

（8）规定画法一般只用在图的一侧，在另一侧应按_____绘制。

（9）圆柱螺旋压缩弹簧的画法（见图 7-3-5）规定：

① 支撑圈均按_____圈绘制。

② 左、右螺旋弹簧均可画成_____。

③ 有效圈数在 4 圈以上的螺旋弹簧，可只画出其两端的_____圈。

④ 各圈轮廓线画成_____。

（10）当弹簧的钢丝断面直径在图形上不大于 2 mm 时，可用示意画法或采用_____。

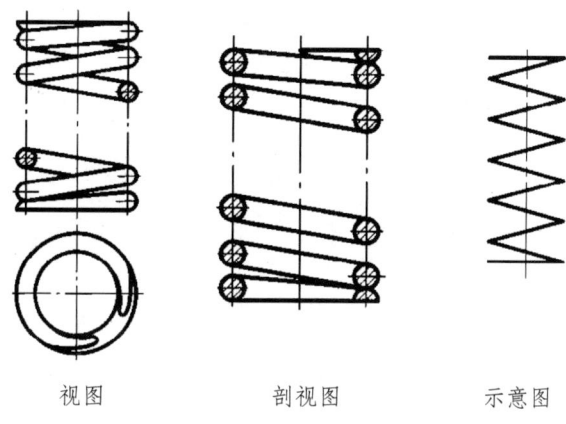

视图　　　　剖视图　　　　示意图

图 7-3-5　圆柱螺旋弹簧的视图、剖视图和示意图

项目八　典型零件图绘制

知识目标

（1）了解零件图的作用和内容。
（2）了解表面结构要求、尺寸公差、几何公差的内容。
（3）掌握表面结构要求、尺寸公差、几何公差的概念。
（4）了解尺寸基准的概念及其选择方法。
（5）了解常见结构的尺寸注法。

能力目标

（1）培养对零件图的全面认识能力。
（2）培养识读图样技术要求的能力。
（3）培养合理选择表达方法的能力，能准确、合理地绘制零件的视图。
（4）能选择尺寸基准，并正确、完整、清晰和合理地标注零件图的尺寸。
（5）能比较合理地标注零件图的技术要求。
（6）培养识读较复杂零件图的能力。

计划学时

40 学时。

工作情景描述

企业接到客户要求，需要根据实物零件补全缺失的图纸，时间为一天。

技术员接到任务后，开始查阅与零件测绘相关的资料，了解零件的结构和工艺要求，确定工作方案，对样件进行测量分析，绘制草图，分析选择材料，制定必要的技术要求，将草图转换为工程图；工程师复核后签字确认，交由客户确认后，将图样交相关部门归档。工作完成后按照 8S 管理规范清理场地、归置物品、将资料归档。

项目八 典型零件图绘制
- 学习任务一　轴套类零件图绘制
- 学习任务二　盘盖类零件图绘制
- 学习任务三　叉架类零件图绘制
- 学习任务四　托架类零件图绘制
- 学习任务五　蜗杆减速箱零件图绘制

角色分配

分组教学，每组 6 人，分别担任工程师、助理工程师、技术员、质量检测员、仓管员、工程文员。

（1）工程师为项目主要负责人，为项目完成准备相关文献资料。

（2）技术员负责具体的技术工作，完成必要的笔录工作。

（3）质检员负责对本组和他组进行监督，依照标准检查督促操作过程中的各个环节，确保各小组按要求完成任务。

（4）仓管员负责工量辅具的保管与分发工作。

（5）工程文员负责本次任务的文书工作。

（6）助理工程师辅助工程师完成项目。

在不同的学习阶段，各成员可轮换岗位。各成员各负其责，合作完成查阅资料、准备工具、制订工作计划、测量、草绘、绘制工程图等相关任务，整个工作过程遵循 8S 操作规范。

学习任务一 轴套类零件图绘制

任务目标

完成本学习任务后，你应该：

【关键技能】

（1）能（会）正确选择和安全使用测量、绘图工具及仪器，并建立自觉遵守实训室设备安全操作的意识。

（2）能（会）根据国家标准有关规定绘制正确的零件草图。

（3）能（会）正确地将零件草图选用恰当的图框和比例转换为零件工程图。

（4）能（会）正确选用线型实现零件图的绘制。

【基本技能】

（1）能（会）用尺规绘制零件图。

（2）能（会）通过查阅资料获得所需的知识。

知识目标

完成本学习任务后，你应该：

（1）了解零件图的作用及内容。

（2）掌握图样上标注技术要求的概念。

职业素养目标

完成本学习任务后，你应该：

（1）逐步养成耐心、细心、吃苦耐劳的精神。
（2）逐步养成团结协作的精神。
（3）逐步养成良好的工作责任心。
（4）逐步养成对事物的钻研探索精神。
（5）通过合作解决具体问题，学习并提升沟通、协调等社会能力。
（6）尊重他人劳动，不窃取他人成果。

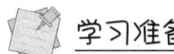

学习准备

1. 相关知识的准备

与本次课题相关的制图、测量知识。

2. 工量辅具的准备

（1）设备：小轴、工作台。
（2）测量工具：游标卡尺、千分尺、角尺、塞尺、钢板尺、记号笔等。
（3）绘图工具：三角板、A2～A4 图纸若干张、HB 铅笔、2B 铅笔、圆规、橡皮、绘图板、丁字尺、装有 AutoCAD 软件的计算机等。

3. 辅具与参考资料

白板、磁铁若干、多媒体设备、话筒、网络资源、机械制图参考书、机械设计手册、安全操作规程、8S 管理规范制度、零件测绘参考资料等相关书籍。

学习活动一　小轴零件图绘制

活动目标

（1）使用绘图工具，按照国家标准的规定绘制小轴零件图。
（2）采用恰当的测量工具测量小轴尺寸，并完成草图绘制。
（3）将草图转换成完整的工程图，并标注尺寸，注写技术要求。
（4）培养认真负责、严谨细致的工作态度。

实训地点

制图实训室。

计划学时

4 学时。

引导问题

（1）小轴上都有哪些结构（见图 8-1-1）？

（2）采用哪些表达方式完成小轴零件图的表达？

 明确任务

阅读设计任务书，填写工作任务单（见表 8-1-1）。列出本次任务的工作内容、时间要求及交接工作的相关负责人，并根据实际情况补充完整其他内容。

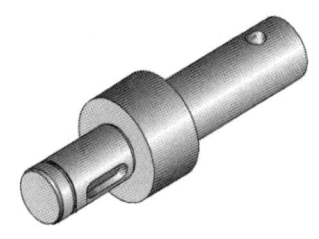

图 8-1-1　小轴

表 8-1-1　工作任务单

部　门		工作地点	
项目名称		任务周期	学时
接收任务时间		任务完成时间	
任务来源		任务接收人	
项目工程师		质量检查员	
助理工程师		技术员	
仓库管理员		工程文员	

	步　骤	完成的工作	起止时间	执行人
工作步骤	第1步			
	第2步			
	第3步			
	第4步			
	第5步			
	第6步			
	第7步			
	第8步			
	第9步			
	第10步			

任务实施时遇到的问题：			
本次任务的成果：			
质量监督员签字	年　月　日	工程师签字	年　月　日

 探索与发现

（1）一张完整的零件图应包括：一组视图、_____、_____ 和标题栏。
（2）选择主视图时以_____的方向作为主视图的投影方向。
（3）零件上的一些细部结构（如键槽、_____、螺纹退刀槽或砂轮越程槽等）通常采用断面、_____、_____等表达方法表示。

 任务实施

1. 任 务

参照样图 8-1-2 和图 8-1-3 测绘给定的小轴零件，并完成草图和工程图的绘制。

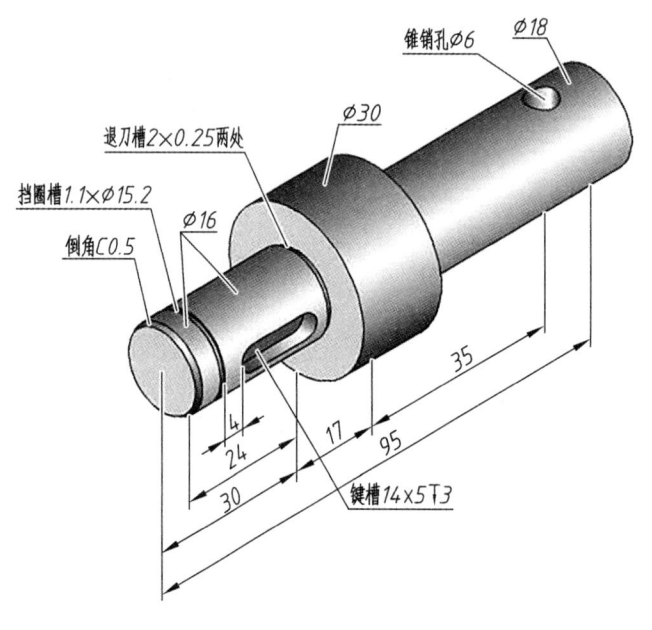

图 8-1-2 样轴轴测图

样轴

2. 分组教学

各小组按照零件需求，根据工作页所提供的指导性问题依次完成各项工作任务。

3. 准备工作

（1）对所绘图样进行识读分析，在绘图前尽量做到心中有数。
（2）准备好必需的绘图仪器、工具、用品，并把图板、一字尺、丁字尺、三角板等擦洗干净，把绘图工具、用品放在桌子的右边，且不影响丁字尺的上下移动。
（3）选好图纸，将图纸用胶带纸固定在图板的适当位置，此时必须使图纸的上边对准丁字尺的上边缘，然后下移使丁字尺的上边缘对准图纸的下边。

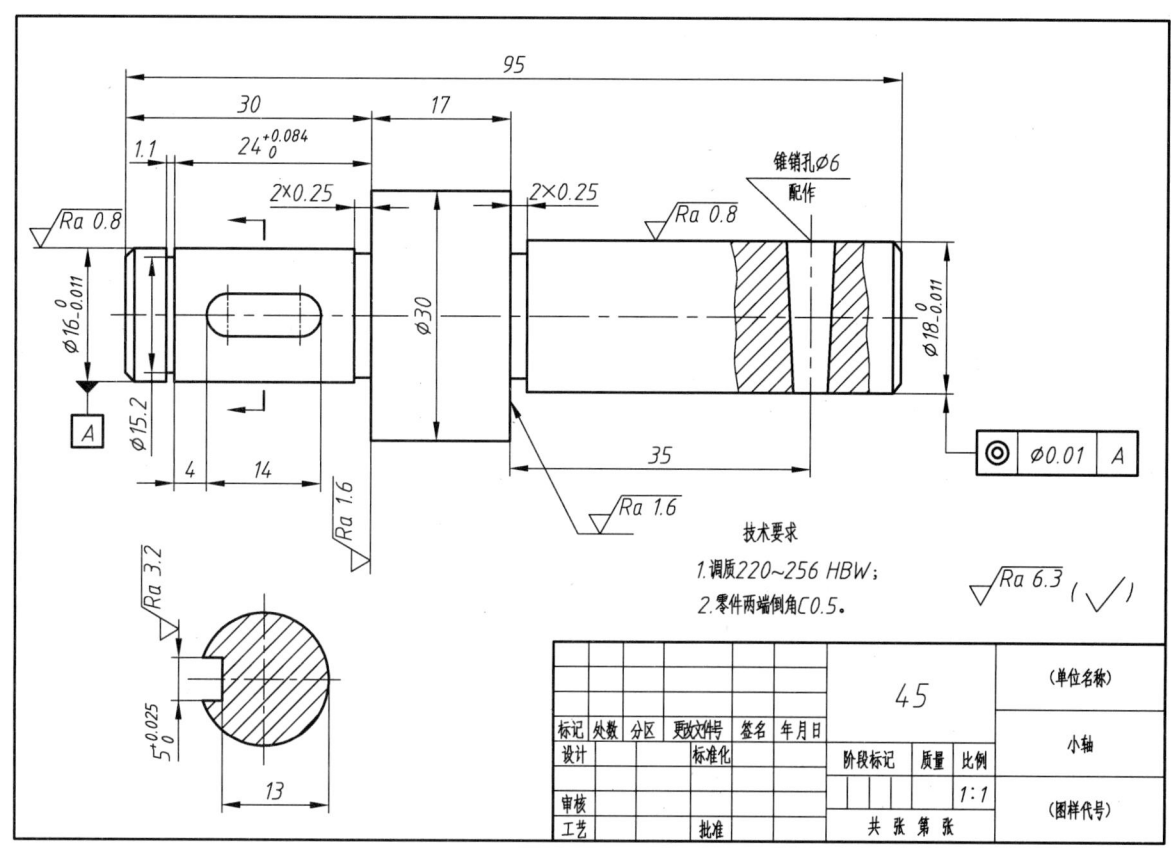

图 8-1-3　样轴零件图

4. AutoCAD 软件画图方法和步骤

步骤一：定图幅，画出图框和标题栏，布置视图（不留装订边，横放）。

步骤二：设置图层。

步骤三：绘制主视图、断面图。

步骤四：标注尺寸及公差。

步骤五：标注技术要求。

步骤六：填写标题栏，完成零件图。

5. 样图技术要求

（1）$\phi 18$ 的上偏差为 0 mm，下偏差为 -0.011 mm；尺寸 24 mm 的上偏差为 +0.084 mm，下偏差为 0 mm；尺寸 $\phi 16$ 的上偏差为 0 mm，下偏差为 -0.011 mm；键槽宽度 5 的上偏差为 +0.025 mm，下偏差为 0 mm。

（2）表面结构要求：所有表面都用去除材料的方法得到，$\phi 16$ 和 $\phi 18$ 圆柱面 Ra 值为 0.8 μm；$\phi 30$ 圆柱两端面的 Ra 值为 1.6 μm；键槽两侧面 Ra 值为 3.2 μm；其余表面 Ra 值为 6.3 μm。

（3）$\phi 18$ 圆柱轴线相对 $\phi 16$ 圆柱轴线的同轴度为 $\phi 0.01$ mm。

（4）材料为 45 钢，调质热处理，硬度为 220～256 HBW。

学习活动二　轴类零件图绘制

活动目标

（1）掌握轴类零件图的绘图步骤。
（2）掌握轴类零件常用表达方式的应用。
（3）掌握轴类典型零件的常用绘图方法。
（4）掌握用 AutoCAD 绘制轴类零件图的方法。

实训地点

制图实训室。

学习准备

1. 相关知识的准备

与本次课题相关的制图、测量知识。

2. 工量辅具的准备

（1）设备：挂图、工作台。
（2）绘图工具：三角板、A2~A4 图纸若干张、HB 铅笔、2B 铅笔、圆规、橡皮、绘图板、丁字尺和装有 AutoCAD 软件的计算机等。

3. 辅具与参考资料

白板、磁铁若干、多媒体设备、话筒、网络资源、机械制图参考书、机械设计手册、安全操作规程、8S 管理规范制度、零件测绘参考资料等相关书籍。

引导问题

（1）小轴轮廓线采用什么线型绘制？
（2）思考如何设置图层。

学习过程

明确任务

阅读设计任务书，填写工作任务单（见表 8-1-2）。列出本次任务的工作内容、时间要求及交接工作的相关负责人，并根据实际情况补充完整其他内容。

项目八 典型零件图绘制 205

表 8-1-2 工作任务单

部　门		工作地点	
项目名称		任务周期	学时
接收任务时间		任务完成时间	
任务来源		任务接收人	
项目工程师		质量检查员	
助理工程师		技术员	
仓库管理员		工程文员	

	步　骤	完成的工作	起止时间	执行人
	第1步			
	第2步			
	第3步			
	第4步			
工作步骤	第5步			
	第6步			
	第7步			
	第8步			
	第9步			
	第10步			

任务实施时遇到的问题：

本次任务的成果：

质量监督员签字	工程师签字
年　月　日	年　月　日

任务实施

图 8-1-4 中采用主视图、断面图来表达该轴的零件结构。主视图水平放置，并表达该轴上键槽和退刀槽的位置；通过断面图可知键槽的槽宽和槽深。绘制图形时先绘出图框和标题栏，再绘制主视图和断面图，最后标注尺寸和技术要求等内容。

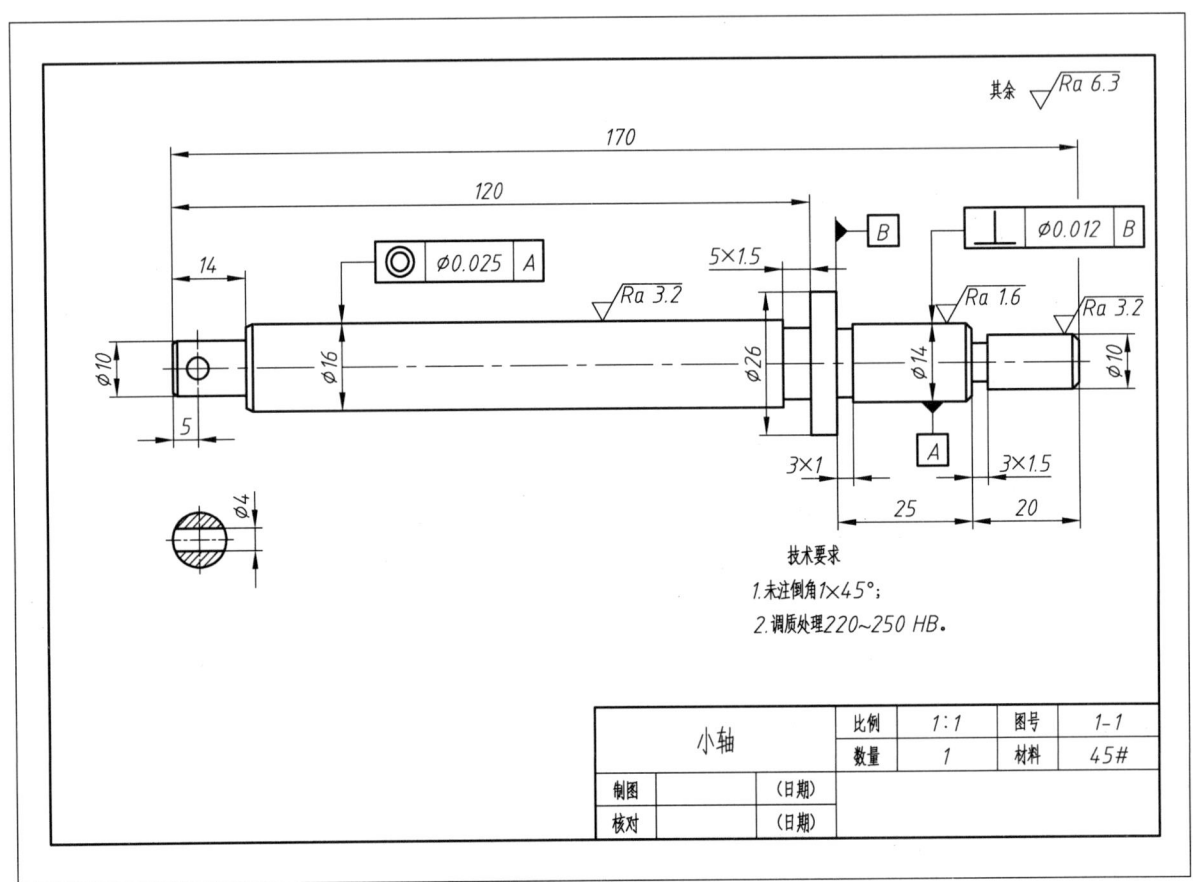

图 8-1-4 小轴零件图

步骤一：调用"模板 1.dwt"，并按图纸要求填写标题栏，结果如图 8-1-5 所示。

步骤二：绘制主视图、断面图，结果如图 8-1-6 所示。

步骤三：标注尺寸及公差，结果如图 8-1-7 所示。

步骤四：标注技术要求。

步骤五：填写标题栏，完成零件图。

步骤六：编写技术要求、整理保存，结果如图 8-1-4 所示。

小轴

项目八 典型零件图绘制 207

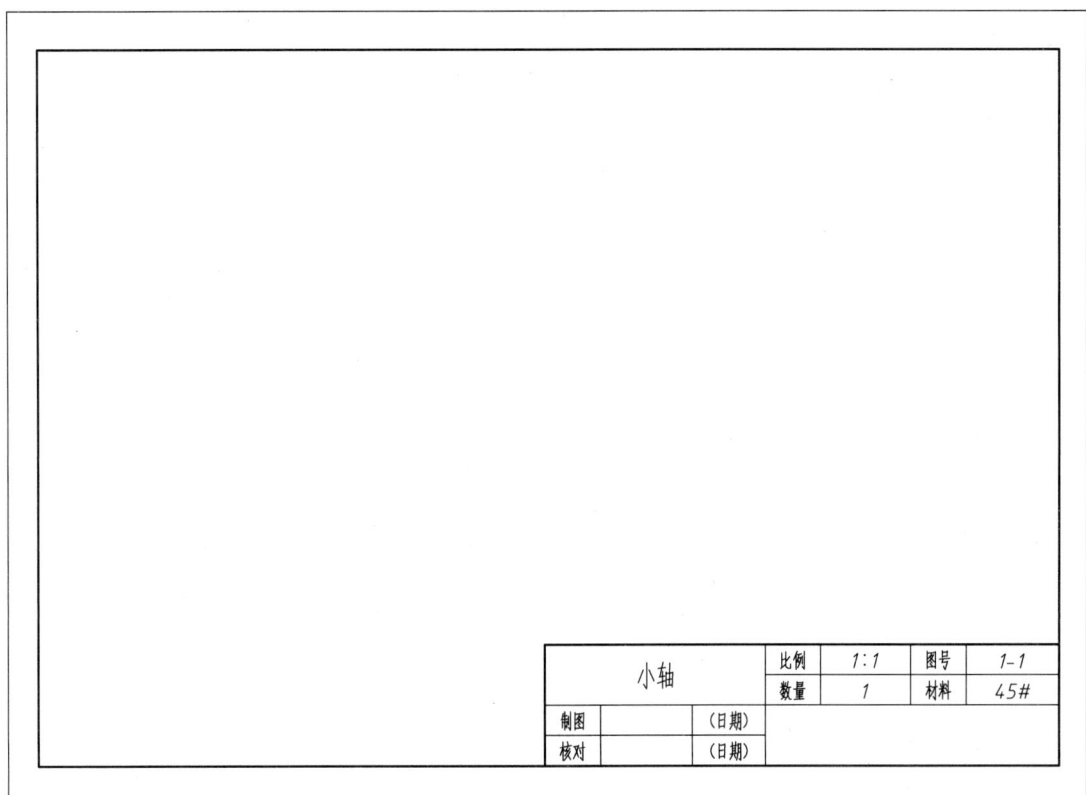

图 8-1-5 步骤 1

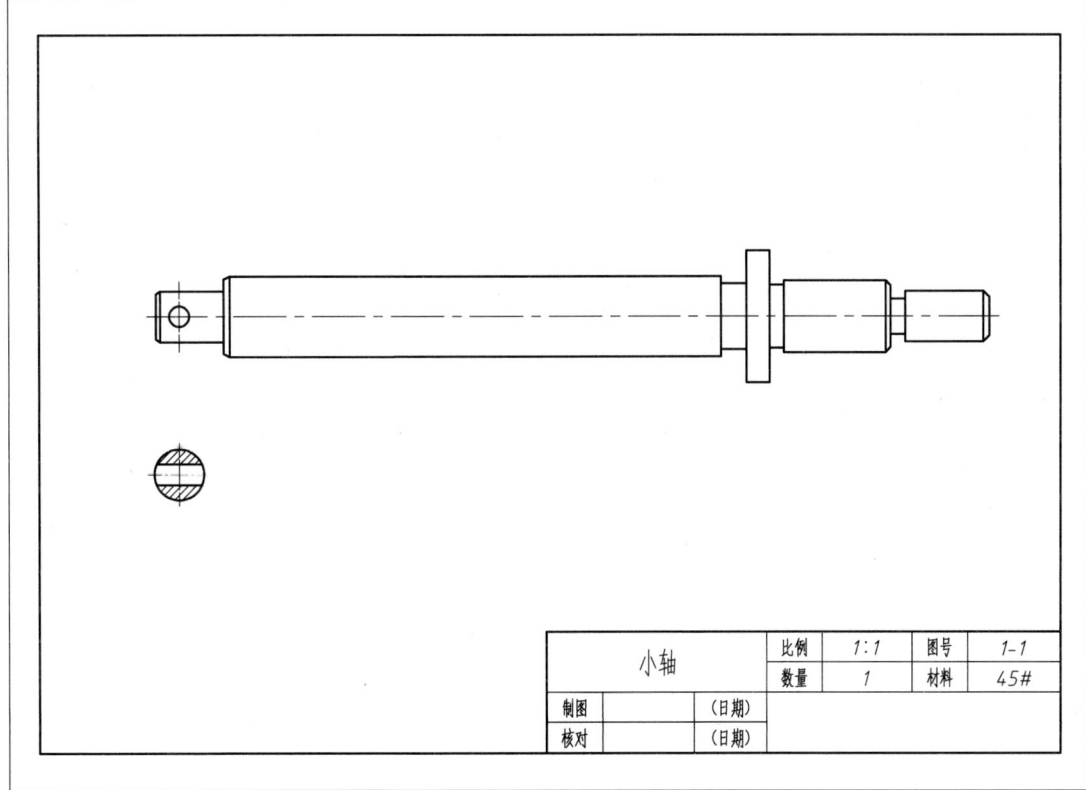

图 8-1-6 步骤 2

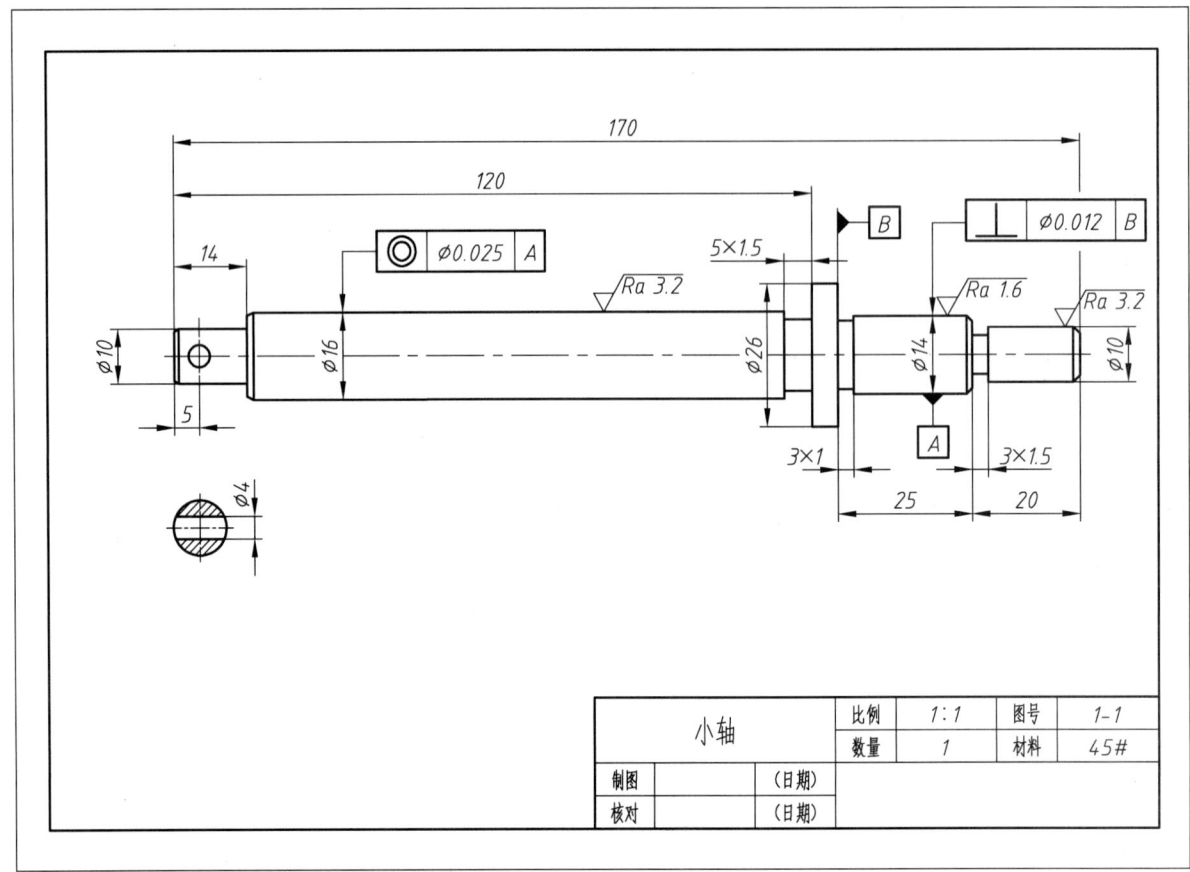

图 8-1-7　步骤 3

评分标准

评分标准见表 8-1-3。

表 8-1-3　评分标准

序号	评分点	分值	得分条件	判分要求
1	基本设置	20	正确使用已有参数（图层、线型、颜色、线型比例）	图层用错，每处扣 5 分
2	绘图	70	图形绘制准确；尺寸标注正确	没有按要求绘制，每处扣 5 分；作图存在误差，每处扣 10 分；漏画、多画线，每处扣 10 分；图线接口错误，每处扣 5 分；中心线伸出不当，每处扣 5 分；残留污迹，每处扣 5 分
3	保存文件	10	文件名、扩展名	必须全部正确才得分

学习活动三　套类零件图绘制

活动目标

（1）掌握引线的标注方法。
（2）掌握形位公差的标注方法。
（3）掌握尺寸公差的标注方法。
（4）掌握表面粗糙度的标注方法。

  实训地点

AutoCAD 实训室。

  学习准备

1. 相关知识的准备

与本次课题相关的制图、测量知识。

2. 工量辅具的准备

（1）设备：挂图、工作台。
（2）绘图工具：三角板、A2～A4图纸若干张、HB铅笔、2B铅笔、圆规、橡皮、绘图板、丁字尺和装有AutoCAD软件的计算机等。

3. 辅具与参考资料

白板、磁铁若干、多媒体设备、话筒、网络资源、机械制图参考书、机械设计手册、安全操作规程、8S管理规范制度、零件测绘参考资料等相关书籍。

  引导问题

（1）引线如何标注？
（2）形位公差如何标注？
（3）块定义如何操作？

  学习过程

明确任务

阅读设计任务书，填写工作任务单（见表 8-1-4）。列出本次任务的工作内容、时间要求及交接工作的相关负责人，并根据实际情况补充完整其他内容。

表 8-1-4 工作任务单

部　　门		工作地点	
项目名称		任务周期	学时
接收任务时间		任务完成时间	
任务来源		任务接收人	
项目工程师		质量检查员	
助理工程师		技术员	
仓库管理员		工程文员	

	步　骤	完成的工作	起止时间	执行人
工作步骤	第1步			
	第2步			
	第3步			
	第4步			
	第5步			
	第6步			
	第7步			
	第8步			
	第9步			
	第10步			

任务实施时遇到的问题：

本次任务的成果：

质量监督员签字	年　月　日	工程师签字	年　月　日

项目八 典型零件图绘制 211

任务实施

在机械图形中，标注公差和标注文字说明是极为重要的步骤。如果公差或相关说明不能完全准确，则装配件有可能不能正确装配。在 AutoCAD 中提供了引线、形位公差和尺寸公差标注功能来满足标注公差和文字的要求。下面将具体介绍 AutoCAD 中有关公差和文字说明标注的基础知识，并通过标注图 8-1-8 所示图形的公差和相关文字说明来介绍这些功能的使用方法。

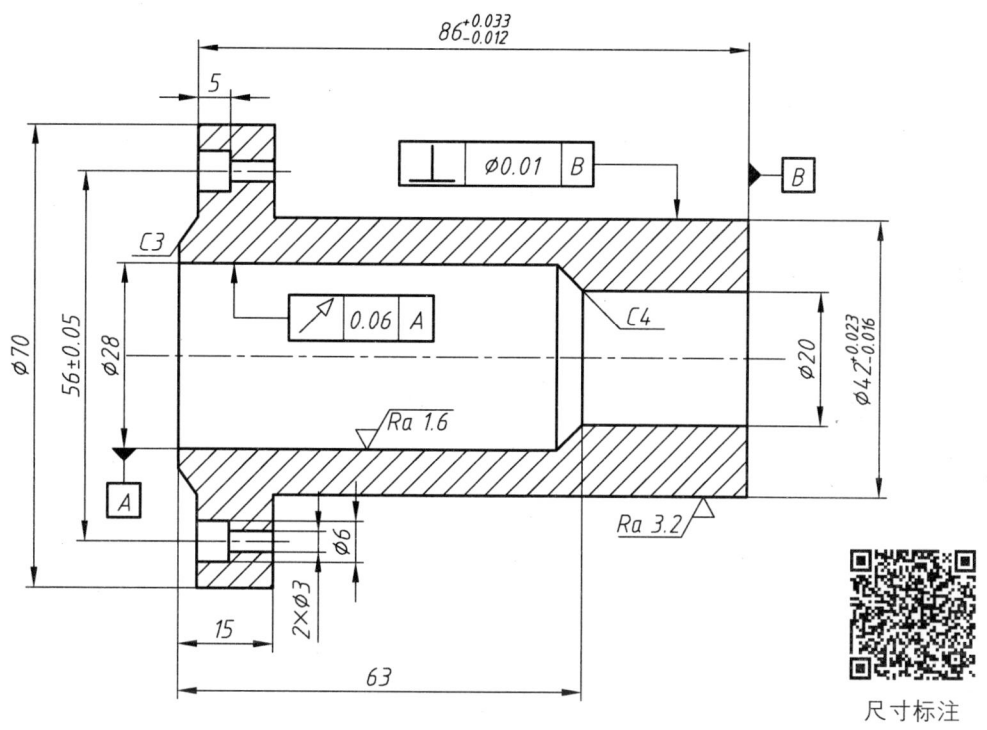

图 8-1-8 尺寸标注

步骤一：单击【标准】工具栏上的  按钮，打开"尺寸标注.dwg"图形文件，并在该文件上完成尺寸标注，如图 8-1-9 所示。

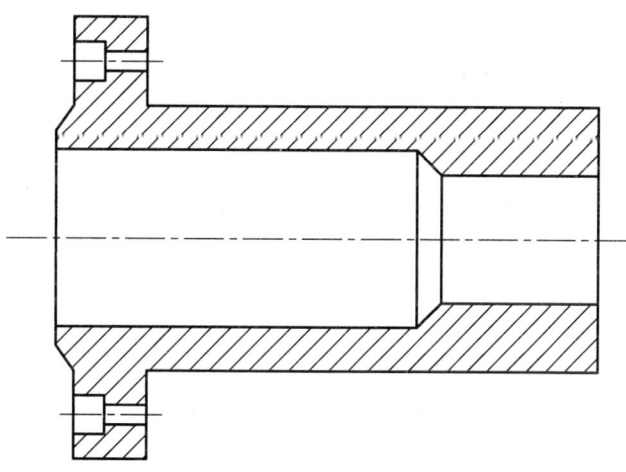

图 8-1-9 步骤 1

步骤二：创建"尺寸标注"图层并设置为当前图层，做好标注样式的设置，完成图形基本标注，如图 8-1-10 所示。

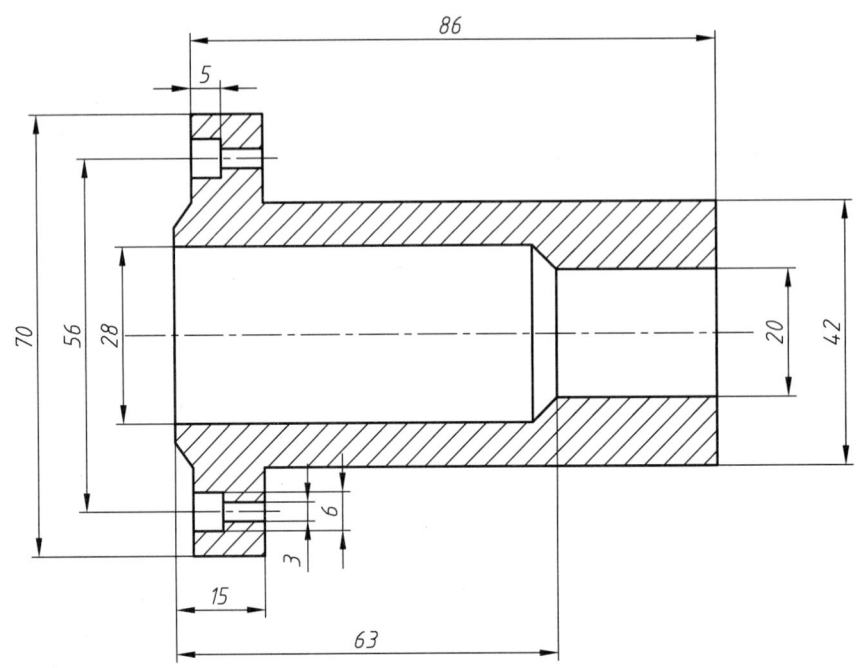

图 8-1-10　步骤 2

步骤三：通过键盘输入"ed"，做好尺寸前缀、后缀修改操作，结果如图 8-1-11 所示。

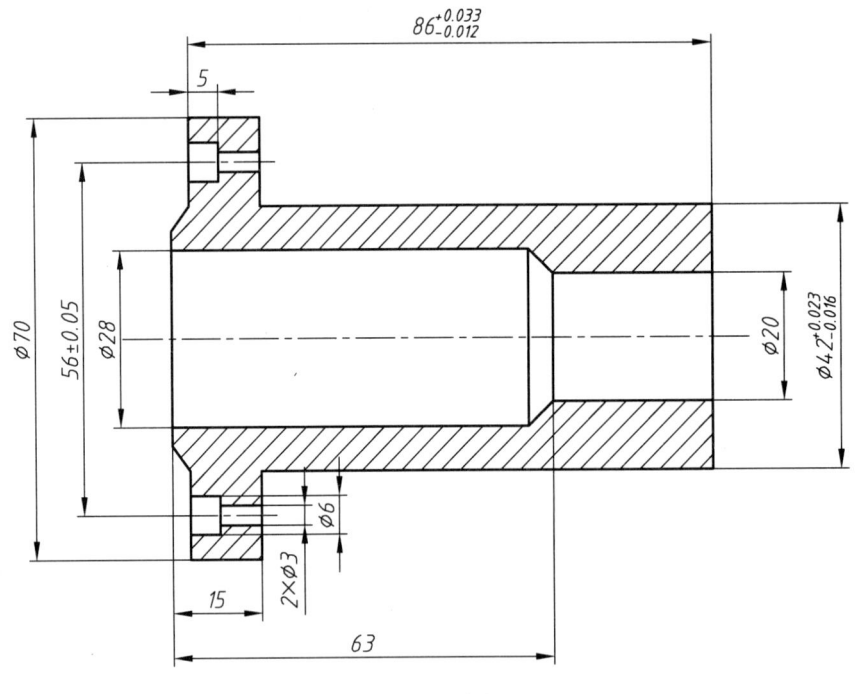

图 8-1-11　步骤 3

步骤四：启动引线命令标注倒角部分，结果如图 8-1-12 所示。

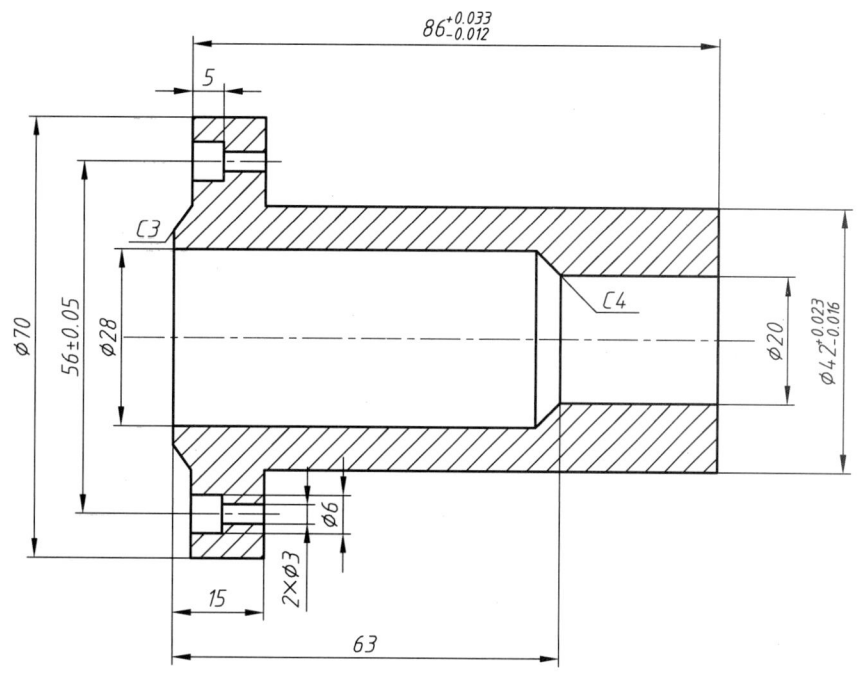

图 8-1-12　步骤 4

步骤五：启动引线命令 标注形位公差部分，结果如图 8-1-13 所示。

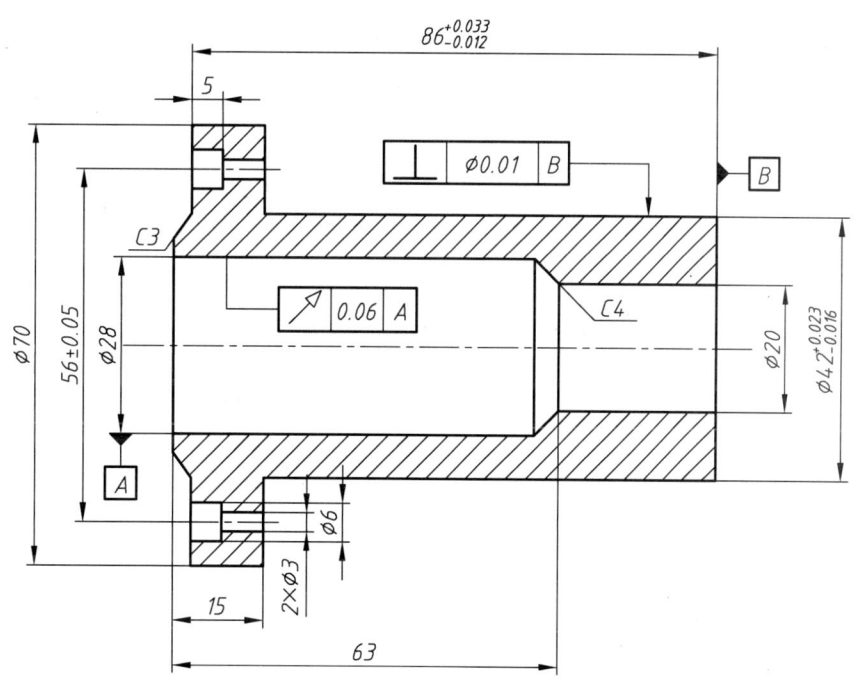

图 8-1-13　步骤 5

步骤六：创建带属性的名为"粗糙度"的块，进行粗糙度的标注操作，结果如图 8-1-14 所示。

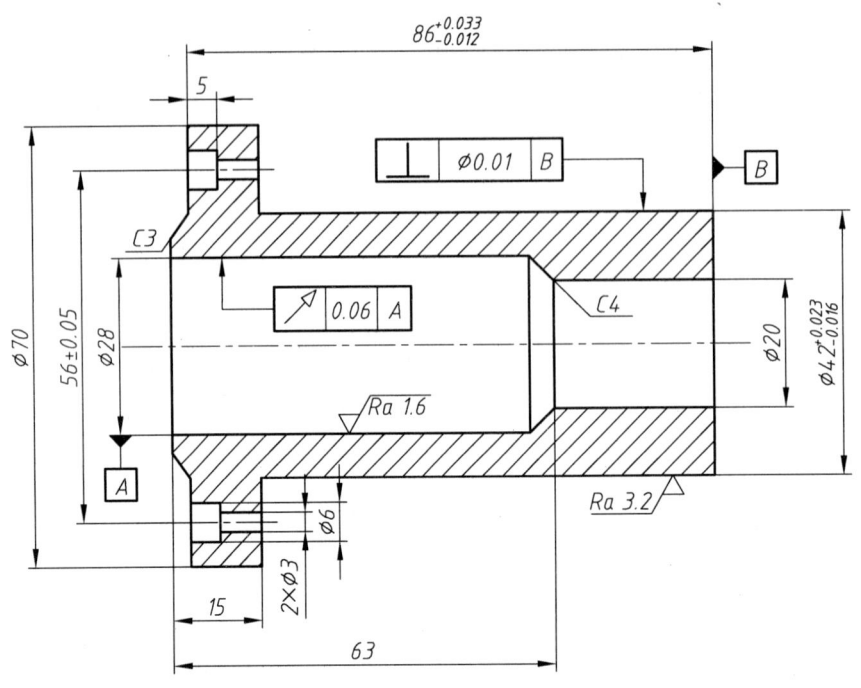

图 8-1-14 步骤 6

步骤七：完成图形尺寸标注，存为"图 8-1-8.dwt"。

评分标准

评分标准见表 8-1-5。

表 8-1-5 评分标准

序号	评分点	分值	得分条件	判分要求
1	基本设置	20	正确使用已有参数（图层、线型、颜色、线型比例）	图层用错，每处扣 5 分
2	绘图	70	图形绘制准确；尺寸标注正确	没有按要求绘制，每处扣 5 分；作图存在误差，每处扣 10 分；漏画、多画线，每处扣 10 分；图线接口错误，每处扣 5 分；中心线伸出不当，每处扣 5 分；残留污迹，每处扣 5 分
3	保存文件	10	文件名、扩展名	必须全部正确才得分

拓展练习

按要求绘制图 8-1-15 ~ 图 8-1-17 所示的零件图形，材料为 45#。

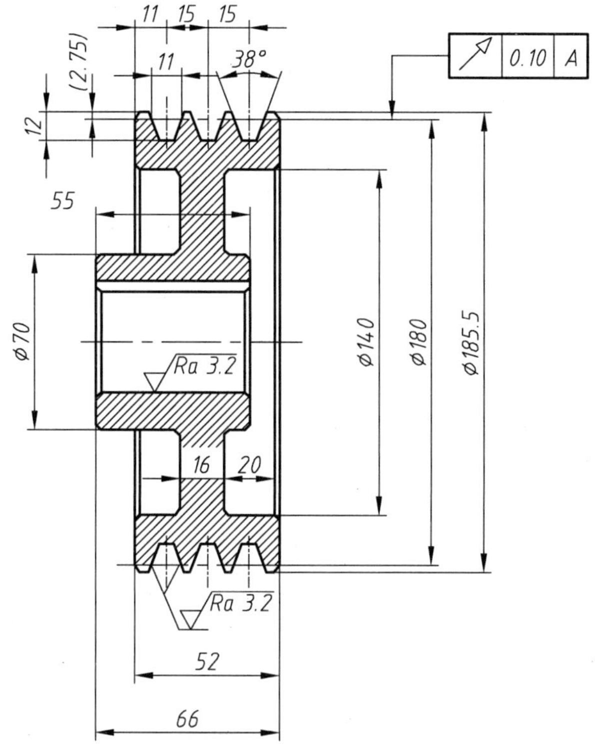

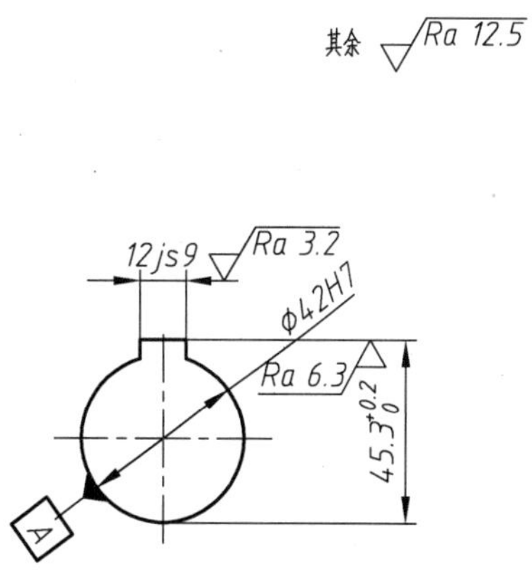

项目八 典型零件图绘制 215

其余 $\sqrt{Ra\ 12.5}$

技术要求
1. 未注圆角R3。
2. 未注倒角2×45°。
3. 铸件不应有砂眼、气孔等缺陷。
4. 带轮平衡要求按GB 11357中的规定。

图 8-1-15 带轮

带轮

其余 $\sqrt{Ra\ 12.5}$

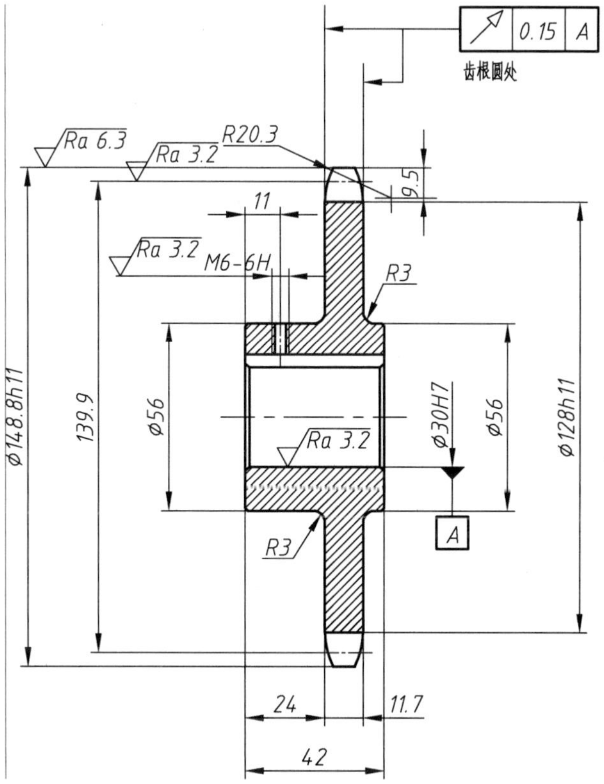

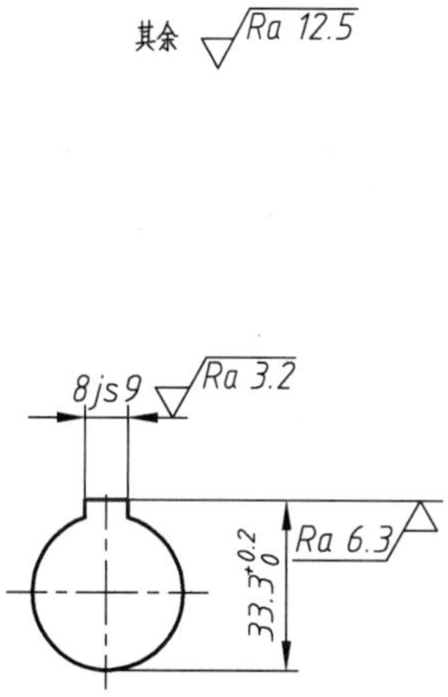

技术要求
1. 未注倒角1×45°；
2. 齿面淬硬40~45HB。

图 8-1-16 齿轮

齿轮

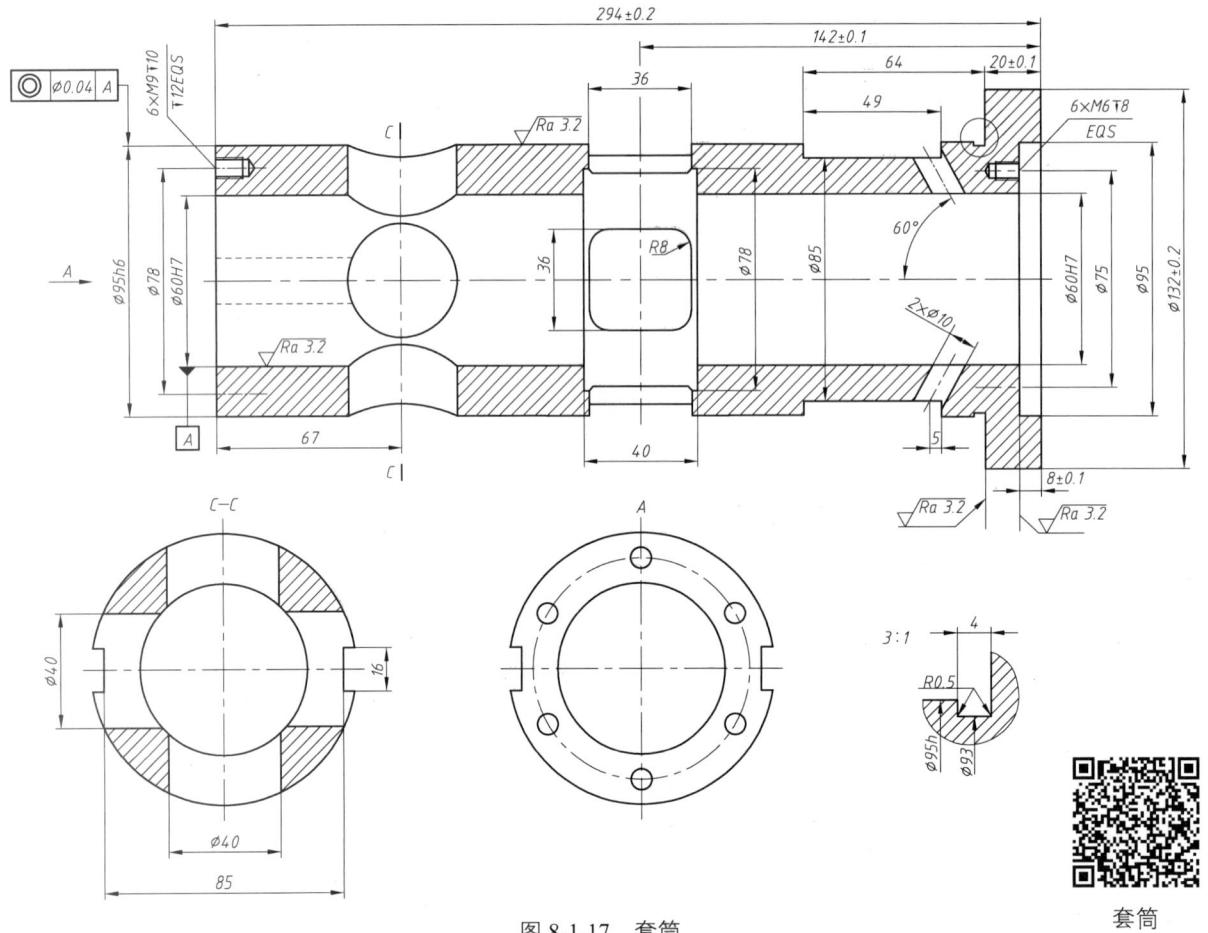

图 8-1-17 套筒

学习活动四　从动轴零件图绘制

活动目标

（1）熟悉 AutoCAD 的基本界面。
（2）掌握建立模板的方法及其应用。
（3）掌握绘图环境的设置。
（4）掌握 AutoCAD 绘制完整零件图的方法和步骤。

实训地点

AutoCAD 实训室。

学习准备

1. 相关知识的准备

与本次课题相关的制图、测量知识。

2. 工量辅具的准备

（1）设备：从动轴、工作台。

（2）测量工具：游标卡尺、千分尺、角尺、塞尺、钢板尺、记号笔等。

（3）绘图工具：三角板、A2～A4图纸若干张、HB铅笔、2B铅笔、圆规、橡皮、绘图板、丁字尺、装有AutoCAD软件的计算机等。

3. 辅具与参考资料

白板、磁铁若干、多媒体设备、话筒、网络资源、机械制图参考书、机械设计手册、安全操作规程、8S管理规范制度、零件测绘参考资料等相关书籍。

  引导问题

（1）从动轴的绘制采用了什么表达方法？

（2）从动轴工程图的技术要求有哪些？

（3）轴向尺寸的基准是什么？

 学习过程

明确任务

阅读设计任务书，填写工作任务单（见表 8-1-6）。列出本次任务的工作内容、时间要求及交接工作的相关负责人，并根据实际情况补充完整其他内容。

表 8-1-6　工作任务单

部　门			工作地点		
项目名称			任务周期		学时
接收任务时间			任务完成时间		
任务来源			任务接收人		
项目工程师			质量检查员		
助理工程师			技术员		
仓库管理员			工程文员		
工作步骤	步　骤	完成的工作		起止时间	执行人
	第1步				
	第2步				
	第3步				
	第4步				
	第5步				

续表

步　骤		完成的工作	起止时间	执行人
工作步骤	第 6 步			
	第 7 步			
	第 8 步			
	第 9 步			
	第 10 步			

任务实施时遇到的问题：

本次任务的成果：

质量监督员签字 年　月　日	工程师签字 年　月　日

探索与发现

识读从动轴零件图（见图 8-1-18），回答以下问题：

（1）从动轴共用____个图形表达。有___个基本视图、两个_____图和一个_____图。

（2）从动轴中有_____个轴段标注了极限偏差数值。

（3）轴右端键槽的长度为_____，键槽宽为_____。两个键槽的定位尺寸分别是_____和_____。

（4）$\phi 36$ 圆柱体左右端面对两处 $\phi 30\pm 0.065$ 的公共轴线的圆跳动公差为 0.02，将其代号标注在主视图上。

任务实施

用 AutoCAD 绘制如图 8-1-18 所示的从动轴零件图。

分组教学：各小组按照图形需求，根据工作页所提供的指导性问题依次完成各项工作任务。

步骤一：设置图形样板。

设置文字样式和尺寸标注样式，设置完成后，保存图形样板。

步骤二：绘制图形。

根据图 8-1-18 所示的尺寸，绘制图样的主视图及其对应的断面图、局部放大图等视图。

步骤三：尺寸标注。

标注线性尺寸、其他尺寸、表面结构符号等。

步骤四：编写技术要求。

步骤五：整理保存。

填写标题栏，整理图形使其符合机械制图标准，完成从动轴的零件图绘制，结果如图 8-1-18 所示。

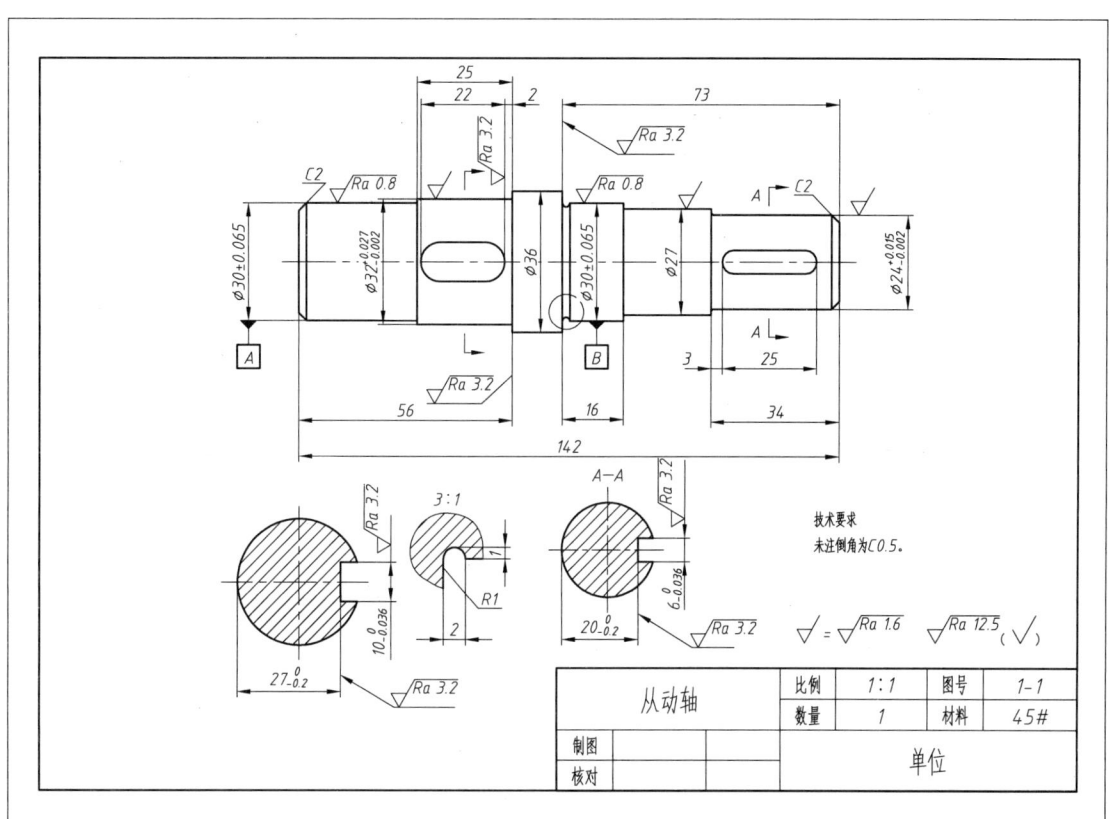

图 8-1-18 从动轴零件图

评分标准

评分标准见表 8-1-7。

从动轴

表 8-1-7 评分标准

序号	分值	得分条件	判分要求
1	20	各项参数设置正确	没有按要求设置，每处扣 5 分
2	50	尺寸正确	没有按要求绘制，每处扣 5 分； 作图存在误差，每处扣 5 分； 漏画、多画线，每处扣 5 分； 图线接口错误，每处扣 5 分； 中心线伸出不当，每处扣 5 分； 残留污迹，每处扣 5 分
3	20	文字正确、标题栏正确	漏画、多画线，每处扣 5 分； 图层用错，每处扣 5 分； 文字错误，每处扣 5 分； 文字排列不规则扣 5 分
4	10	文件名、扩展名	必须全部正确才得分

学习任务二　盘盖类零件图绘制

任务目标

完成本学习任务后，你应该：

【关键技能】

（1）能（会）掌握绘制零件图的方法和步骤。

（2）能（会）表达零件结构及形状的基本方法。

（3）能（会）掌握尺寸基准的概念及其选择方法以及常见结构的尺寸注法。

【基本技能】

（1）能（会）正确选择和安全使用测量、绘图工具及仪器，并建立自觉遵守实训室设备安全操作的意识。

（2）能（会）根据国家标准《技术制图》《机械制图》中的有关规定测绘出正确的零件工程图。

知识目标

完成本学习任务后，你应该：

（1）理解工程图样视图表达的概念。

（2）掌握尺寸基准、零件图尺寸的规定与要求。

（3）掌握零件图上标注技术要求的概念。

职业素养目标

完成本学习任务后，你应该：

（1）逐步养成耐心、细心、吃苦耐劳的精神。

（2）逐步养成团结协作的精神。

（3）逐步养成良好的工作责任心。

（4）逐步养成对事物的钻研探索精神。

（5）通过合作解决具体问题，学习并提升沟通、协调等社会能力。

（6）尊重他人劳动，不窃取他人成果。

计划学时

4 学时。

学习活动一　绘制端盖零件图

活动目标

（1）合理选择盘类零件表达方法，准确合理地绘制盘类零件的视图。

（2）能选择尺寸基准，并正确、完整、清晰和合理地标注零件图的尺寸。
（3）比较合理地标注零件图的技术要求。

实训地点

制图实训室。

学习准备

1. 相关知识的准备

与本次课题相关的制图、测量知识。

2. 工量辅具的准备

（1）设备：挂图、工作台。
（2）测量工具：游标卡尺、千分尺、角尺、塞尺、钢板尺、记号笔等。
（3）绘图工具：三角板、A2~A4 图纸若干张、HB 铅笔、2B 铅笔、圆规、橡皮、绘图板、丁字尺、装有 AutoCAD 软件的计算机等。

3. 辅具与参考资料

白板、磁铁若干、多媒体设备、话筒、网络资源、机械制图参考书、机械设计手册、安全操作规程、8S 管理规范制度、零件测绘参考资料等相关书籍。

引导问题

（1）绘图前的准备工作有哪些？
（2）绘制零件图的步骤是什么？
（3）盘类零件（见图 8-2-1）有哪些特征？

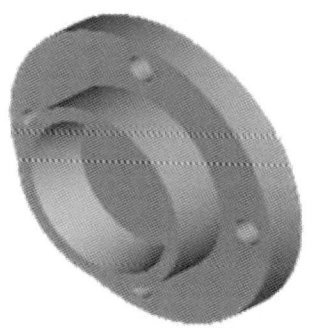

图 8-2-1 端盖

端盖

学习过程

 明确任务

阅读设计任务书，填写工作任务单（见表 8-2-1）。列出本次任务的工作内容、时间要求及交接工作的相关负责人，并根据实际情况补充完整其他内容。

表 8-2-1 工作任务单

部　　门		工作地点		
项目名称		任务周期		学时
接收任务时间		任务完成时间		
任务来源		任务接收人		
项目工程师		质量检查员		
助理工程师		技术员		
仓库管理员		工程文员		
工作步骤	步　　骤	完成的工作	起止时间	执行人
	第 1 步			
	第 2 步			
	第 3 步			
	第 4 步			
	第 5 步			
	第 6 步			
	第 7 步			
	第 8 步			
	第 9 步			
	第 10 步			
任务实施时遇到的问题：				
本次任务的成果：				
质量监督员签字		工程师签字		
	年　月　日		年　月　日	

项目八 典型零件图绘制 223

探索与发现

（1）零件图的作用：_____；_____；_____。
（2）图 8-2-2 中 φ100 端盖的长度为_____，表面粗糙度代号是_____。
（3）φ62h6 的基本尺寸是_____，公差等级是_____，基本偏差代号是_____。
（4）盘盖类零件的结构特点是_____小而_____大。零件的主体多数是由共轴回转体构成的（也有主体形状是矩形的），并在径向分布有螺孔或光孔、销孔等。

任务实施

识读端盖零件图 8-2-2，采用 AutoCAD 软件在 A4 图纸上绘制端盖零件图。

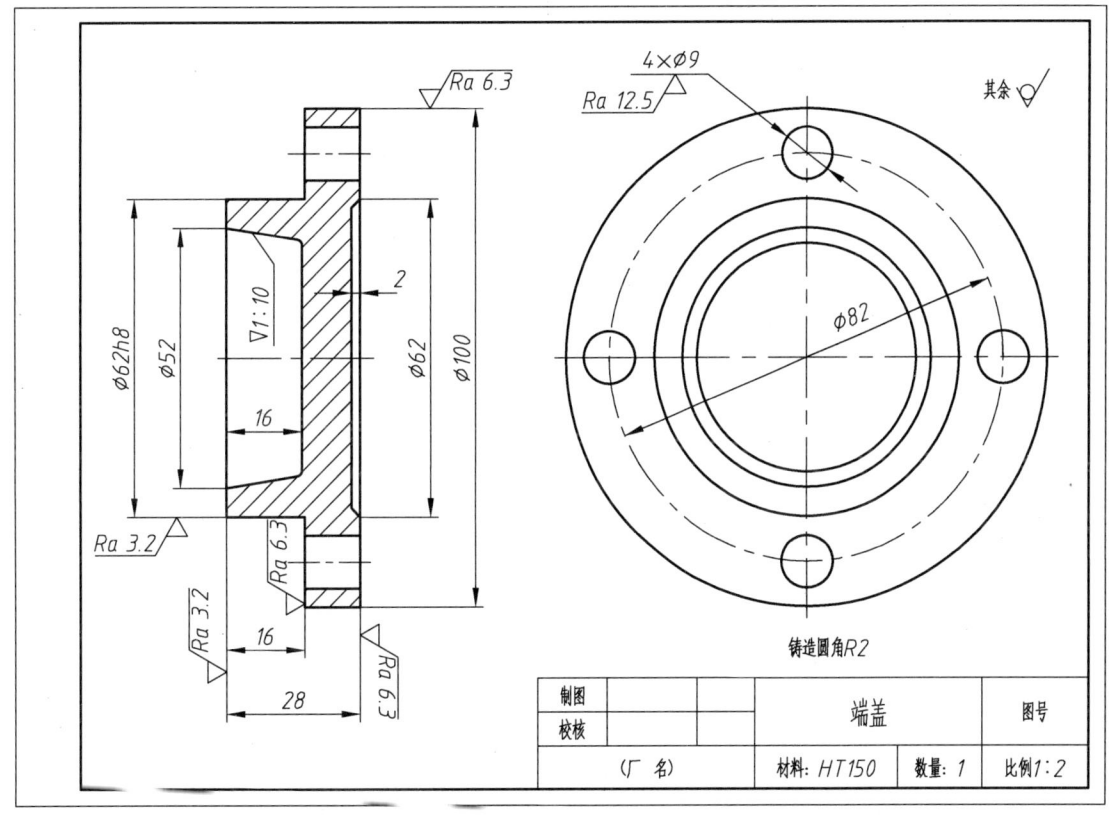

图 8-2-2 端盖零件图

步骤一：定图幅。
根据视图数量和大小，选择适当的绘图比例，确定图幅大小。
步骤二：画出图框和标题栏，如图 8-2-3 所示。
步骤三：布置视图，如图 8-2-4 所示。
根据各视图的轮廓尺寸，画出确定各视图位置的基线。
步骤四：画主视图与左视图，如图 8-2-5 所示，按投影关系，逐个画出各个形体。

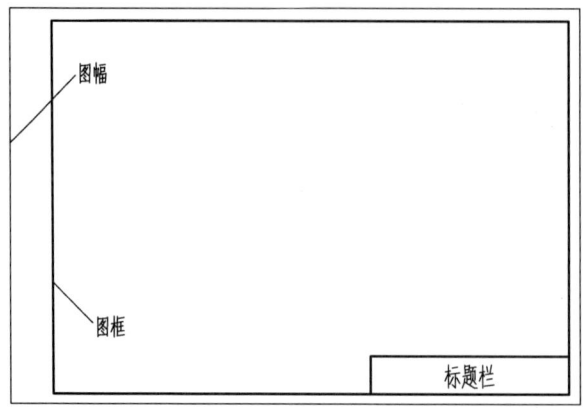

图 8-2-3 图框及标题栏

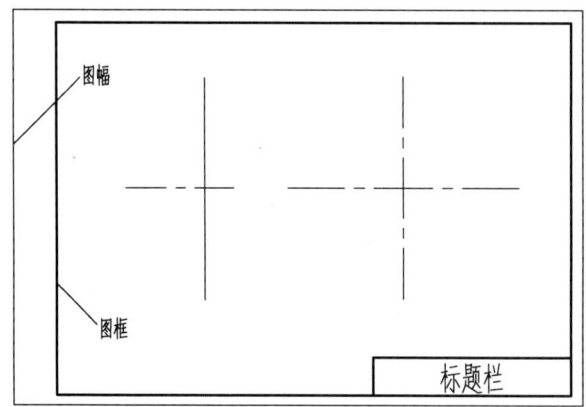

图 8-2-4 布置视图

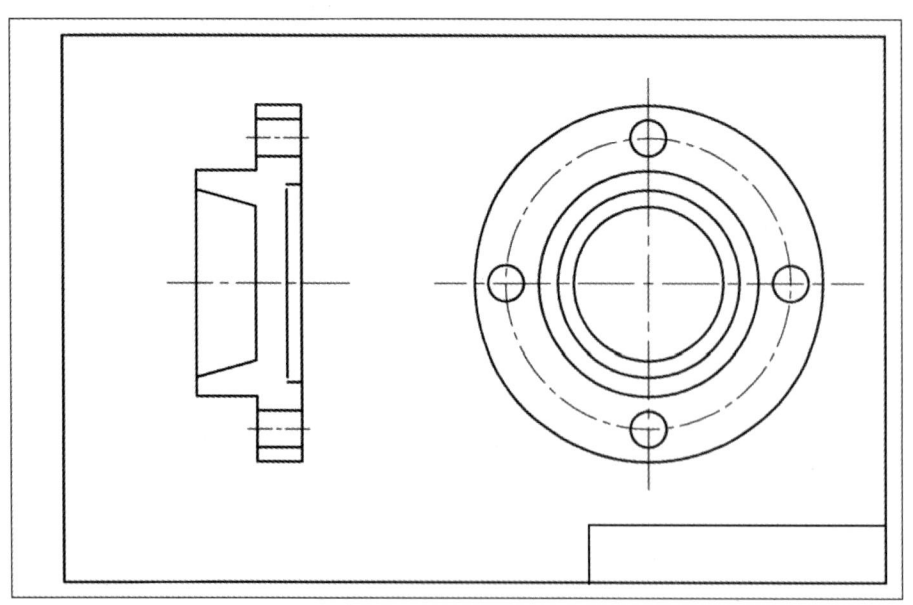

图 8-2-5 画主、左视图

步骤五：完成零件图。

标注尺寸、表面粗糙度、尺寸公差等，填写技术要求和标题栏，完成零件图绘制，结果如图 8-2-2 所示。

端盖零件图检测评分表见表 8-2-2。

表 8-2-2　端盖零件图检测评分表

序号	内容	配分	自检	互检	质检
1	正确使用量具	10 分			
2	图形结构表达清晰	15 分			
3	图形表达正确、规范	15 分			
4	图形表达完整，没有遗漏图素	10 分			
5	测量尺寸正确，尺寸公差合理	15 分			
6	测量基准正确，形位公差合理	15 分			
7	尺寸标注合理，尺寸链正确	10 分			
8	安全文明操作	10 分			

学习活动二　绘制盘盖类零件图

活动目标

（1）掌握盘盖类零件图的绘图步骤。
（2）掌握盘盖类零件常用表达方式的应用。
（3）掌握盘盖类典型零件的常用绘图方法。

实训地点

AutoCAD 实训室。

学习准备

1. 相关知识的准备

与本次课题相关的制图、测量知识。

2. 工量辅具的准备

（1）设备：挂图、工作台。
（2）测量工具：游标卡尺、千分尺、角尺、塞尺、钢板尺、记号笔等。
（3）绘图工具：三角板、A2～A4 图纸若干张、HB 铅笔、2B 铅笔、圆规、橡皮、装有 AutoCAD 软件的计算机等。

3. 辅具与参考资料

白板、磁铁若干、多媒体设备、话筒、网络资源、机械制图参考书、机械设计手册、安全操作规程、8S 管理规范制度、零件测绘参考资料等相关书籍。

 引导问题

（1）绘图前的准备工作有哪些？
（2）绘制零件图的步骤是什么？
（3）盘类零件有哪些特征？

 学习过程

 明确任务

阅读设计任务书，填写工作任务单（见表 8-2-3）。列出本次任务的工作内容、时间要求及交接工作的相关负责人，并根据实际情况补充完整其他内容。

表 8-2-3 工作任务单

部 门		工作地点		
项目名称		任务周期		学时
接收任务时间		任务完成时间		
任务来源		任务接收人		
项目工程师		质量检查员		
助理工程师		技术员		
仓库管理员		工程文员		
工作步骤	步 骤	完成的工作	起止时间	执行人
	第 1 步			
	第 2 步			
	第 3 步			
	第 4 步			
	第 5 步			
	第 6 步			
	第 7 步			
	第 8 步			
	第 9 步			
	第 10 步			
任务实施时遇到的问题：				
本次任务的成果：				
质量监督员签字		年 月 日	工程师签字	年 月 日

项目八 典型零件图绘制 227

任务实施

图 8-2-6 采用两个基本视图表达，主视图按加工位置选择，轴线水平放置，并采用两相交剖切平面的全剖视，以表达调节盘上孔及零件内部结构。左视图则表达调节盘的基本外形和两个圆孔、六个腰槽的分布情况。绘制图形时，先绘制出图框和标题栏，再绘制主视图和左视图，最后标注尺寸、尺寸公差、形位公差、表面结构要求和其他技术要求等内容。

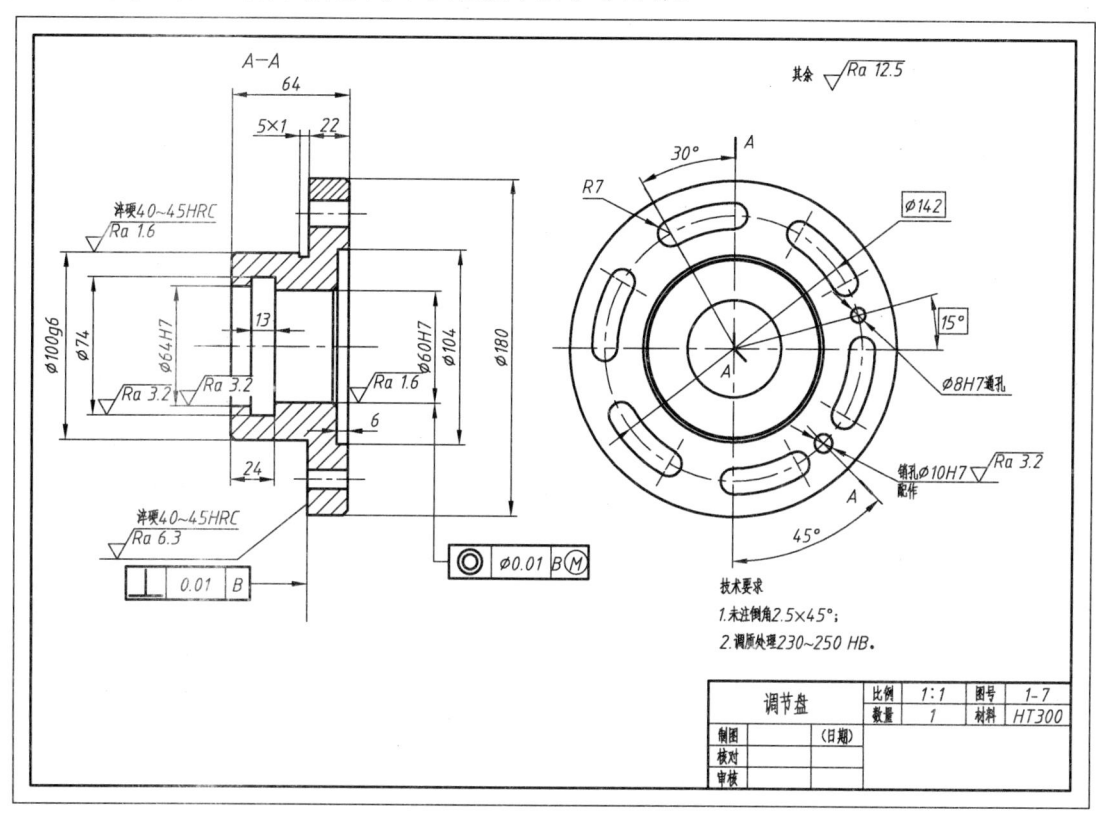

图 8-2-6 调节盘零件图

步骤一：调用"模板1.dwt"，并按图纸要求填写标题栏，结果如图 8-2-7 所示。
步骤二：绘制中心线及零件轮廓线，结果如图 8-2-8 所示。
步骤三：标注尺寸，绘制剖切符号、箭头，标注剖视图名称，结果如图 8-2-9 所示。
步骤四：标注形位公差、绘制表面粗糙度符号，结果如图 8-2-10 所示。
步骤五：编写技术要求、整理保存，结果如图 8-3-6 所示。

调节盘

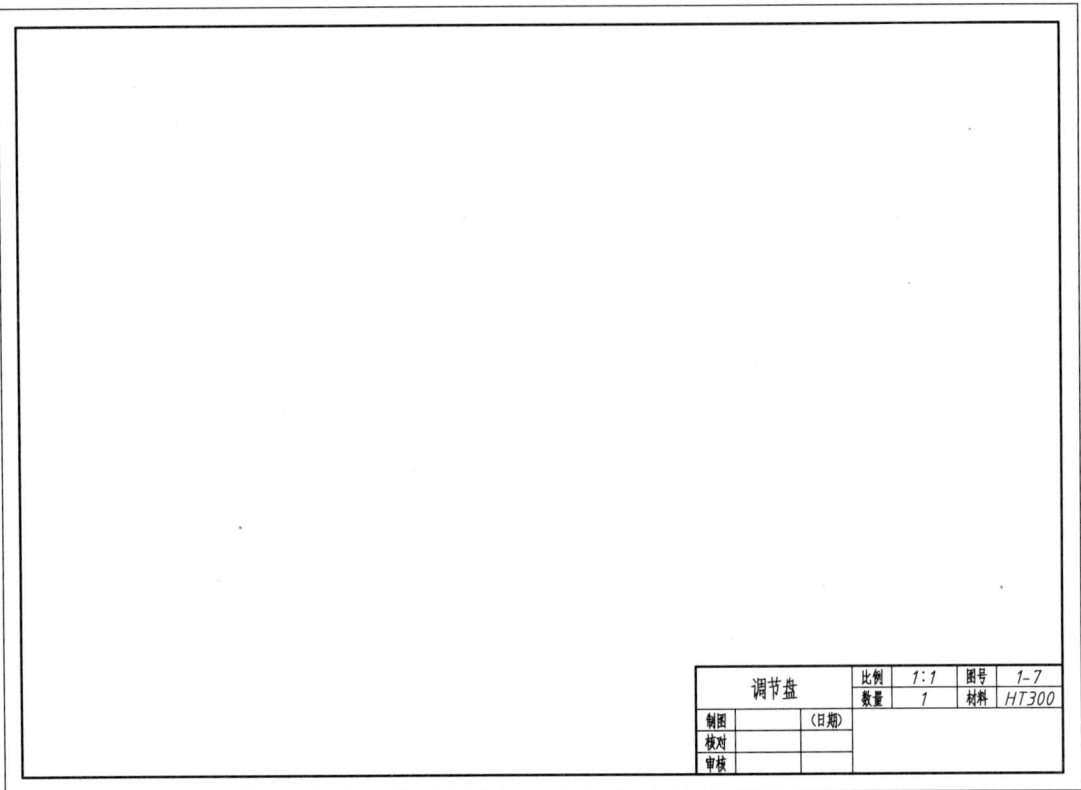

图 8-2-7　步骤 1

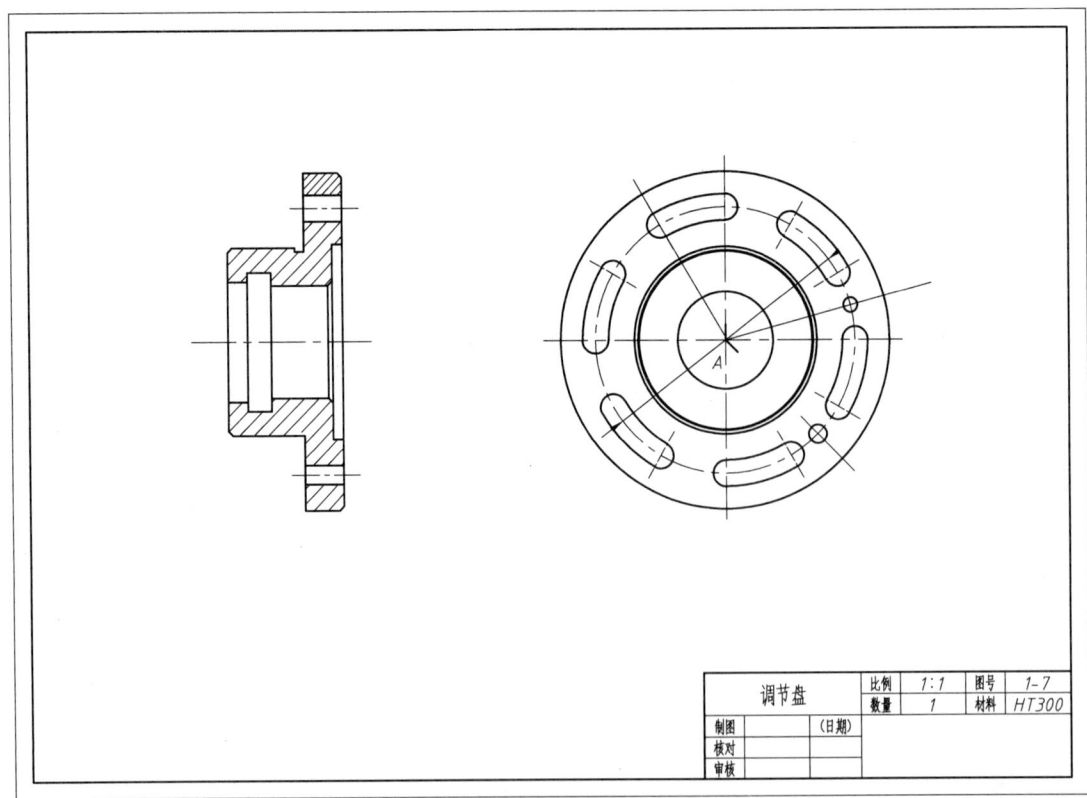

图 8-2-8　步骤 2

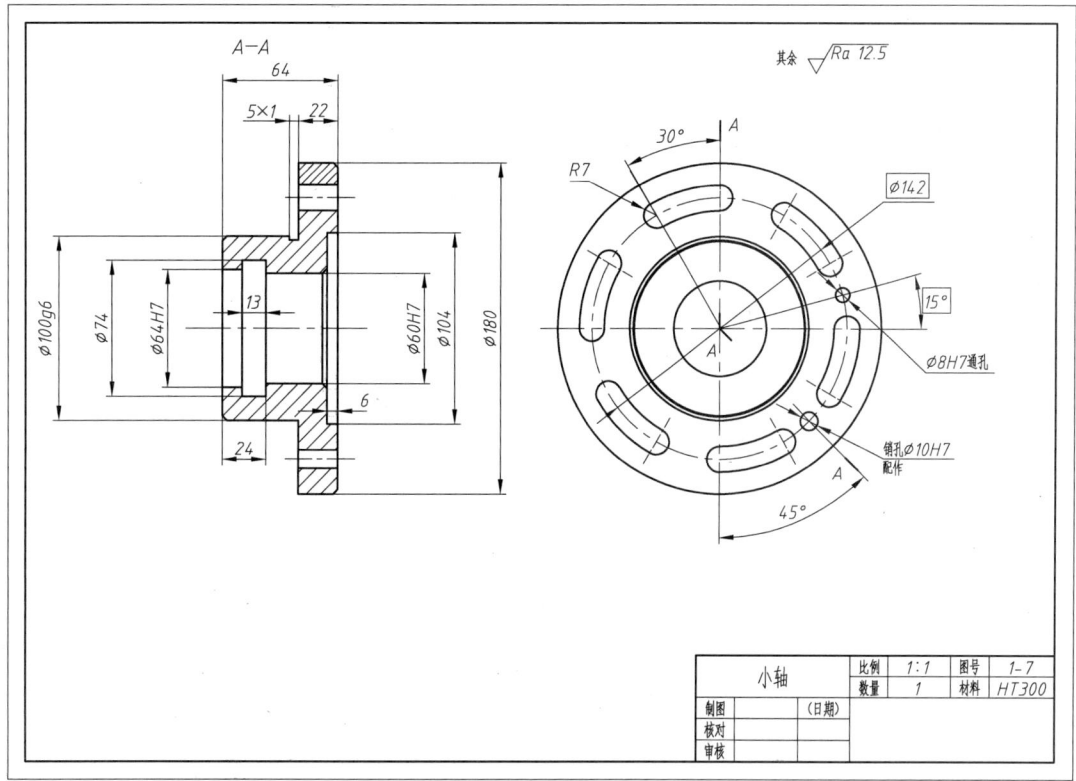

图 8-2-9　步骤 3

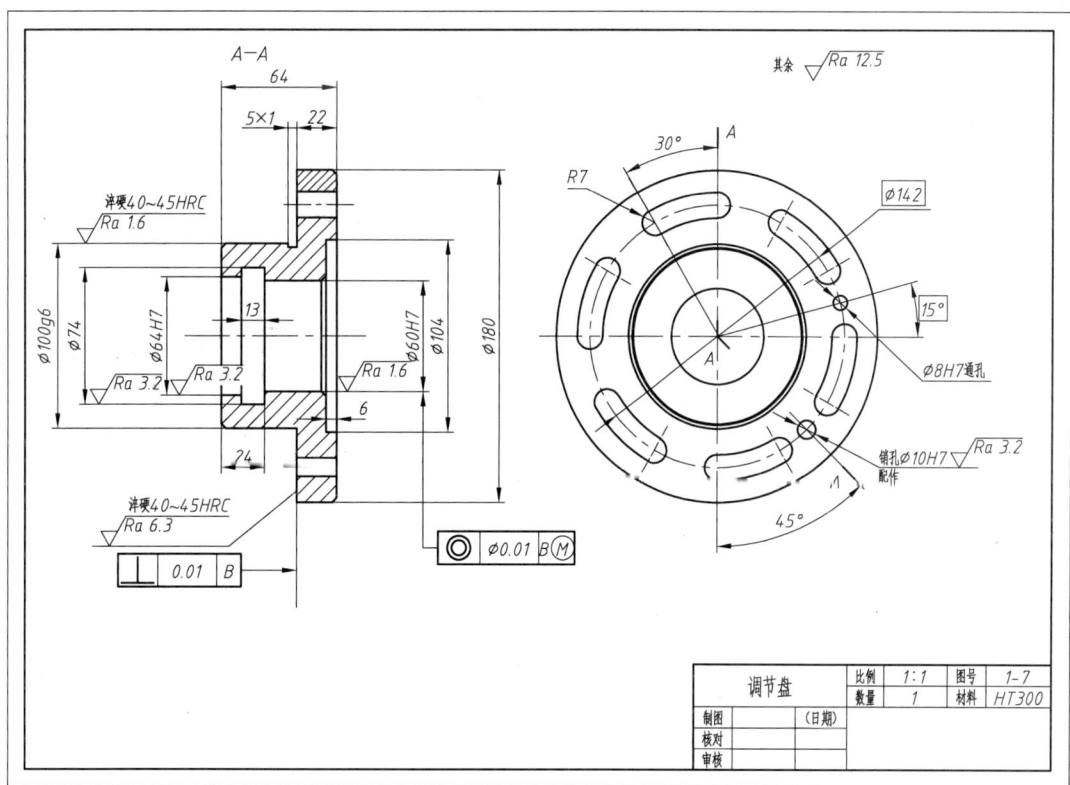

图 8-2-10　步骤 4

评分标准

评分标准见表 8-2-4。

表 8-2-4　评分标准

序号	分值	得分条件	判分要求
1	20	各项参数设置正确	没有按要求设置，每处扣 5 分
2	50	尺寸正确	没有按要求绘制，每处扣 5 分； 作图存在误差，每处扣 5 分； 漏画、多画线，每处扣 5 分； 图线接口错误，每处扣 5 分； 中心线伸出不当，每处扣 5 分； 残留污迹，每处扣 5 分
3	20	文字正确、标题栏正确	漏画、多画线，每处扣 5 分； 图层用错，每处扣 5 分； 文字错误，每处扣 5 分； 文字排列不规则扣 5 分
4	10	文件名、扩展名	必须全部正确才得分

拓展练习

绘制图 8-2-11 和图 8-2-12 所示的图形，并标注尺寸。

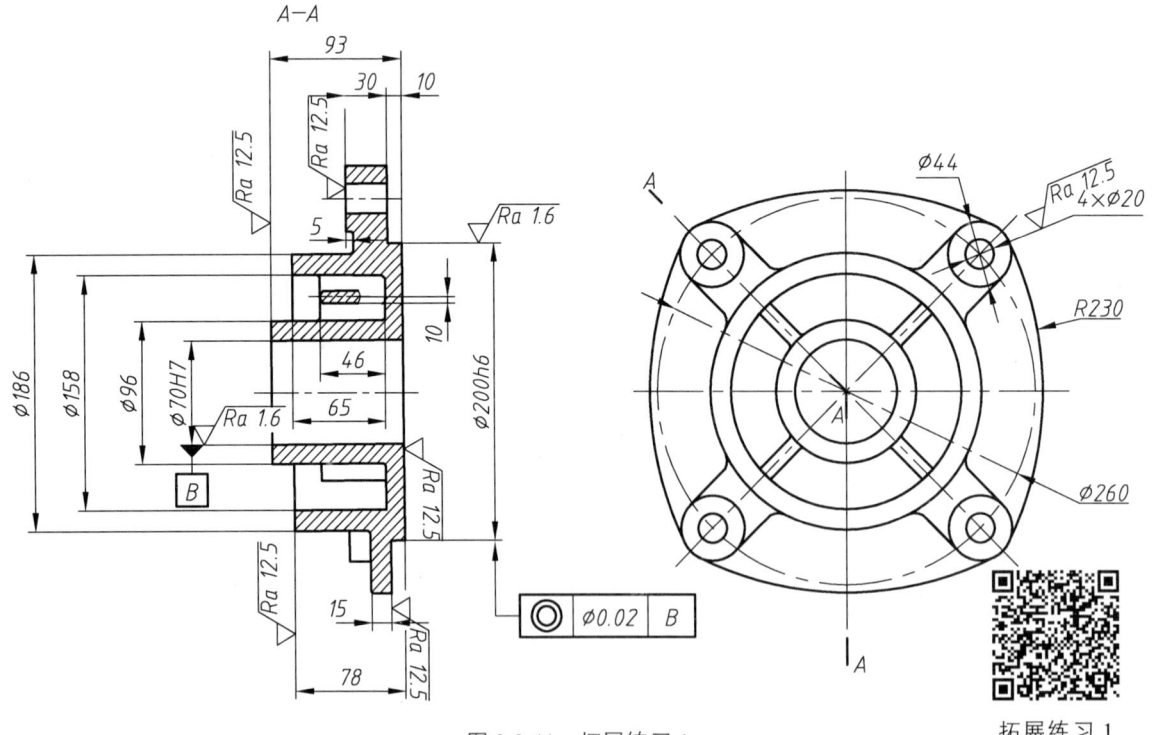

图 8-2-11　拓展练习 1

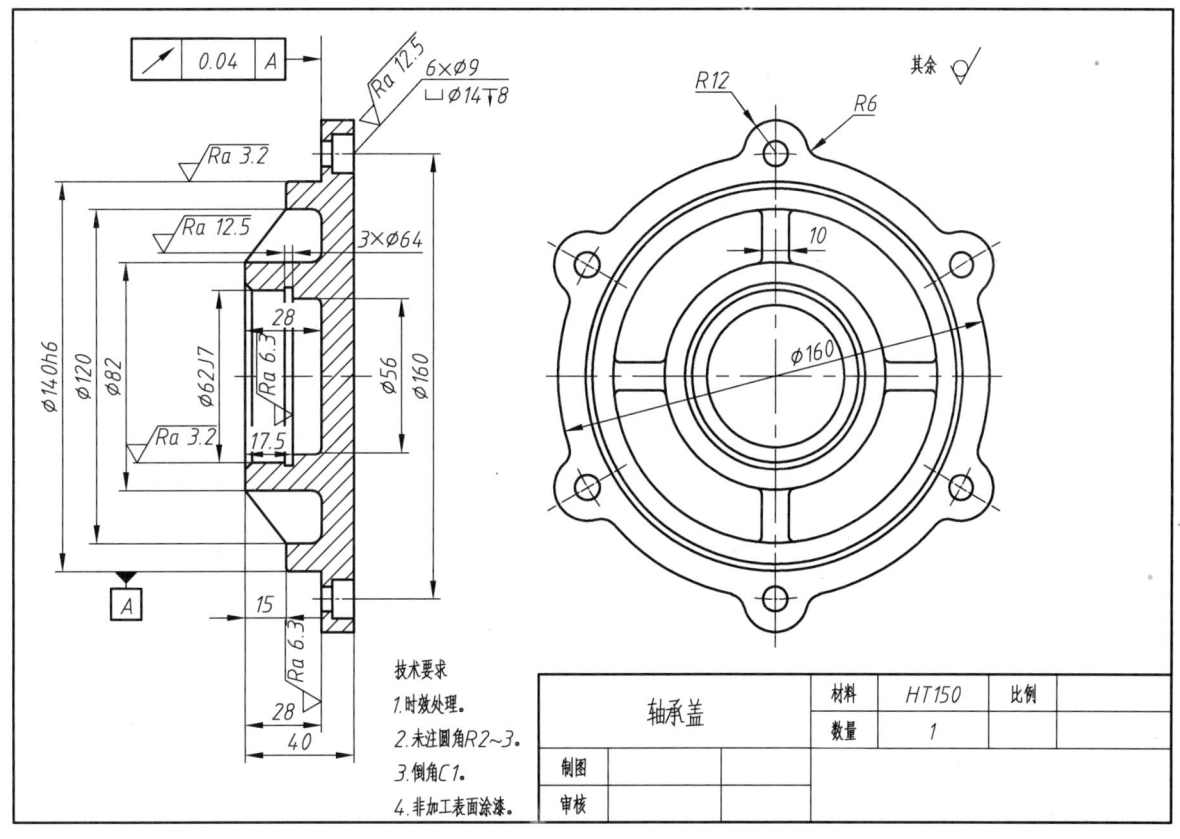

图 8-2-12　拓展练习 2

学习任务三　叉架类零件图绘制

任务目标

完成本学习任务后，你应该：

【关键技能】

（1）能（会）掌握绘制叉架类零件图的方法和步骤。

（2）能（会）表达叉架类零件结构及形状的基本方法。

（3）能（会）掌握形位公差尺寸标注的方法和粗糙度的注法。

【基本技能】

（1）能（会）正确选择和安全使用测量、绘图工具及仪器，并建立自觉遵守实训室设备安全操作的意识。

（2）能（会）根据国家标准有关规定测绘出正确的零件草图。

知识目标

完成本学习任务后，你应该：

（1）了解国家标准有关叉架类零件表达方法的类型。

（2）掌握叉架类零件尺寸基准选择的几种可能性。

（3）了解国家标准有关叉架类零件的技术要求。

职业素养目标

完成本学习任务后，你应该：

（1）逐步养成耐心、细心、吃苦耐劳的精神。

（2）逐步养成团结协作的精神。

（3）逐步养成良好的工作责任心。

（4）逐步养成对事物的钻研探索精神。

（5）通过合作解决具体问题，学习并提升沟通、协调等社会能力。

（6）尊重他人劳动，不窃取他人成果。

计划学时

4学时。

学习活动一　绘制轴架零件图

任务目标

（1）掌握轴架类零件图的绘图步骤。
（2）掌握轴架类零件常用表达方式的应用。
（3）掌握轴架类典型零件的常用绘图方法。

实训地点

制图实训室。

学习准备

1. 相关知识的准备

与本次课题相关的制图、测量知识。

2. 工量辅具的准备

（1）设备：轴架、工作台。
（2）测量工具：游标卡尺、千分尺、角尺、塞尺、钢板尺、记号笔等。
（3）绘图工具：三角板、A2～A4图纸若干张、HB铅笔、2B铅笔、圆规、橡皮、装有 AutoCAD 软件的计算机等。

3. 辅具与参考资料

白板、磁铁若干、多媒体设备、话筒、网络资源、机械制图参考书、机械设计手册、安全操作规程、8S 管理规范制度、零件测绘参考资料等相关书籍。

引导问题

（1）什么是半剖视图？其适用于哪些场合？
（2）什么是局部剖视图？其适用于哪些场合？

学习过程

明确任务

阅读设计任务书，填写工作任务单（见表 8-3-1）。列出本次任务的工作内容、时间要求及交接工作的相关负责人，并根据实际情况补充完整其他内容。

表 8-3-1　工作任务单

部　　门			工作地点		
项目名称			任务周期		学时
接收任务时间			任务完成时间		
任务来源			任务接收人		
项目工程师			质量检查员		
助理工程师			技术员		
仓库管理员			工程文员		
工作步骤	步　骤	完成的工作		起止时间	执行人
	第1步				
	第2步				
	第3步				
	第4步				
	第5步				
	第6步				
	第7步				
	第8步				
	第9步				
	第10步				

任务实施时遇到的问题：

本次任务的成果：

质量监督员签字		年　月　日	工程师签字		年　月　日

任务实施

用 AutoCAD 软件绘制如图 8-3-1 所示的轴架零件图。

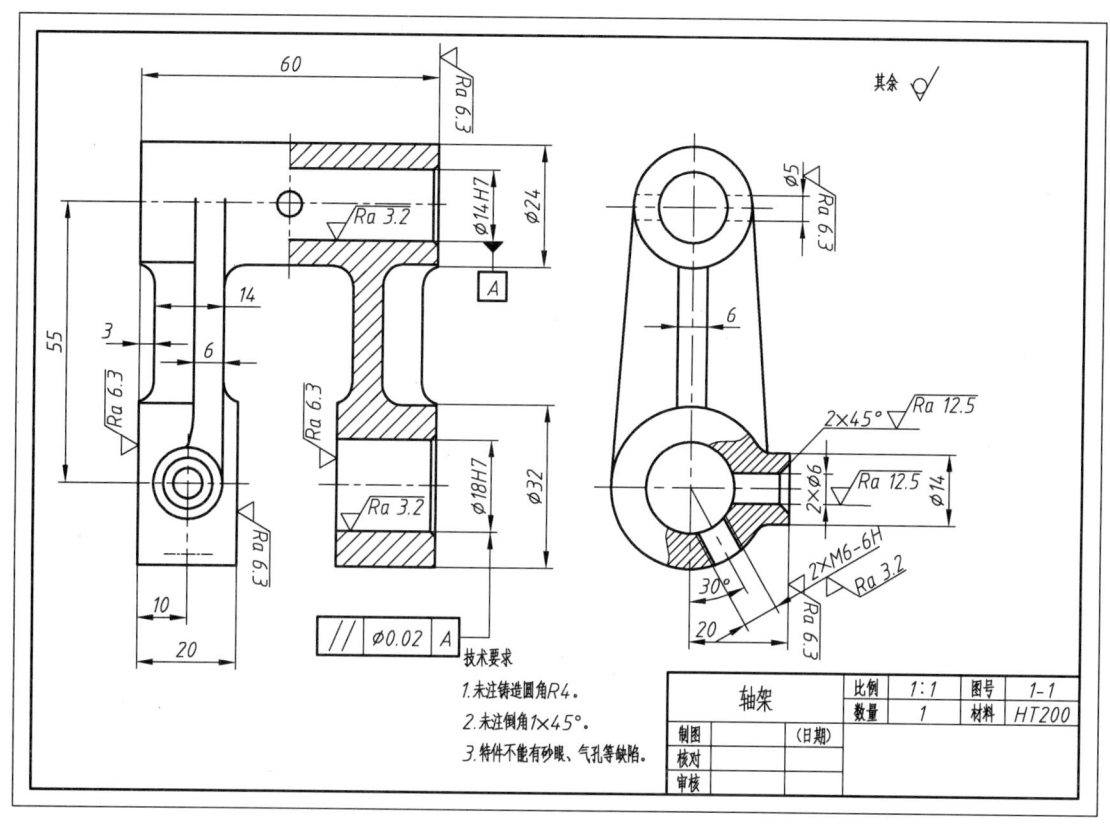

图 8-3-1　轴架零件图

步骤一：调用"模板 1.dwt"，并按图纸要求填写标题栏，结果如图 8-3-2 所示。

步骤二：绘制中心线及零件轮廓线，结果如图 8-3-3 所示。

步骤三：标注尺寸，绘制剖切符号、箭头，标注剖视图名称，结果如图 8-3-4 所示。

步骤四：标注形位公差，绘制表面粗糙度符号，结果如图 8-3-5 所示。

步骤五：编写技术要求、整理保存，结果如图 8-3-1 所示。

轴架

236　计算机绘图篇

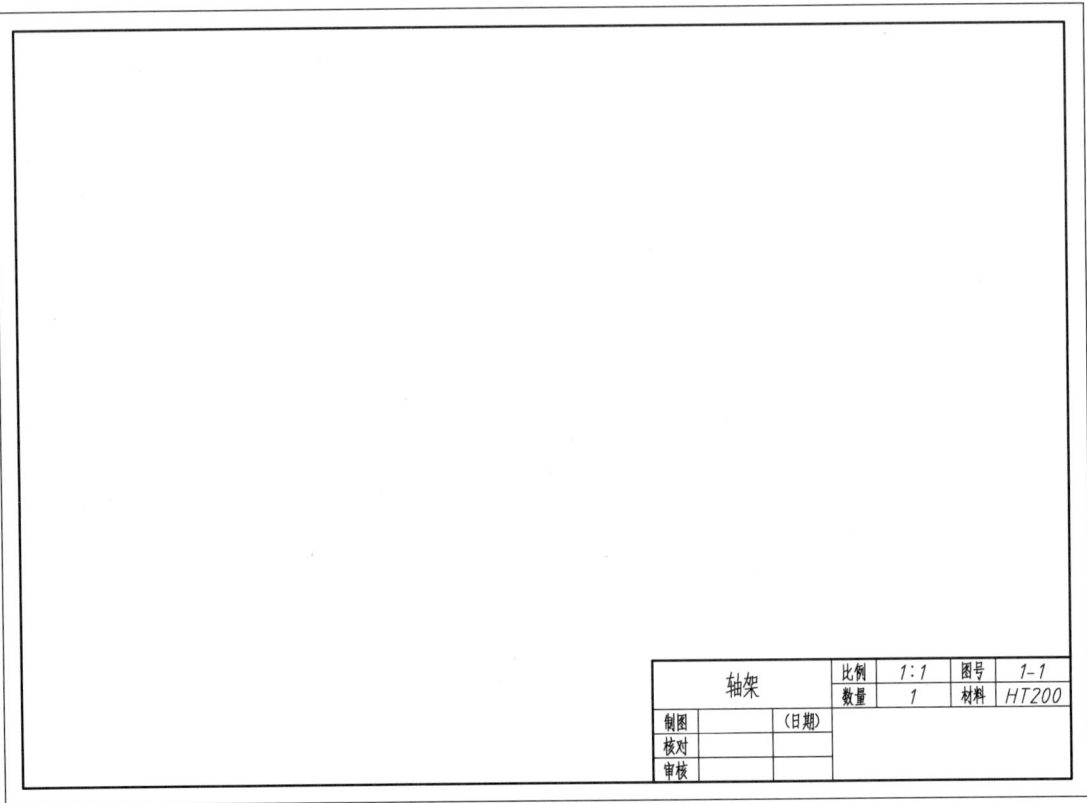

图 8-3-2　步骤 1

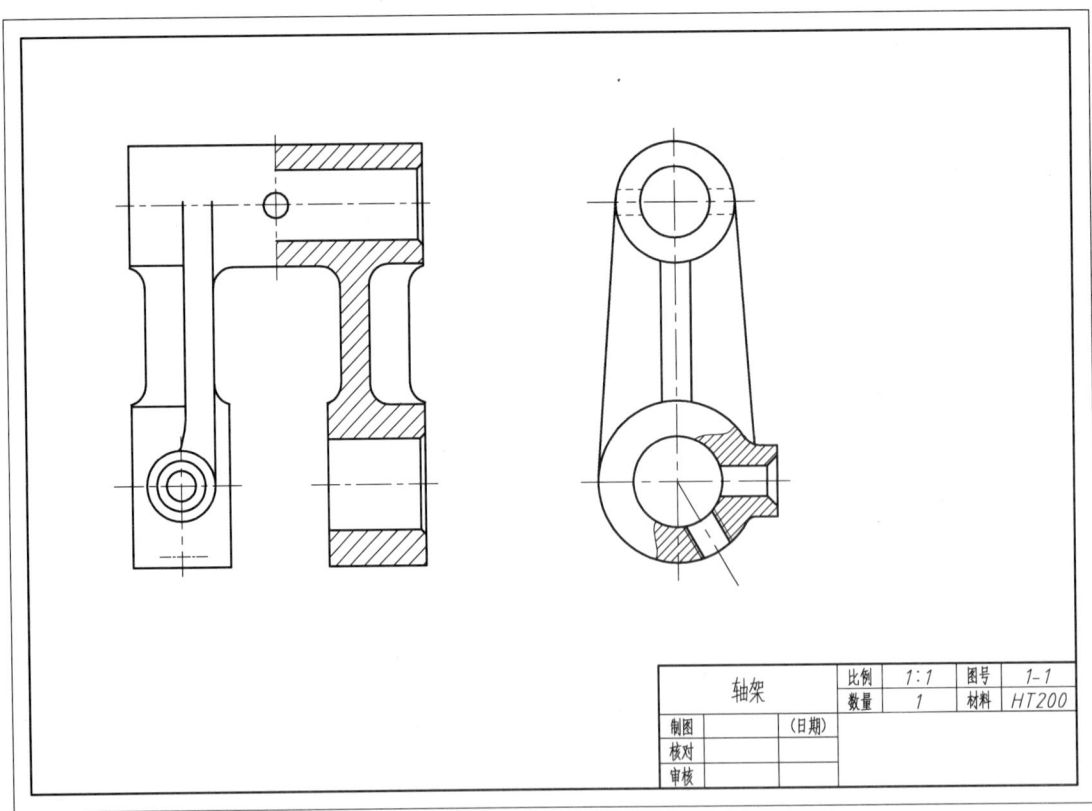

图 8-3-3　步骤 2

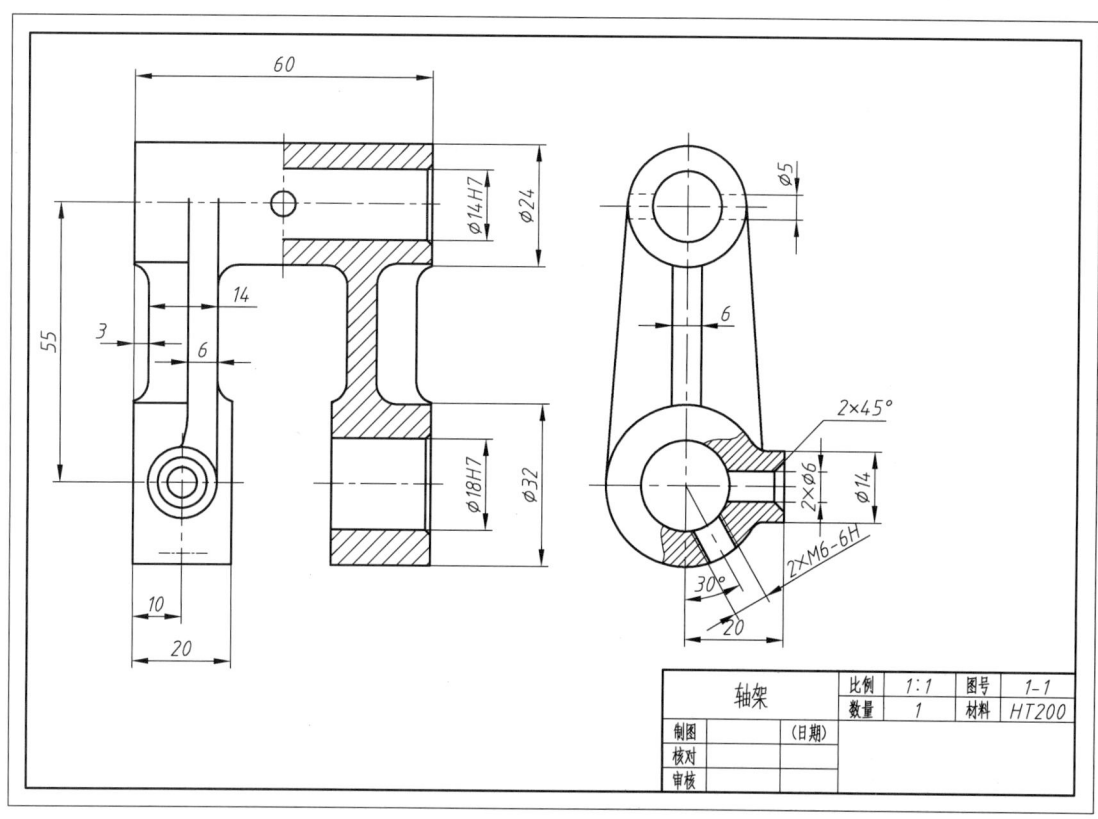

图 8-3-4 步骤 3

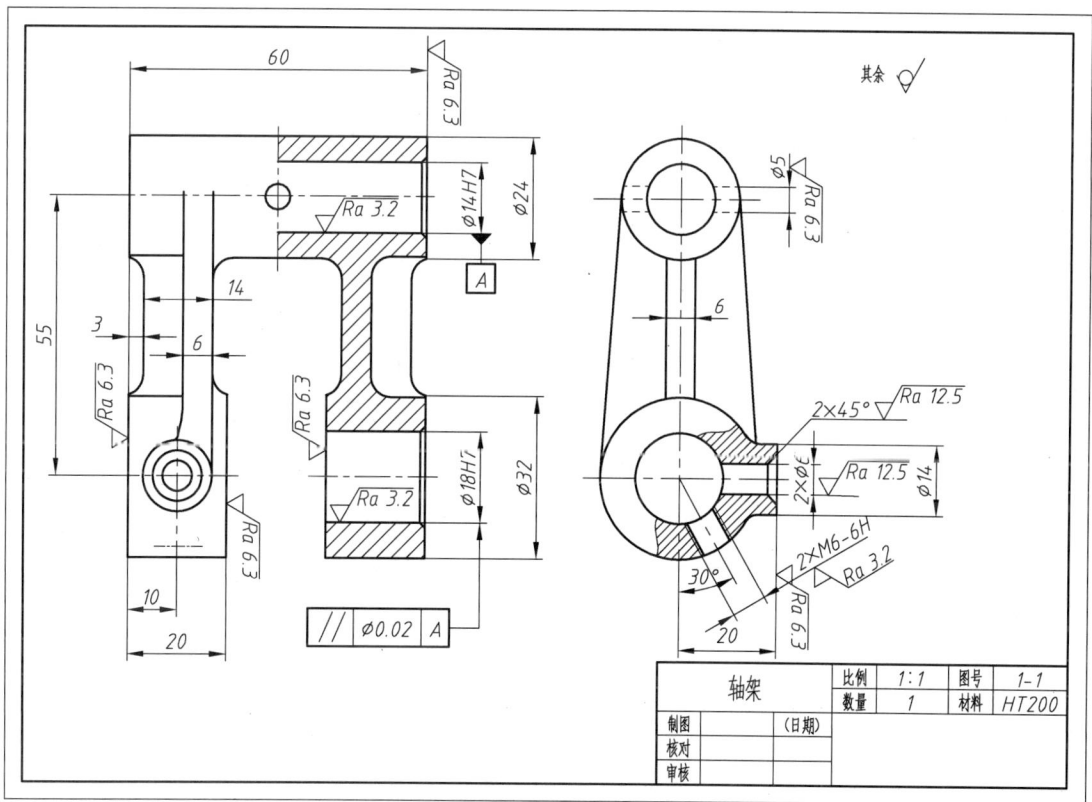

图 8-3-5 步骤 4

学习活动二　绘制拨叉零件图

活动目标

（1）掌握拨叉零件图的绘图步骤。
（2）掌握拨叉类零件常用表达方式的应用。
（3）掌握拨叉类典型零件的常用绘图方法。

学习准备

1. 相关知识的准备

与本次课题相关的制图、测量知识。

2. 工量辅具的准备

（1）设备：支架、工作台。
（2）测量工具：游标卡尺、千分尺、角尺、塞尺、钢板尺、记号笔等。
（3）绘图工具：三角板、A2～A4 图纸若干张、HB 铅笔、2B 铅笔、圆规、橡皮、装有 AutoCAD 软件的计算机等。

3. 辅具与参考资料

白板、磁铁若干、多媒体设备、话筒、网络资源、机械制图参考书、机械设计手册、安全操作规程、8S 管理规范制度、零件测绘参考资料等相关书籍。

实训地点

制图实训室。

引导问题

（1）拨叉（见图 8-3-6）上有何结构？该零件有何用途？
（2）表达该零件需要几个视图？
（3）如何确定零件三个方向的尺寸基准？

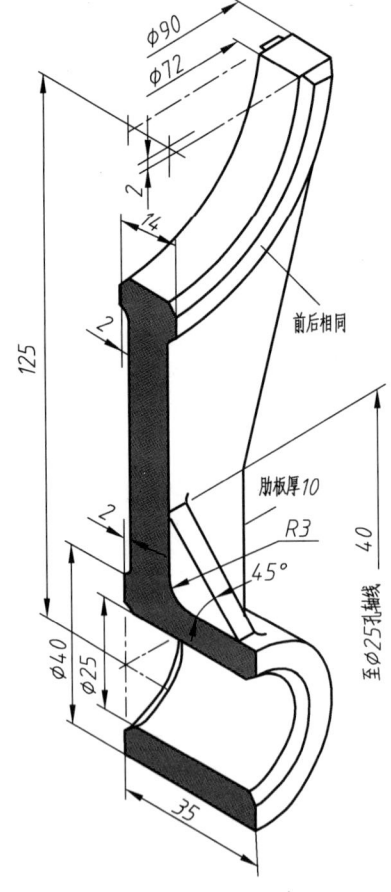

图 8-3-6　拨叉立体图　　　　拨叉

学习过程

  明确任务

阅读设计任务书,填写工作任务单(见表 8-3-2)。列出本次任务的工作内容、时间要求及交接工作的相关负责人,并根据实际情况补充完整其他内容。

表 8-3-2 工作任务单

部　门		工作地点		
项目名称		任务周期		学时
接收任务时间		任务完成时间		
任务来源		任务接收人		
项目工程师		质量检查员		
助理工程师		技术员		
仓库管理员		工程文员		
	步　骤	完成的工作	起止时间	执行人
工作步骤	第1步			
	第2步			
	第3步			
	第4步			
	第5步			
	第6步			
工作步骤	第7步			
	第8步			
	第9步			
	第10步			
任务实施时遇到的问题:				
本次任务的成果:				
质量监督员签字		年　月　日	工程师签字	年　月　日

任务实施

用 AutoCAD 软件绘制图 8-3-7 所示的拨叉零件图。

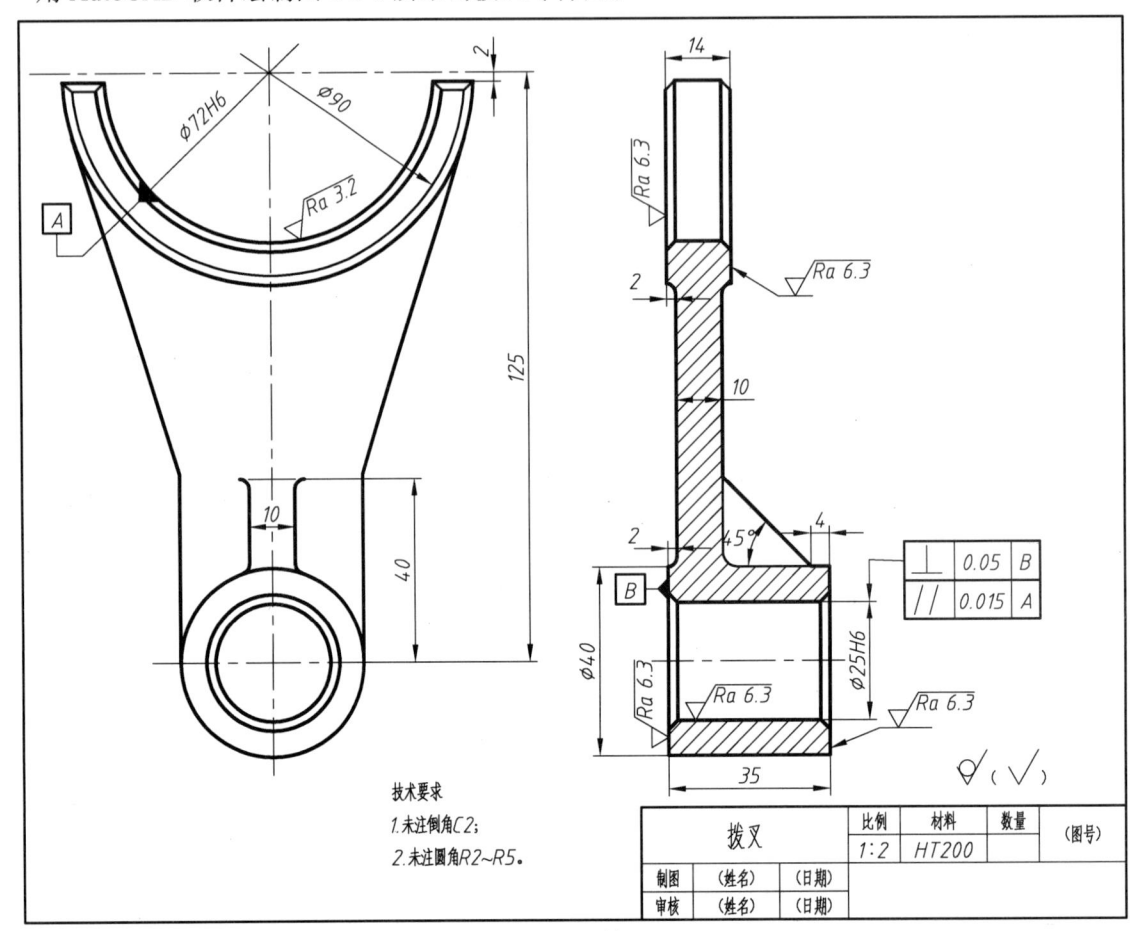

图 8-3-7 拨叉

 评分标准

评分标准见表 8-3-3。

表 8-3-3 评分标准

序号	分值	得分条件	判分要求
1	20	正确使用已有参数（图层、线型、颜色、线型比例）	没有按要求设置，每处扣 5 分
2	50	尺寸正确	没有按要求绘制，每处扣 5 分；作图存在误差，每处扣 5 分；漏画、多画线，每处扣 5 分；图线接口错误，每处扣 5 分；中心线伸出不当，每处扣 5 分；残留污迹，每处扣 5 分

续表

序号	分值	得分条件	判分要求
3	20	文字正确、标题栏正确	漏画、多画线，每处扣5分； 图层用错，每处扣5分； 文字错误，每处扣5分； 文字排列不规则扣5分
4	10	文件名、扩展名	必须全部正确才得分

学习任务四　托架类零件图绘制

任务目标

完成本学习任务后，你应该：

【关键技能】

（1）能（会）绘制托架类零件图。

（2）能（会）表达托架类零件结构及形状。

（3）能（会）标注托架零件图完整的尺寸及技术要求。

【基本技能】

（1）能（会）正确选择和安全使用测量、绘图工具及仪器，并建立自觉遵守实训室设备安全操作的意识。

（2）能（会）根据国家标准《技术制图》《机械制图》中的有关规定绘制出正确的零件草图。

知识目标

完成本学习任务后，你应该：

（1）了解国家标准有关托架类零件表达方法的类型。

（2）掌握托架类零件尺寸基准选择的几种可能性。

（3）了解国家标准有关托架类零件的技术要求。

职业素养目标

完成本学习任务后，你应该：

（1）逐步养成耐心、细心、吃苦耐劳的精神。

（2）逐步养成团结协作的精神。

（3）逐步养成良好的工作责任心。

（4）逐步养成对事物的钻研探索精神。

（5）通过合作解决具体问题，学习并提升沟通、协调等社会能力。

（6）尊重他人劳动，不窃取他人成果。

 **计划学时**

4学时。

 实训地点

制图实训室。

 学习准备

1. 相关知识的准备

与本次课题相关的制图、测量知识。

2. 工量辅具的准备

（1）设备：托架、工作台。

（2）测量工具：游标卡尺、千分尺、角尺、塞尺、钢板尺、记号笔等。

（3）绘图工具：三角板、A2～A4图纸若干张、HB铅笔、2B铅笔、圆规、橡皮、装有AutoCAD软件的计算机等。

3. 辅具与参考资料

白板、磁铁若干、多媒体设备、话筒、网络资源、机械制图参考书、机械设计手册、安全操作规程、8S管理规范制度、零件测绘参考资料等相关书籍。

 引导问题

（1）托架零件图中采用了几个视图？

（2）托架是如何制造出来的？

（3）托架哪些表面是加工面？

学习过程

 明确任务

阅读设计任务书，填写工作任务单（见表8-4-1）。列出本次任务的工作内容、时间要求及交接工作的相关负责人，并根据实际情况补充完整其他内容。

表 8-4-1 工作任务单

部　门			工作地点		
项目名称			任务周期		学时
接收任务时间			任务完成时间		
任务来源			任务接收人		
项目工程师			质量检查员		
助理工程师			技术员		
仓库管理员			工程文员		
工作步骤	步　骤	完成的工作		起止时间	执行人
	第1步				
	第2步				
	第3步				
	第4步				
	第5步				
	第6步				
	第7步				
	第8步				
	第9步				
	第10步				

任务实施时遇到的问题：

本次任务的成果：

质量监督员签字		工程师签字	
	年　月　日		年　月　日

任务实施

采用 AutoCAD 软件绘制图 8-4-1 所示的托架零件图。

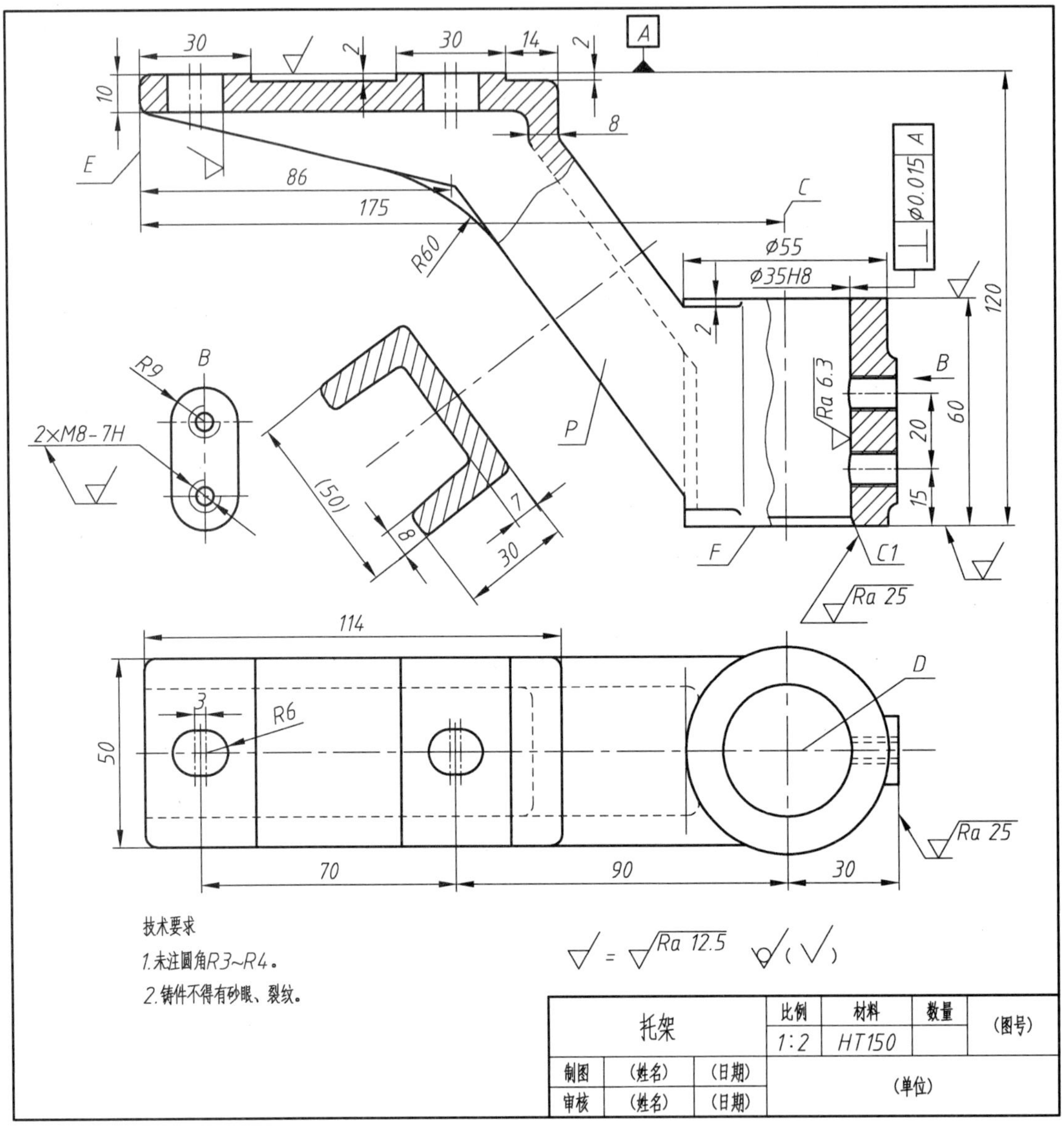

图 8-4-1 托架

托架

项目八　典型零件图绘制　　245

学习任务五　蜗杆减速箱零件图绘制

任务目标

完成本学习任务后，你应该：

【关键技能】

（1）能（会）掌握绘制蜗杆减速箱零件图的方法和步骤。

（2）能（会）表达蜗杆减速箱零件结构及形状的基本方法。

（3）能（会）掌握尺寸基准的概念及其选择方法，以及常见结构的尺寸注法。

【基本技能】

（1）能（会）正确选择和安全使用测量、绘图工具及仪器，并建立自觉遵守实训室设备安全操作的意识。

（2）能（会）根据国家标准有关规定绘制出正确的零件草图。

知识目标

完成本学习任务后，你应该：

（1）了解国家标准有关蜗杆减速箱零件表达方法的类型。

（2）掌握蜗杆减速箱零件尺寸基准选择的几种可能性。

（3）了解国家标准有关蜗杆减速箱零件的技术要求。

职业素养目标

完成本学习任务后，你应该：

（1）逐步养成耐心、细心、吃苦耐劳的精神。

（2）逐步养成团结协作的精神。

（3）逐步养成良好的工作责任心。

（4）逐步养成对事物的钻研探索精神。

（5）通过合作解决具体问题，学习并提升沟通、协调等社会能力。

（6）尊重他人劳动，不窃取他人成果。

计划学时

4学时。

实训地点

制图实训室。

学习准备

1. 相关知识的准备

与本次课题相关的制图、测量知识。

2. 工量辅具的准备

（1）设备：挂图、工作台。

（2）测量工具：游标卡尺、千分尺、角尺、塞尺、钢板尺、记号笔等。

（3）绘图工具：三角板、A2~A4 图纸若干张、HB 铅笔、2B 铅笔、圆规、橡皮、装有 AutoCAD 软件的计算机等。

3. 辅具与参考资料

白板、磁铁若干、多媒体设备、话筒、网络资源、机械制图参考书、机械设计手册、安全操作规程、8S 管理规范制度、零件测绘参考资料等相关书籍。

 引导问题

（1）在箱体的何处装蜗轮？何处装蜗杆？

（2）蜗轮蜗杆减速器（见图 8-5-1）是如何工作的？

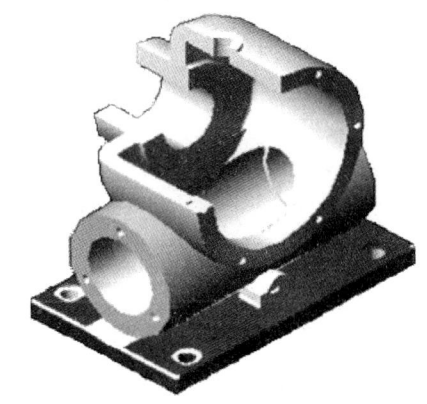

图 8-5-1　蜗杆减速箱　　　　　　　　　　螺杆减速箱

学习过程

 明确任务

阅读设计任务书，填写工作任务单（见表 8-5-1）。列出本次任务的工作内容、时间要求及交接工作的相关负责人，并根据实际情况补充完整其他内容。

表 8-5-1　工作任务单

部　门		工作地点	
项目名称		任务周期	学时
接收任务时间		任务完成时间	
任务来源		任务接收人	
项目工程师		质量检查员	
助理工程师		技术员	
仓库管理员		工程文员	

	步　骤	完成的工作	起止时间	执行人
工作步骤	第 1 步			
	第 2 步			
	第 3 步			
	第 4 步			
	第 5 步			
	第 6 步			
	第 7 步			
	第 8 步			
	第 9 步			
	第 10 步			

任务实施时遇到的问题：			
本次任务的成果：			
质量监督员签字	年　月　日	工程师签字	年　月　日

任务实施

（1）读懂蜗轮减速箱工程图（见图 8-5-2）。

① 看标题栏。

② 分析视图。

③ 分析尺寸。

④ 看技术要求。

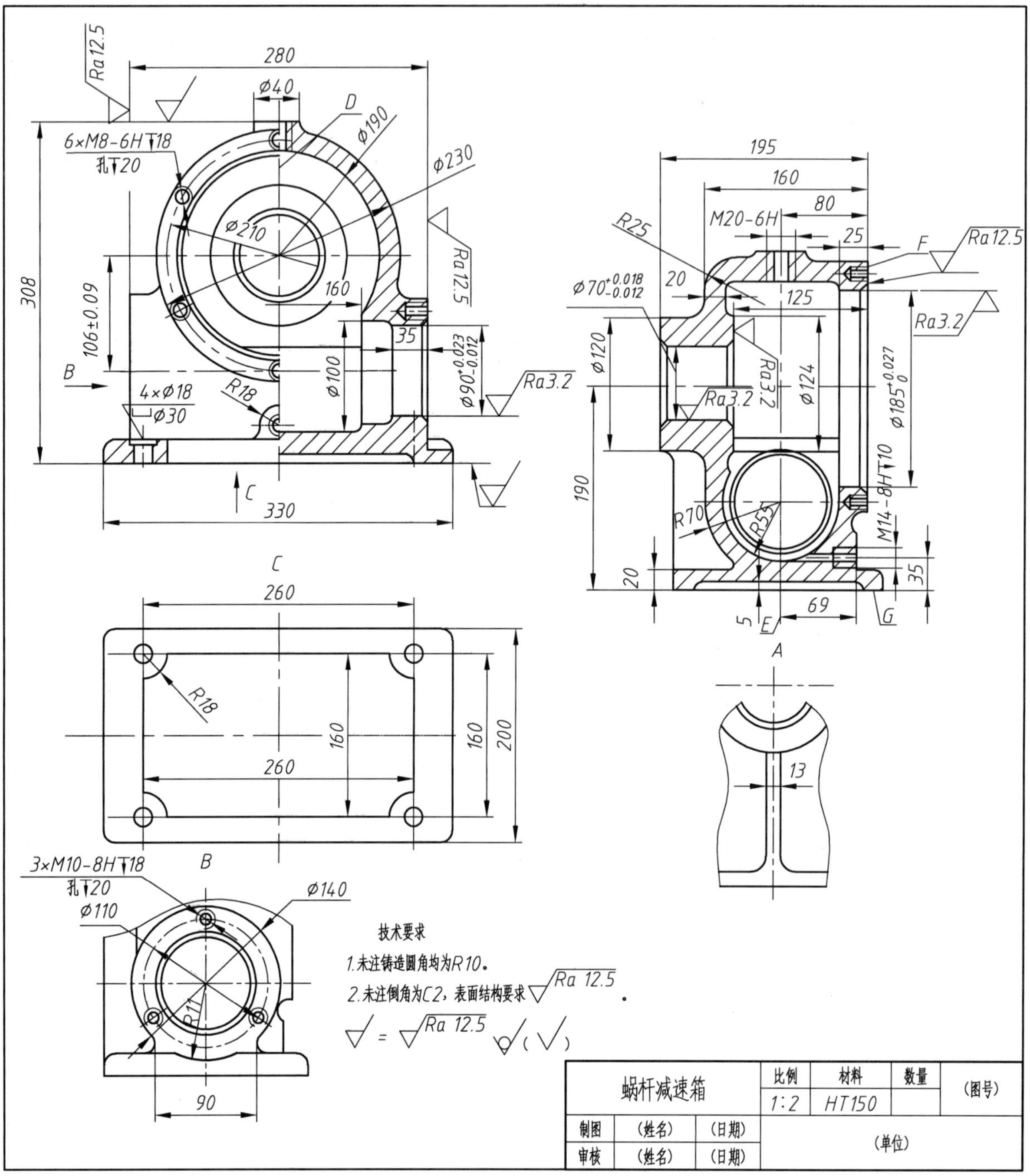

图 8-5-2 蜗杆减速箱

（2）在读懂蜗轮减速箱工程图的基础上，用 AutoCAD 软件抄画蜗轮减速箱工程图。

① 箱体类零件属于结构复杂的零件，一般采用 3 个基本视图表达其结构，并采用多种表达方法表达其结构。

② 箱体类零件一般采用局部视图或断面图表达其局部结构。

③ 箱体类零件上一般有轴孔和接触表面，其技术要求一般较高。

项目九　典型零部件工程图绘制

知识目标

（1）了解装配图应该用一组视图正确、完整、清晰、简便地表达机器和部件的工作原理、运动情况、各零件间的装配关系和连接方式以及主要零件的主要结构形状等。

（2）了解标题栏应注明机器或部件的名称、规格、比例、图号及设计和制图者等内容。

（3）了解装配图明细栏应注写各零件的序号、名称、规格、数量、材料等。

（4）知道装配图技术要求用文字或符号准确、简明地说明机器或部件的性能、装配、检验、调整要求、实验和使用、维护规则、运输要求等。

能力目标

（1）培养对装配体图的全面认识。
（2）培养识读装配图技术要求的能力。
（3）培养在装配图标注技术要求的能力。
（4）培养合理选择表达方法的能力，能准确、合理地绘制装配图。
（5）能选择尺寸基准，并正确、完整、清晰和合理地标注装配图的尺寸。
（6）培养识读较复杂装配图的能力。
（7）掌握绘制装配图的方法和步骤。
（8）掌握表达装配图结构及形状的基本方法。

计划学时

40 学时。

工作情景描述

企业接到客户要求，需测绘一套千斤顶零部件，并完成千斤顶所有零件工程图及装配工程图。

技术员接到任务后，开始查阅千斤顶相关资料，了解千斤顶各零件与组织部件的结构、工艺要求与装配关系，确定工作方案，并对样件进行测量分析，绘制草图，分析选择材料，制定必要的技术要求，然后将草图通过计算机转换为工程图；工程师复核后签字确认，交由客户确认后，将图样交相关部门归档。工作完成后按照 8S 管理规范清理场地、归置物品、将资料归档。

项目九 典型零部件工程图绘制 { 学习任务一 千斤顶零部件工程图绘制
学习任务二 齿轮泵零部件工程图绘制 }

角色分配

分组教学，每组 6 人，分别担任工程师、助理工程师、技术员、质量检测员、仓管员、工程文员。

（1）工程师为项目主要负责人，为项目完成准备相关文献资料。

（2）技术员负责具体的技术工作，完成必要的笔录工作。

（3）质检员负责对本组和他组进行监督，依照标准检查督促操作过程中的各个环节，确保各小组按要求完成任务。

（4）仓管员负责工量辅具的保管与分发工作。

（5）工程文员负责本次任务的文书工作。

（6）助理工程师辅助工程师完成项目。

在不同的学习阶段，各成员可轮换岗位。各成员各负其责，合作完成查阅资料、准备工具、制订工作计划、测量、草绘、绘制工程图等相关任务，整个工作过程遵循 8S 操作规范。

 实训地点

制图实训室。

 学习准备

1. 相关知识的准备

与本次课题相关的制图、测量知识。

2. 工量辅具的准备

（1）设备：装有 AutoCAD 软件的计算机。

（2）测量工具：游标卡尺、千分尺、钢板尺、记号笔等。

（3）绘图工具：三角板、A2～A4 图纸若干张、HB 铅笔、2B 铅笔、圆规、橡皮、绘图板、丁字尺等。

3. 辅具与参考资料

白板、磁铁若干、多媒体设备、话筒、网络资源、机械制图参考书、机械设计手册、安全操作规程、8S 管理规范制度、零件测绘参考资料等相关书籍。

学习任务一　千斤顶零部件工程图绘制

知识目标

完成本学习任务后，你应该：

【关键技能】

（1）能（会）正确选择恰当的表达方式，正确、完整、清晰和简便地表达千斤顶零件图的结构形状。

（2）能（会）在标题栏注明千斤顶各零件的名称、规格、比例、图号及设计和制图者等内容。

（3）能（会）通过技术要求用文字或符号准确、简明地说明千斤顶各零件的性能。

【基本技能】

（1）能（会）用尺规和 AutoCAD 软件绘制千斤顶各零件的工程图。

（2）能（会）通过查阅资料获得所需的知识。

知识目标

完成本学习任务后，你应该：

（1）了解千斤顶各零件的结构及作用。

（2）知道千斤顶零部件工程图技术要求涵盖的内容。

（3）知道千斤顶零部件工程图采用的表达方法。

职业素养目标

完成本学习任务后，你应该：

（1）逐步养成耐心、细心、吃苦耐劳的精神。

（2）逐步养成团结协作的精神。

（3）逐步养成良好的工作责任心。

（4）逐步养成对事物的钻研探索精神。

（5）通过合作解决具体问题，学习并提升沟通、协调等社会能力。

（6）尊重他人劳动，不窃取他人成果。

计划学时

24 学时。

  实训地点

制图实训室。

学习准备

1. 相关知识的准备

与本次课题相关的制图、测量知识。

2. 工量辅具的准备

（1）材料：底座等模型、工作页。

（2）测量工具：游标卡尺、钢板尺、圆弧规等。

（3）绘图工具：三角板、A2～A4图纸若干张、HB铅笔、2B铅笔、圆规、橡皮、绘图板、丁字尺等。

3. 辅具与参考资料

白板、磁铁若干、多媒体设备、话筒、网络资源、机械制图参考书、机械设计手册、安全操作规程、8S管理规范制度、零件测绘参考资料等相关书籍。

学习过程

 引导问题

（1）绘制千斤顶底座应选用什么图幅？

（2）底座在千斤顶（见图9-1-1）中起什么作用？

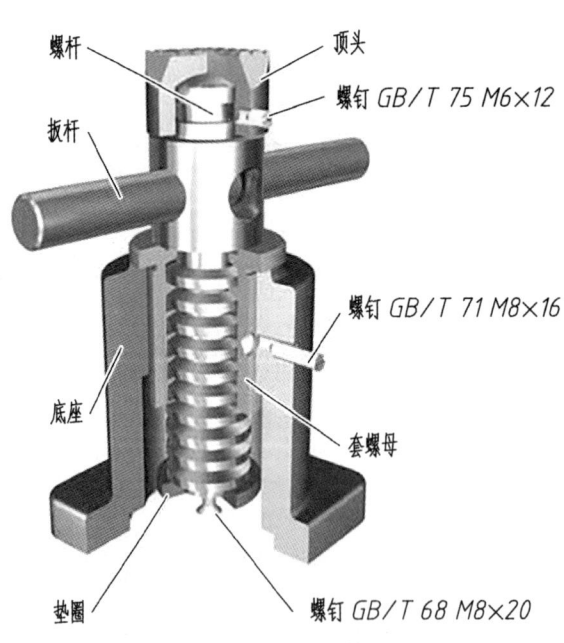

图9-1-1　千斤顶立体图

项目九 典型零部件工程图绘制 253

 明确任务

阅读设计任务书,填写工作任务单(见表 9-1-1)。列出本次任务的工作内容、时间要求及交接工作的相关负责人,并根据实际情况补充完整其他内容。

表 9-1-1 工作任务单

部　门		工作地点	
项目名称		任务周期	学时
接收任务时间		任务完成时间	
任务来源		任务接收人	
项目工程师		质量检查员	
助理工程师		技术员	
仓库管理员		工程文员	
工作步骤	步　骤	完成的工作	起止时间	执行人
	第 1 步			
	第 2 步			
	第 3 步			
	第 4 步			
	第 5 步			
	第 6 步			
	第 7 步			
	第 8 步			
	第 9 步			
	第 10 步			
任务实施时遇到的问题:				
本次任务的成果:				
质量监督员签字		工程师签字		
	年　月　日		年　月　日	

学习活动一　绘制千斤顶零件工程图

活动目标

（1）选择合适的工具测绘千斤顶零件图。
（2）合理选择千斤顶零件表达方法，准确合理地绘制千斤顶零件视图。
（3）能恰当地选择尺寸基准，并正确、完整、清晰、合理地标注千斤顶零件图的尺寸。
（4）比较合理地标注千斤顶零件图的技术要求。

探索与发现

查阅资料，填写常用的测量工具名称（见图 9-1-2）。

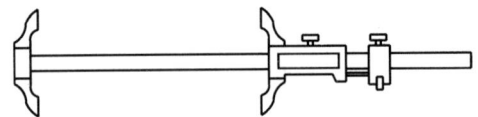
_____

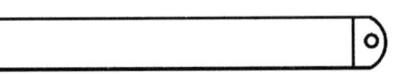
_____

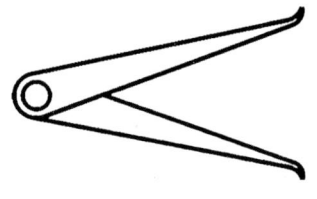
_____

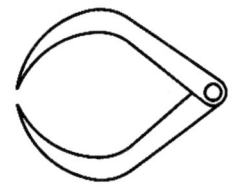
_____

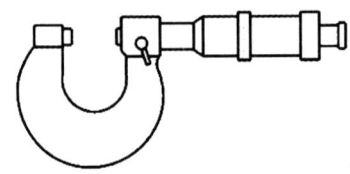
_____

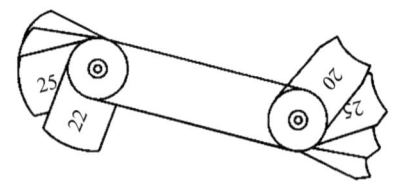
_____

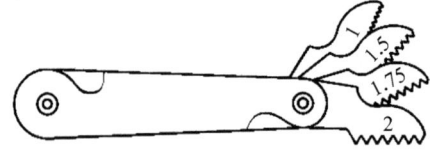
_____

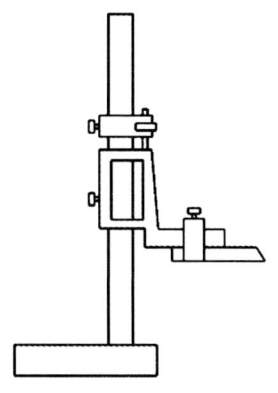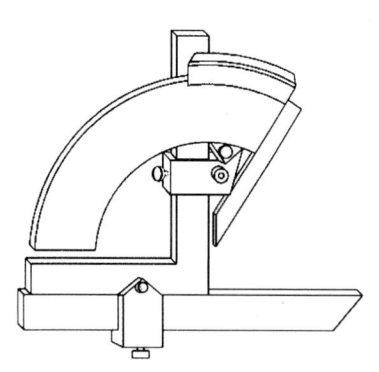

图 9-1-2　测量工具

任务实施

1. 采用手工绘图法与 AutoCAD 软件分别绘制千斤顶底座工程图

要求：根据图形要求选定合适的图幅完成千斤顶底座零件工程图的绘制。

2. 绘图步骤

（1）草绘千斤顶底座工程图。
（2）测量并记录相关参数。
（3）借助尺规与计算机分别绘制千斤顶底座工程图。
① 采用 A3 或 A4 图纸。
② 图框选不带装订边：边距 10 mm。
③ 绘制标题栏，填写技术要求。
④ 绘制千斤顶底座零件图形。
⑤ 标注千斤顶底座的尺寸。
⑥ 整理图形使其符合机械制图标准，完成后保存图形（见图 9-1-3）。

256　计算机绘图篇

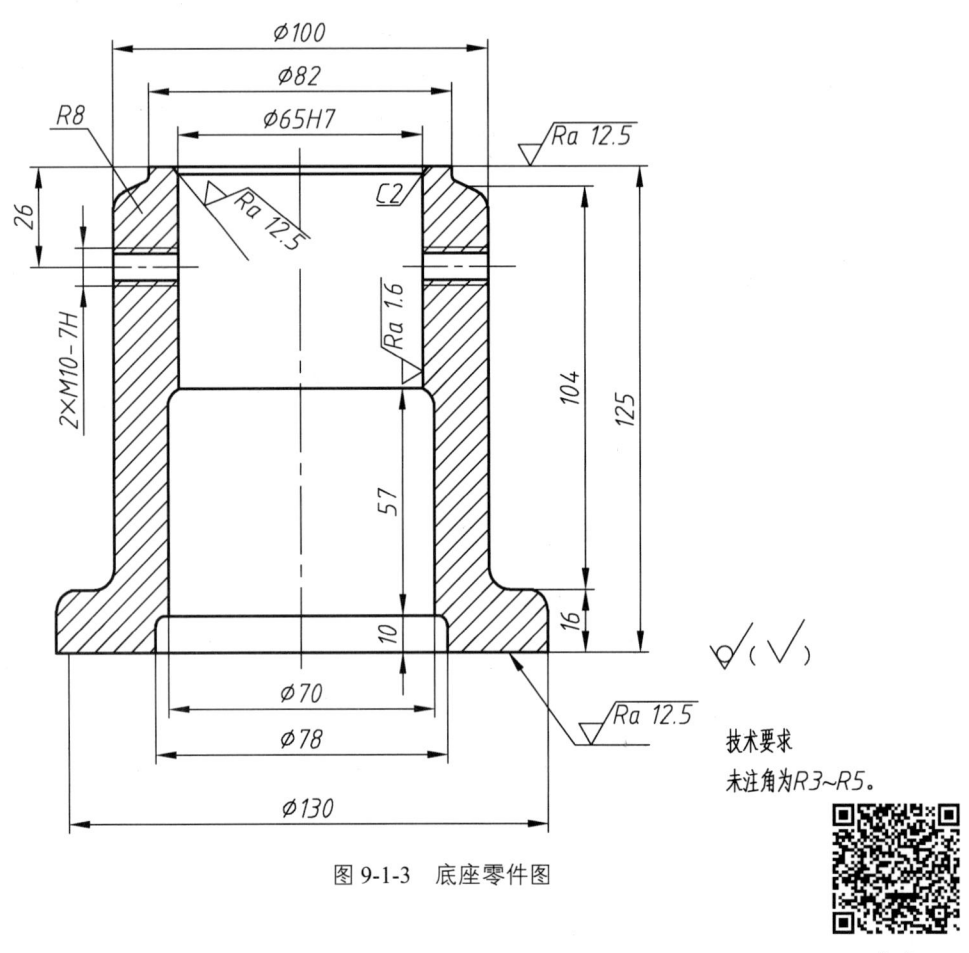

图 9-1-3　底座零件图

技术要求

未注角为R3~R5。

底座

评分标准

评分标准见表 9-1-2 和表 9-1-3。

表 9-1-2　千斤顶草图评分参考标准

序号	内容	配分	自检	质检	教师检查
1	图形结构表达清晰、布局合理	20 分			
2	图形表达正确、规范	20 分			
3	尺寸标注合理，尺寸链正确	15 分			
4	图形表达完整，没有细节遗漏	15 分			
5	正确使用绘图工具	15 分			
6	安全文明操作	15 分			

表 9-1-3　千斤顶底座工程图检测评分表

序号	内容	配分	自检	质检	教师检查
1	正确使用量具	10 分			
2	图形结构表达清晰	15 分			
3	图形表达正确、规范	15 分			
4	图形表达完整，没有遗漏图素	10 分			
5	测量尺寸正确，尺寸公差合理	15 分			
6	测量基准正确，形位公差合理	15 分			
7	尺寸标注合理，尺寸链正确	10 分			
8	安全文明操作	10 分			

拓展练习

（1）绘制挡圈，如图 9-1-4 所示。

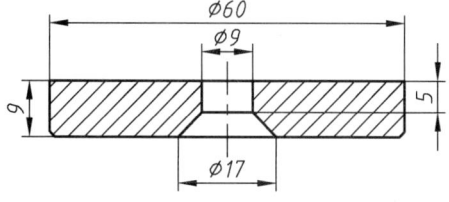

挡圈

图 9-1-4　挡圈零件图

（2）绘制顶块，如图 9-1-5 所示。

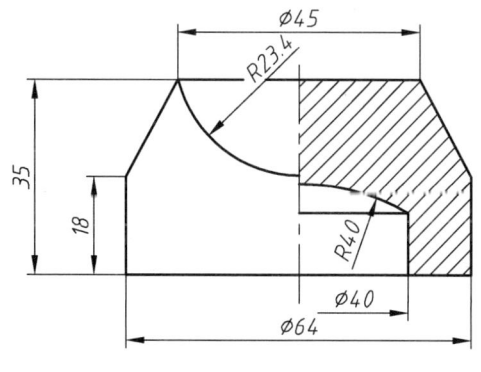

顶块

图 9-1-5　顶块零件图

（3）绘制螺母，如图 9-1-6 所示。

258　计算机绘图篇

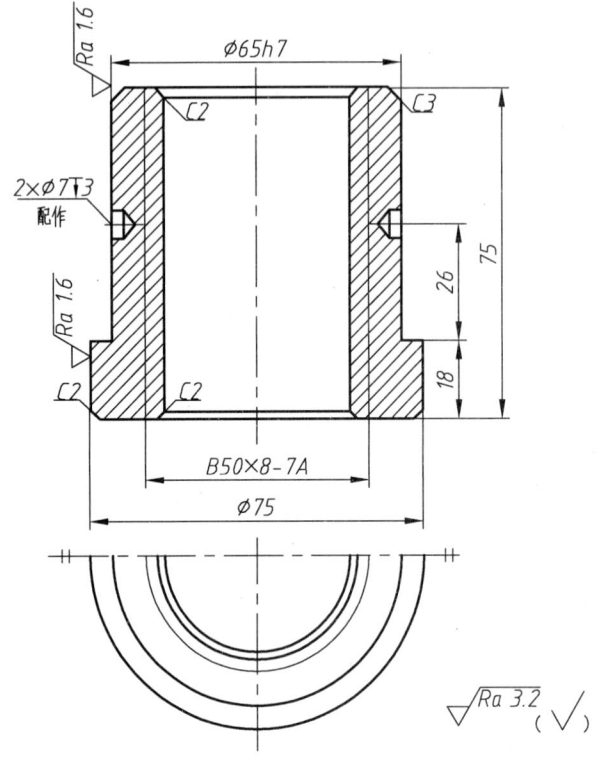

螺母　螺杆

千斤顶爆炸图、装配图、运动仿真

图 9-1-6　螺母零件图

（4）绘制螺杆，如图 9-1-7 所示。

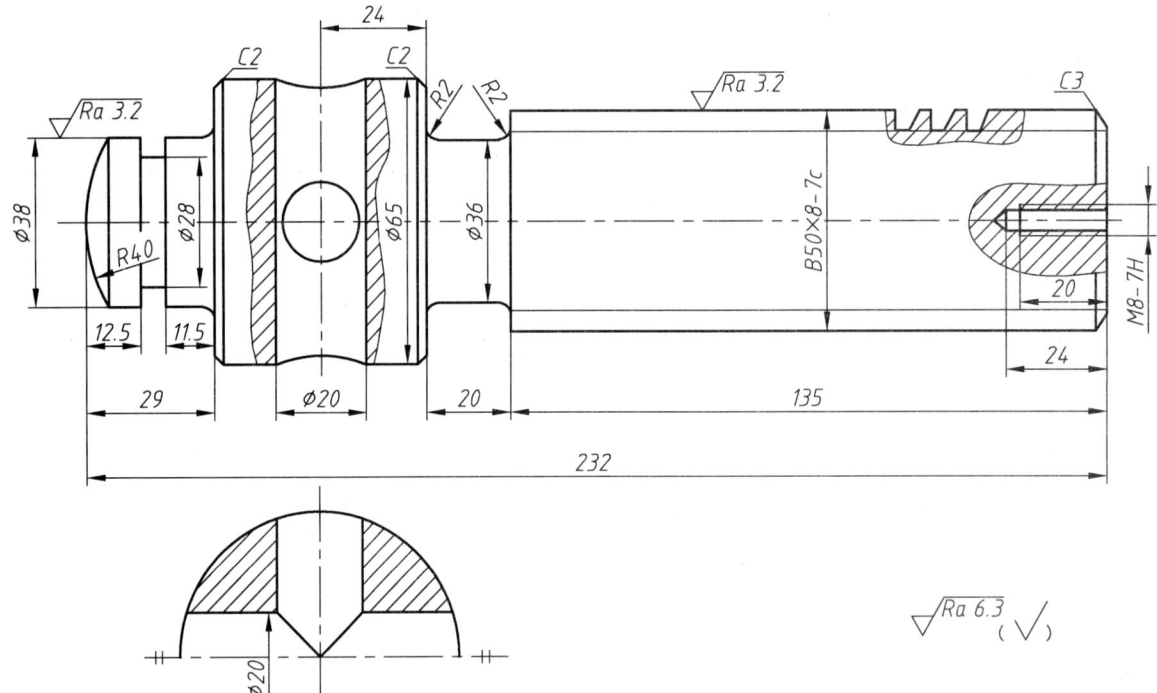

图 9-1-7　螺杆零件图

学习活动二　绘制千斤顶装配工程图

活动目标

（1）掌握绘制千斤顶装配图的方法和步骤。
（2）了解装配图尺寸标注的方法。
（3）掌握识读装配图的方法和步骤。

引导问题

（1）绘制该装配图应选用什么图幅？
（2）绘制该装配图时应先绘制哪个零件？

任务实施

1. 采用手工绘图绘制千斤顶装配图

要求：完成一张千斤顶装配图。

2. 应用 AutoCAD 软件绘制千斤顶装配图

要求：
① 完成各零件图的绘制，以零件名保存。
② 完成一张千斤顶装配图。

3. 绘图步骤

（1）采用 A3 图纸（297 mm×420 mm）。
（2）图框和图幅之间的距离：左边距 25 mm，其他边距 10 mm。
（3）绘制标题栏和明细栏，如图 9-1-8 所示。
（4）绘制装配图。
① 绘制螺杆和顶块。
② 绘制螺母和挡圈。
③ 绘制底座。
（5）标注千斤顶的移动范围、螺母和螺杆的装配关系。
（6）根据机械制图标准绘制零件序号。
（7）整理图形使其符合机械制图标准，完成后保存图形（见图 9-1-9）。

4. 标题栏和明细栏

（1）明细栏位于标题栏上方，并与标题栏相连，位置不够时可续接在标题栏的左侧。
（2）明细栏外框竖线为粗实线，其余线为细实线，其下边线与标题栏上边线或图框下边线重合，长度相同。
（3）为便于修改补充，序号的顺序应自下而上填写。
（4）在"备注"栏内一般填写零件的图号和标准件的 GB 代号。在"名称"栏内，标准件应填写其名称、代号。

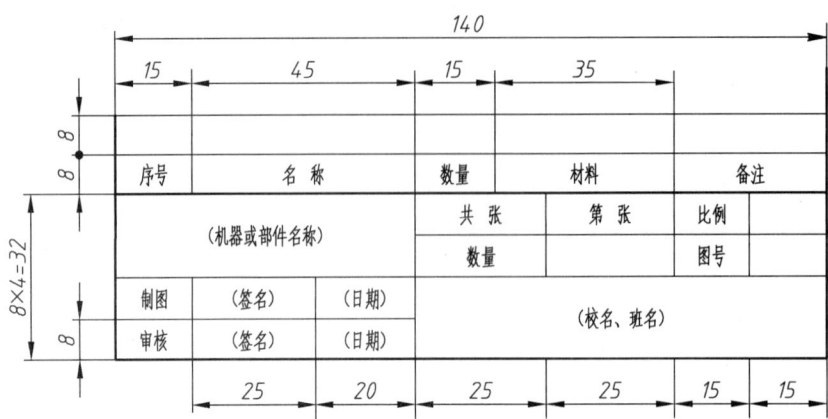

图 9-1-8 装配图标题栏

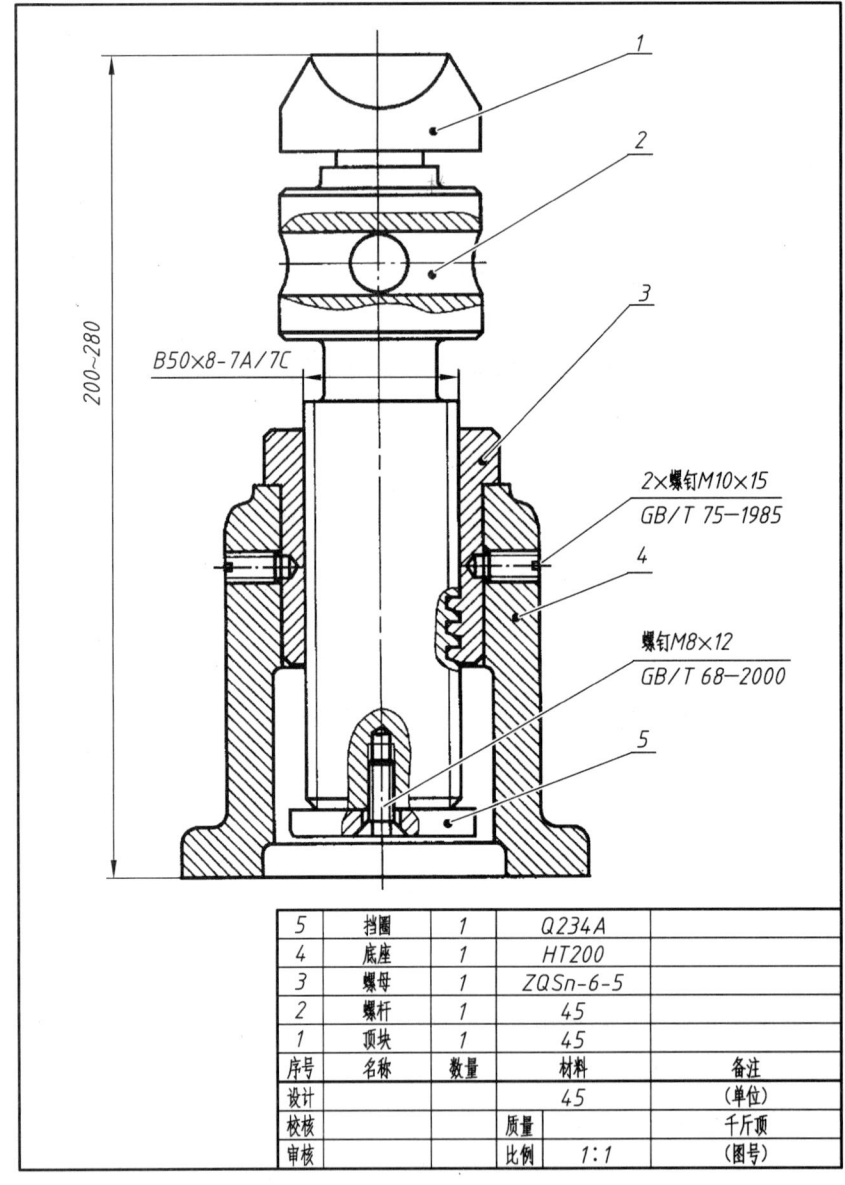

图 9-1-9 千斤顶装配图

评分标准

评分标准见表 9-1-4。

表 9-1-4　千斤顶装配工程图检测评分表

序号	内容	配分	自检	互检	专检
1	图形结构表达清晰、布局合理	15 分			
2	图形表达正确、规范	15 分			
3	基准正确，形位公差合理	15 分			
4	尺寸标注合理，尺寸链正确	15 分			
5	图形表达完整，没有细节遗漏	10 分			
6	与其他零件的配合关系正确	10 分			
7	正确使用绘图工具	10 分			
8	安全文明操作	10 分			

学习任务二　齿轮泵零部件工程图绘制

任务目标

完成本学习任务后，你应该：

【关键技能】

（1）能（会）掌握齿轮泵各零件图的绘制方法和步骤。

（2）能（会）了解齿轮泵各装配零件之间的装配关系。

（3）能（会）掌握 AutoCAD 绘制完整齿轮泵装配图的方法和步骤。

【基本技能】

（1）能（会）用 AutoCAD 软件绘制工程图。

（2）能（会）通过查阅资料获得所需的知识。

知识目标

完成本学习任务后，你应该：

（1）了解齿轮泵各零件的结构及作用。

（2）知道齿轮泵零件图技术要求涵盖的内容。

（3）知道齿轮泵装配图采用的表达方法。

职业素养目标

完成本学习任务后，你应该：

（1）逐步养成耐心、细心、吃苦耐劳的精神。
（2）逐步养成团结协作的精神
（3）逐步养成良好的工作责任心。
（4）逐步养成对事物的钻研探索精神。
（5）通过合作解决具体问题，学习并提升沟通、协调等社会能力。
（6）尊重他人劳动，不窃取他人成果。

计划学时

16学时。

任务描述

企业接到客户要求，需要根据客户需求完成齿轮泵装配部件工程图。

技术员接到任务后，开始查阅齿轮泵相关资料，了解齿轮泵各零件的结构和工艺要求，确定工作方案，对样件进行测量分析，制定必要的技术要求，完成各零件图的绘制，并完成齿轮泵装配工程图；工程师复核后签字确认，交由客户确认后，将图样交相关部门归档。工作完成后按照8S管理规范清理场地、归置物品、将资料归档。

实训地点

绘图实训室。

学习准备

1. 相关知识的准备

与本次课题相关的制图、测量知识。

2. 工量辅具的准备

（1）设备：挂图、工作台。
（2）测量工具：游标卡尺、千分尺、角尺、塞尺、钢板尺、记号笔等。
（3）绘图工具：三角板、A2～A4图纸若干张、HB铅笔、2B铅笔、圆规、橡皮、绘图板、丁字尺、装有AutoCAD软件的计算机等。

3. 辅具与参考资料

白板、磁铁若干、多媒体设备、话筒、网络资源、机械制图参考书、机械设计手册、安全操作规程、8S管理规范制度、零件测绘参考资料等相关书籍。

项目九　典型零部件工程图绘制　263

学习活动一　绘制齿轮泵零件工程图

活动目标

（1）合理选择泵体零件表达方法，准确合理地绘制泵体零件的视图。
（2）能选择尺寸基准，并正确、完整、清晰和合理地标注零件图的尺寸。
（3）比较合理地标注零件图的技术要求。

引导问题

（1）绘图前的准备工作有哪些？
（2）齿轮泵壳体（见图 9-2-1）的结构有哪些特征？

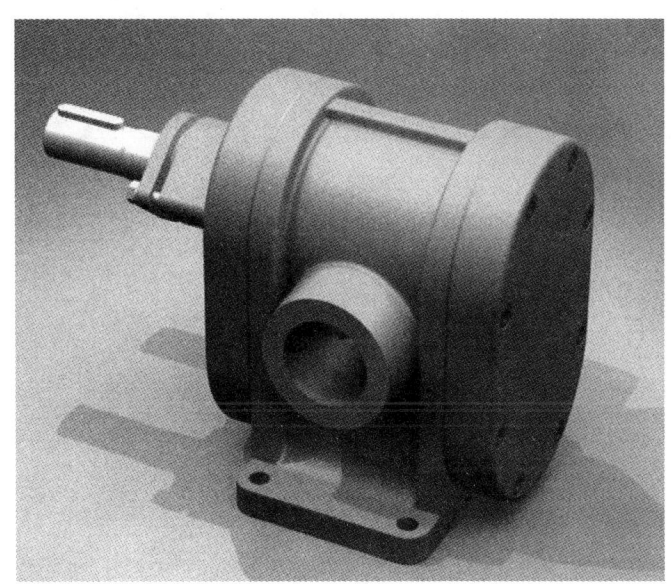

图 9-2-1　齿轮泵

学习过程

明确任务

阅读设计任务书，填写工作任务单（见表 9-2-1）。列出本次任务的工作内容、时间要求及交接工作的相关负责人，并根据实际情况补充完整其他内容。

表 9-2-1 工作任务单

部　　门		工作地点		
项目名称		任务周期		学时
接收任务时间		任务完成时间		
任务来源		任务接收人		
项目工程师		质量检查员		
助理工程师		技术员		
仓库管理员		工程文员		

	步　骤	完成的工作	起止时间	执行人
工作步骤	第1步			
	第2步			
	第3步			
	第4步			

	步　骤	完成的工作	起止时间	执行人
工作步骤	第5步			
	第6步			
	第7步			
	第8步			
	第9步			
	第10步			

任务实施时遇到的问题：

本次任务的成果：

质量监督员签字	年　月　日	工程师签字	年　月　日

项目九 典型零部件工程图绘制

任务实施

采用 AutoCAD 软件绘制齿轮泵传动轴系列零件图（见图 9-2-2～图 9-2-16），并按零件名称保存，为后续绘制齿轮泵装配图做好准备。

要求：根据图形要求选定合适的图幅完成齿轮泵零件工程图绘制。

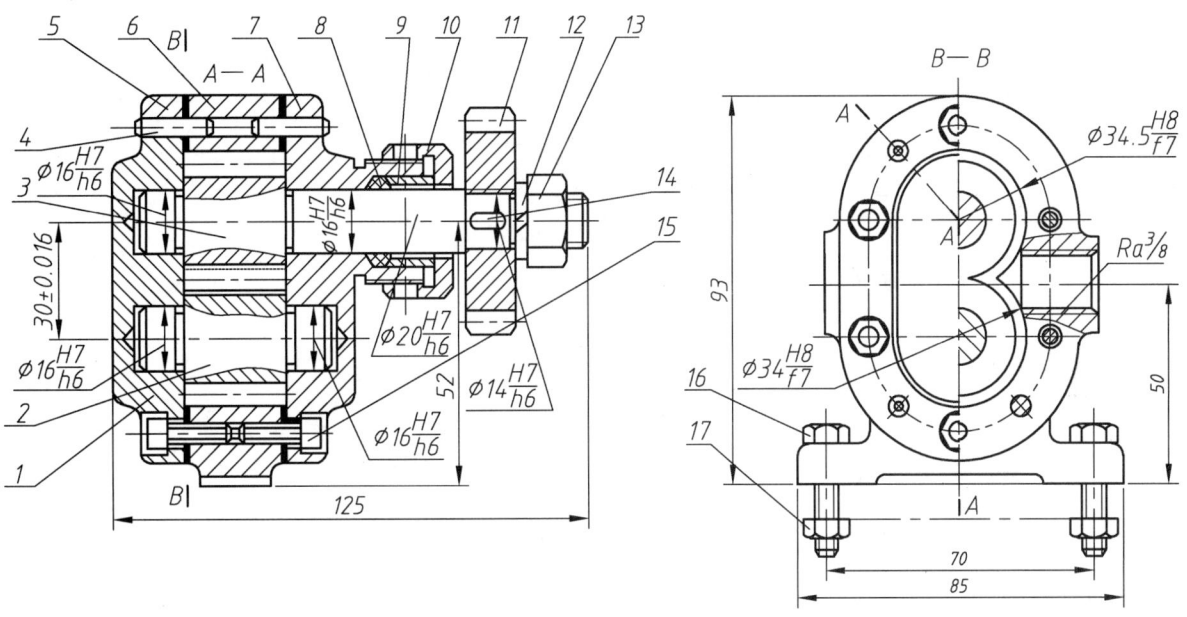

图 9-2-2 齿轮泵装配图

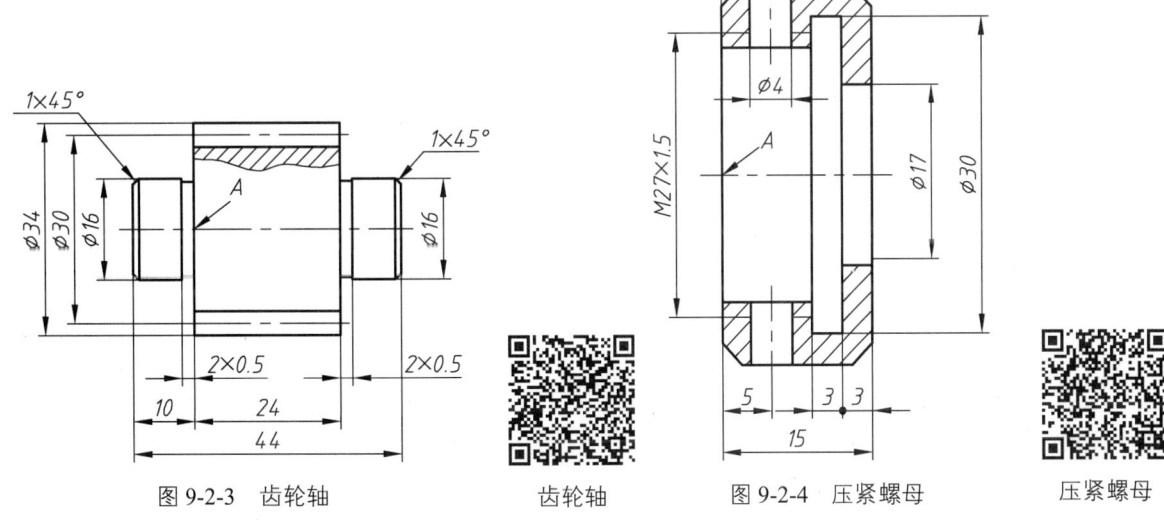

图 9-2-3 齿轮轴　　齿轮轴　　图 9-2-4 压紧螺母　　压紧螺母

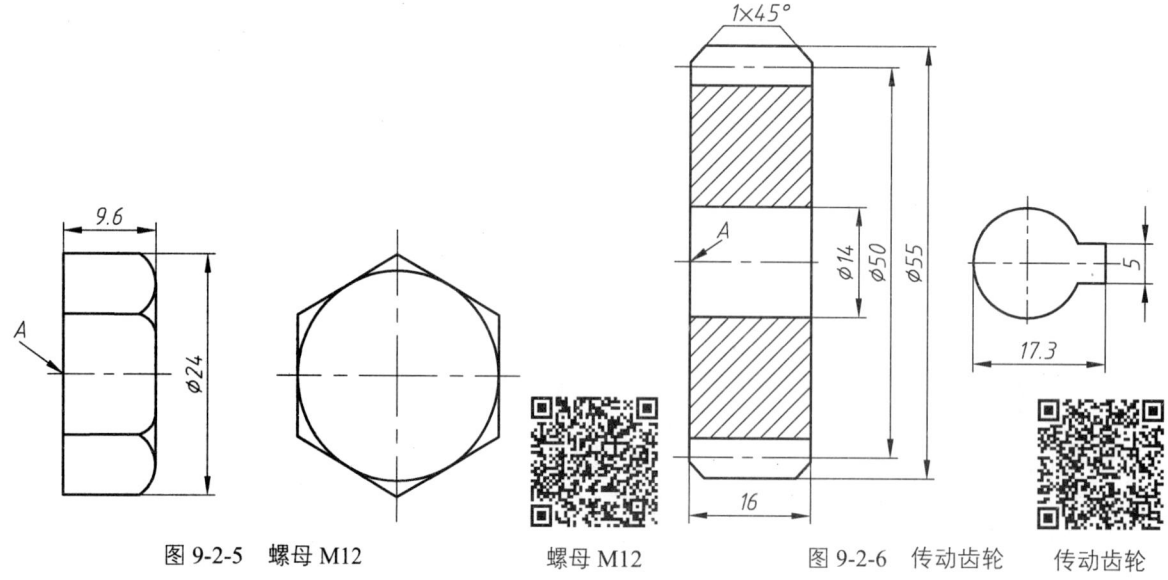

图 9-2-5　螺母 M12　　　　　　　　螺母 M12　　　　图 9-2-6　传动齿轮　　传动齿轮

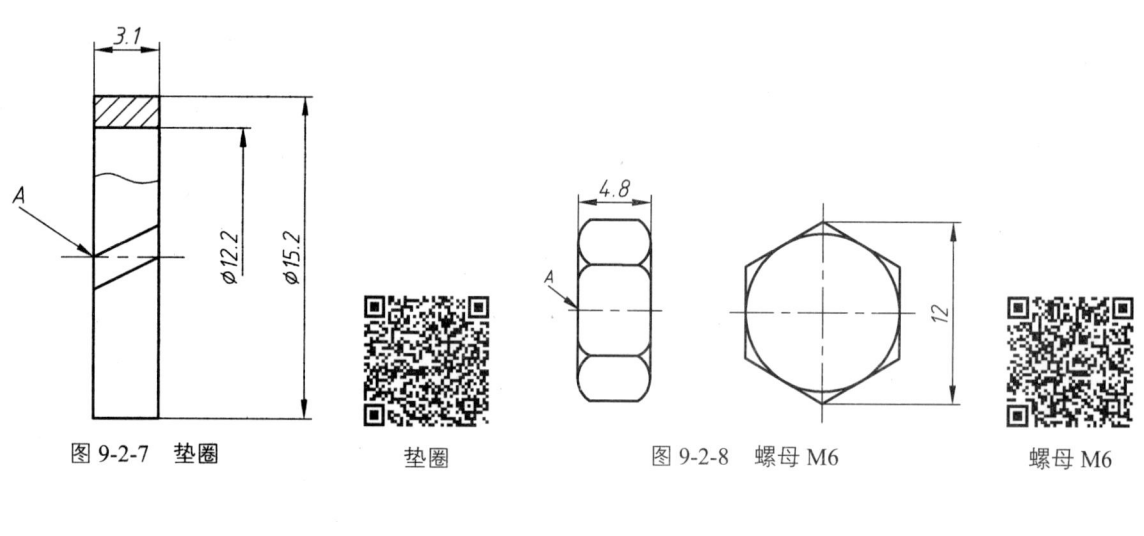

图 9-2-7　垫圈　　　垫圈　　　图 9-2-8　螺母 M6　　　　螺母 M6

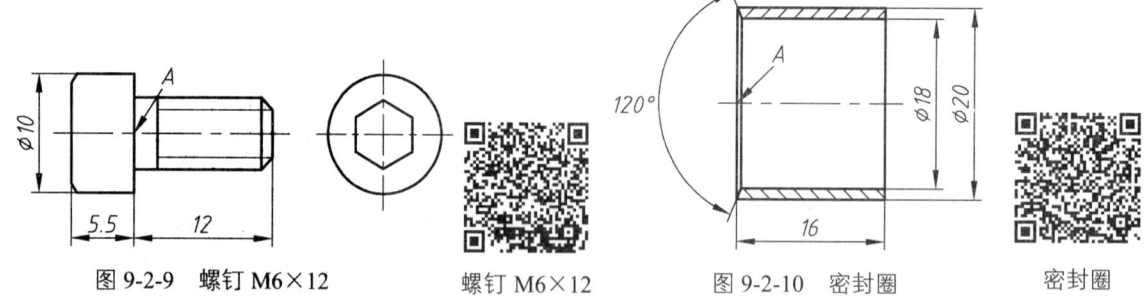

图 9-2-9　螺钉 M6×12　　螺钉 M6×12　　图 9-2-10　密封圈　　密封圈

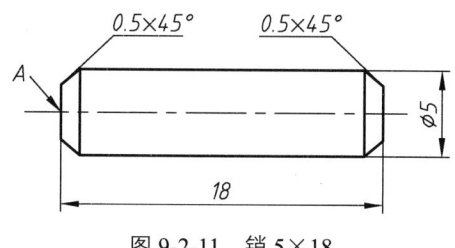

图 9-2-11 销 5×18

销

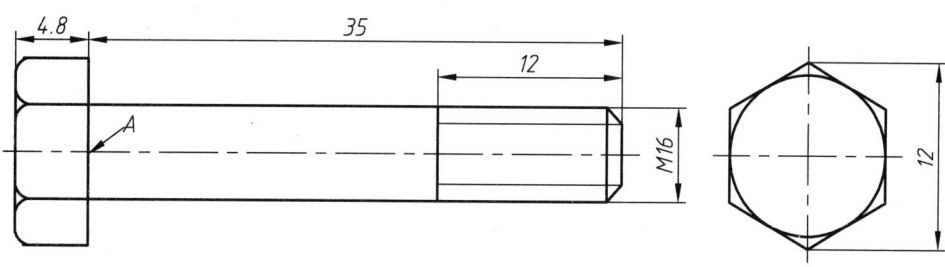

图 9-2-12 螺栓 M16×35

螺栓 M16×35

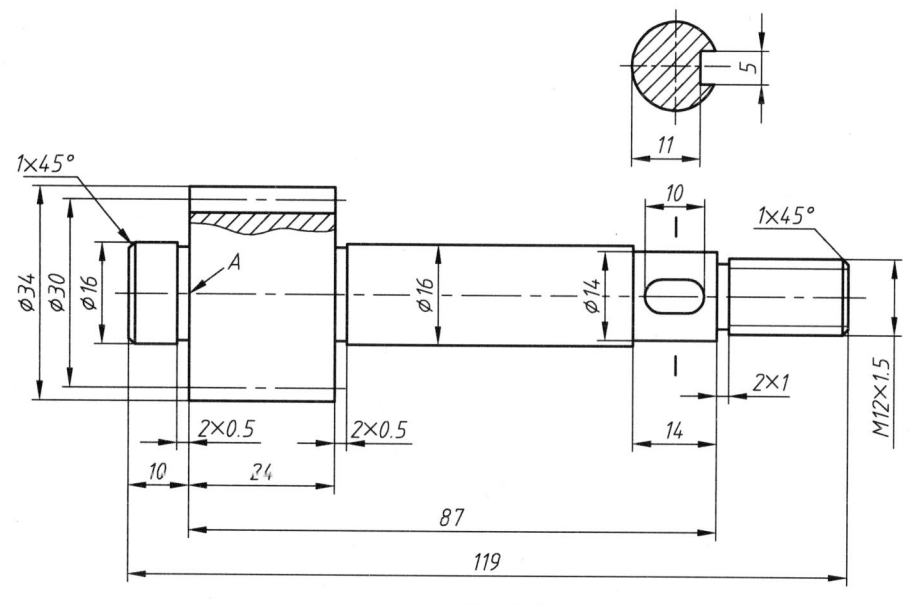

图 9-2-13 传动齿轮轴

传动齿轮轴

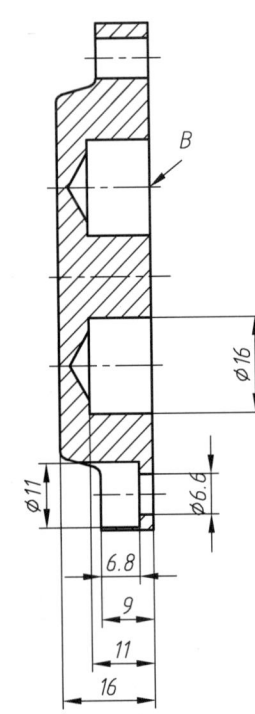
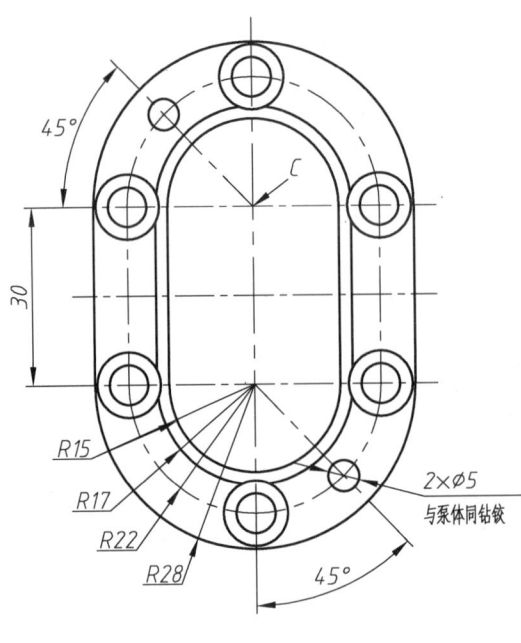

图 9-2-14 左端盖

左端盖

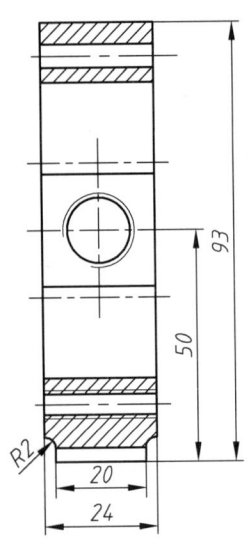
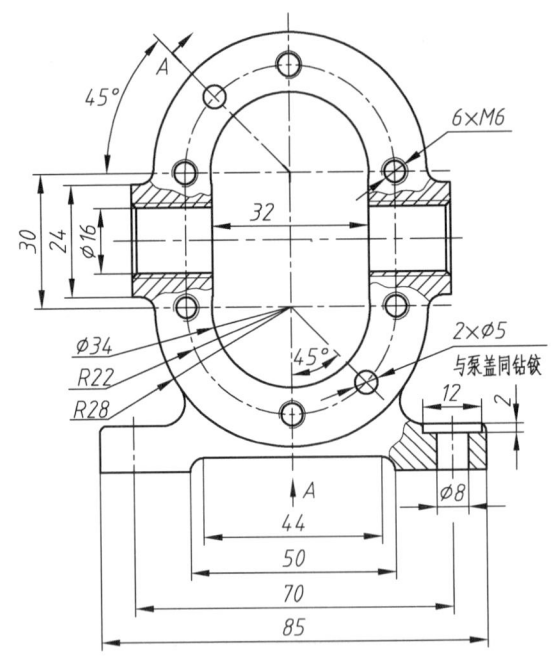

图 9-2-15 泵体

泵体

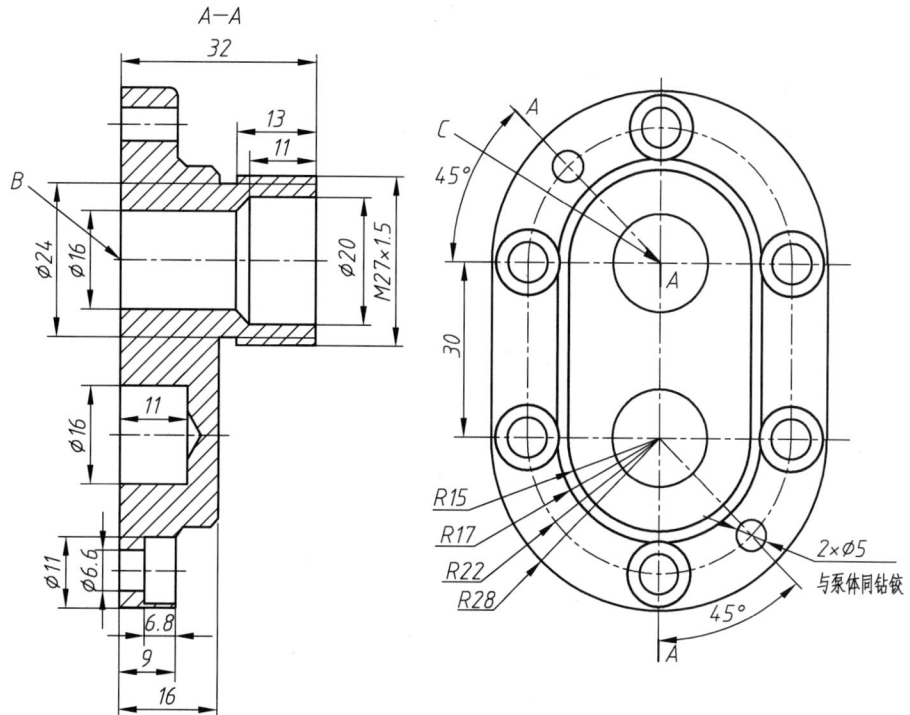

图 9-2-16 右端盖

评分标准

评分标准见表 9-2-2。

表 9-2-2 齿轮泵零件图检测评分表

序号	内容	配分	自检	互检	专检
1	图层使用正确	10 分			
2	图形结构表达清晰	15 分			
3	图形表达正确、规范	15 分			
4	图形表达完整，没有遗漏图素	10 分			
5	尺寸正确，尺寸公差合理	15 分			
6	基准正确，形位公差合理	15 分			
7	尺寸标注合理，尺寸链正确	10 分			
8	安全文明操作	10 分			

学习活动二　绘制齿轮泵装配工程图

活动目标

（1）能（会）正确选择恰当的表达方式，正确、完整、清晰、简便地表达齿轮泵的工作原理、运动情况、各零件间的装配关系和连接方式以及主要零件的主要结构形状。

（2）能（会）在标题栏注明齿轮泵的名称、规格、比例、图号及设计和制图者等内容。

（3）能（会）在明细栏注写齿轮泵各种零件的序号、名称、规格、数量、材料等。

（4）能（会）在技术要求用文字或符号准确、简明地说明齿轮泵的性能，装配、检验、调整要求，实验和使用、维护规则，运输要求等。

（5）掌握绘制齿轮泵装配图的方法和步骤。

学习过程

引导问题

（1）绘制装配图明细栏的注意事项有哪些？

（2）绘制该装配图时应选择什么表达方式？

明确任务

阅读设计任务书，填写工作任务单（见表 9-2-3）。列出本次任务的工作内容、时间要求及交接工作的相关负责人，并根据实际情况补充完整其他内容。

表 9-2-3　工作任务单

部　门		工作地点		
项目名称		任务周期		学时
接收任务时间		任务完成时间		
任务来源		任务接收人		
项目工程师		质量检查员		
助理工程师		技术员		
仓库管理员		工程文员		
工作步骤	步　骤	完成的工作	起止时间	执行人
	第 1 步			
	第 2 步			
	第 3 步			
	第 4 步			
	第 5 步			

续表

工作步骤	步骤	完成的工作	起止时间	执行人
工作步骤	第6步			
	第7步			
	第8步			
	第9步			
	第10步			

任务实施时遇到的问题：

本次任务的成果：

质量监督员签字		工程师签字	
	年　月　日		年　月　日

探索与发现

分析齿轮泵各零件的装配关系（见图9-2-17）。

齿轮泵爆炸图、装配图、运动仿真

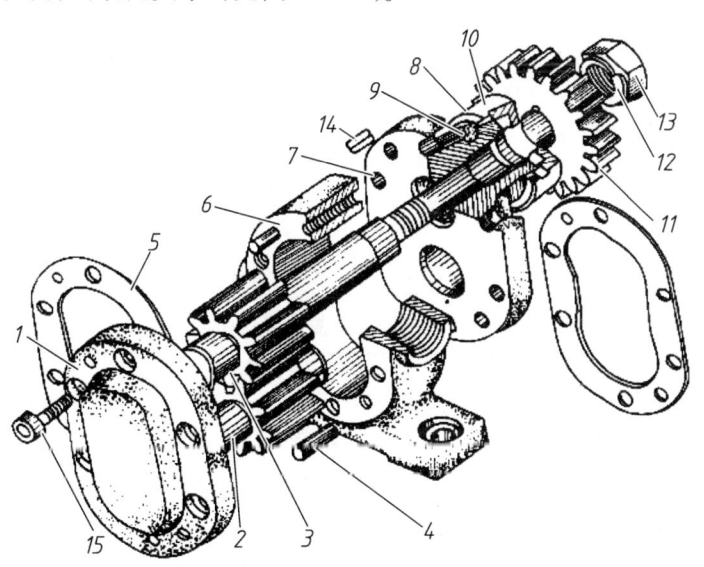

1—左端盖；2—齿轮轴；3—传动齿轴；4—销；5—密封垫片；6—泵体；7—右端盖；8—密封圈；9—轴套；10—压紧螺母；11—传动齿轮；12—垫圈；13—螺母；14—键；15—螺钉。

图 9-2-17　齿轮泵爆炸图

任务实施

1. 应用 AutoCAD 软件绘制齿轮泵装配图

要求：
① 完成各零件图的绘制，以零件名保存。
② 完成一张齿轮泵装配图。

2. 绘图步骤

（1）采用 A3 图纸（297 mm×420 mm）。
（2）图框和图幅之间的距离：左边距 25 mm，其他边距 10 mm。
（3）绘制标题栏和明细栏。
（4）绘制装配图。
（5）标注齿轮泵的装配尺寸。
（6）根据机械制图标准绘制零件序号。
（7）整理图形使其符合机械制图标准，完成后保存图形（见图 9-2-18）。

3. 标题栏和明细栏

（1）明细栏位于标题栏上方，并与标题栏相连，位置不够时可续接在标题栏的左侧。
（2）明细栏外框竖线为粗实线，其余线为细实线，其下边线与标题栏上边线或图框下边线重合，长度相同。
（3）为便于修改补充，序号的顺序应自下而上填写。
（4）在"备注"栏内一般填写零件的图号和标准件的 GB 代号。在"名称"栏内，标准件应填写其名称、代号。

 评分标准

评分标准见表 9-2-4。

表 9-2-4　齿轮泵装配工程图检测评分表

序号	内容	配分	自检	互检	专检
1	图形结构表达清晰、布局合理	15 分			
2	图形表达正确、规范	15 分			
3	基准正确，形位公差合理	15 分			
4	尺寸标注合理，尺寸链正确	15 分			
5	图形表达完整，没有细节遗漏	10 分			
6	与其他零件的配合关系正确	10 分			
7	图层使用正确	10 分			
8	安全文明操作	10 分			

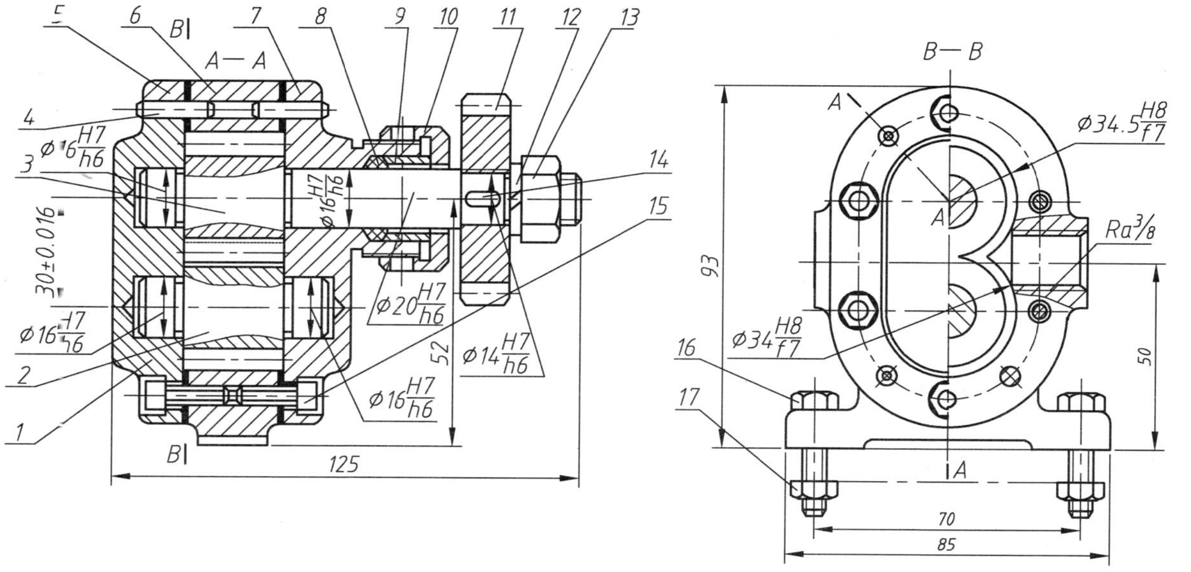

技术要求

1.齿轮安装后，用手转动传动齿轮时，应灵活旋转；

2.两齿轮轮齿的啮合面占齿长的3/4以上。

17	螺母M6	2	45#		6	泵体	1	HT200	
16	螺栓M6×30	2	45#	GB/T 5782—2000	5	密封垫片	2	油纸	t=1
15	螺钉M6×16	12	35#	GB/T 700—2000	4	销A5×18	4	45#	GB/T 119.2—1979
14	键5×10	1	45#	GB/T 1096—2000	3	传动齿轮轴	1	45#	m=3, z=9
13	螺母M12×1.5	1	35#	GB/T 6171—2000	2	齿轮轴	1	45#	m=3, z=9
12	垫圈	1	65Mn	GB/T 859—1987	1	左端盖	1	HT200	
11	传动齿轮	1	45#	m=3, z=9	设计	名称	数量	材料	备注
10	压紧螺母	1	35#		齿轮油泵		比例		(图号)
9	轴套	1	ZCuSn5PbZn5				材料		
8	密封圈	1	橡胶		设计	制图	审核	日期	(单位)
7	右端盖	1	HT200						

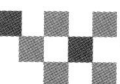

图 9-2-18　齿轮油泵装配图

参考文献

[1] 郭建尊. 机械制图及计算机绘图[M]. 北京：中国劳动社会保障出版社，2009.
[2] 成大先. 机械设计手册[M]. 北京：化学工业出版社，2016.
[3] 梁艳书. 机械制图典型习题及简答[M]. 2 版. 西安：西安电子科技大学出版社，2014.
[4] 杨雪春，陈庆红，李慧群. 机械制图项目式教程[M]. 武汉：武汉理工大学出版社，2020.
[5] 钱可强. 机械制图[M]. 北京：机械工业出版社，2016.